21世纪高等学校计算机
专业实用规划教材

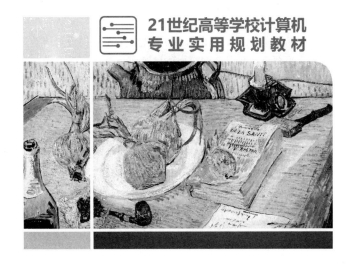

Web前端开发项目实践教程

◎ 陈劲新 主编

徐华平 张辉 张德成 副主编

U0275975

清華大學出版社

北京

内 容 简 介

随着互联网行业的不断发展,企业对前端开发人才的职业素养要求越来越高,本书结合新工科的人才培养要求,坚持"育人为本、德育为先",把培育和践行社会主义核心价值观融入课程内容体系,实现课程思政与专业学习深度融合。坚持以学生为本,以项目形式构建教材知识与能力体系,通过项目描述→项目分析→项目知识点分解→知识点解析→知识点检测→项目实现→项目总结→能力拓展,提升学生的问题解决能力、项目开发能力和创新实践能力。

本书分为七大模块十五个项目。七大模块分别是 Web 前端开发基本认识、文本类网页、图文类网页、网页布局、表单页面、音视频页面、响应式网页布局。

本书可作为计算机类相关专业前端开发、网页制作等方面的教材,也可作为有一定前端开发基础的计算机爱好者快速提升前端开发能力的自学教程,并可为"互联网+"时代积极从事教学改革的教师提供教学方法与教改思路的参考。

图书在版编目(CIP)数据

Web 前端开发项目实践教程/陈劲新主编. —北京: 清华大学出版社,2020.10 (2024.3 重印)
21 世纪高等学校计算机专业实用规划教材
ISBN 978-7-302-56349-5

Ⅰ. ①W… Ⅱ. ①陈… Ⅲ. ①网页制作工具-程序设计-高等学校-教材 Ⅳ. ①TP393.092.2

中国版本图书馆 CIP 数据核字(2020)第 167330 号

责任编辑: 闫红梅 薛 阳
封面设计: 刘 键
责任校对: 焦丽丽
责任印制: 刘海龙

出版发行: 清华大学出版社
      网 址: https://www.tup.com.cn, https://www.wqxuetang.com
      地 址: 北京清华大学学研大厦 A 座   邮 编: 100084
      社 总 机: 010-62770175   邮 购: 010-83470235
      投稿与读者服务: 010-62776969, c-service@tup.tsinghua.edu.cn
      质量反馈: 010-62772015, zhiliang@tup.tsinghua.edu.cn
      课件下载: https://www.tup.com.cn, 010-83470236
印 装 者: 三河市龙大印装有限公司
经 销: 全国新华书店
开 本: 185mm×260mm   印 张: 19.75   字 数: 481 千字
版 次: 2020 年 11 月第 1 版   印 次: 2024 年 3 月第 5 次印刷
印 数: 5001~6200
定 价: 59.00 元

产品编号: 080495-01

出版说明

随着我国改革开放的进一步深化,高等教育也得到了快速发展,各地高校紧密结合地方经济建设发展需要,科学运用市场调节机制,加大了使用信息科学等现代科学技术提升、改造传统学科专业的投入力度,通过教育改革合理调整和配置了教育资源,优化了传统学科专业,积极为地方经济建设输送人才,为我国经济社会的快速、健康和可持续发展以及高等教育自身的改革发展做出了巨大贡献。但是,高等教育质量还需要进一步提高以适应经济社会发展的需要,不少高校的专业设置和结构不尽合理,教师队伍整体素质亟待提高,人才培养模式、教学内容和方法需要进一步转变,学生的实践能力和创新精神亟待加强。

教育部一直十分重视高等教育质量工作。2007年1月,教育部下发了《关于实施高等学校本科教学质量与教学改革工程的意见》,计划实施“高等学校本科教学质量与教学改革工程(简称‘质量工程’)”,通过专业结构调整、课程教材建设、实践教学改革、教学团队建设等多项内容,进一步深化高等学校教学改革,提高人才培养的能力和水平,更好地满足经济社会发展对高素质人才的需要。在贯彻和落实教育部“质量工程”的过程中,各地高校发挥师资力量强、办学经验丰富、教学资源充裕等优势,对其特色专业及特色课程(群)加以规划、整理和总结,更新教学内容、改革课程体系,建设了一大批内容新、体系新、方法新、手段新的特色课程。在此基础上,经教育部相关教学指导委员会专家的指导和建议,清华大学出版社在多个领域精选各高校的特色课程,分别规划出版系列教材,以配合“质量工程”的实施,满足各高校教学质量和教学改革的需要。

本系列教材立足于计算机专业课程领域,以专业基础课为主、专业课为辅,横向满足高校多层次教学的需要。在规划过程中体现了如下一些基本原则和特点。

(1)反映计算机学科的最新发展,总结近年来计算机专业教学的最新成果。内容先进,充分吸收国外先进成果和理念。

(2)反映教学需要,促进教学发展。教材要适应多样化的教学需要,正确把握教学内容和课程体系的改革方向,融合先进的教学思想、方法和手段,体现科学性、先进性和系统性,强调对学生实践能力的培养,为学生知识、能力、素质协调发展创造条件。

(3)实施精品战略,突出重点,保证质量。规划教材把重点放在公共基础课和专业基础课的教材建设上;特别注意选择并安排一部分原来基础比较好的优秀教材或讲义修订再版,逐步形成精品教材;提倡并鼓励编写体现教学质量和教学改革成果的教材。

(4)主张一纲多本,合理配套。专业基础课和专业课教材配套,同一门课程有针对不同层次、面向不同应用的多本具有各自内容特点的教材。处理好教材统一性与多样化,基本教材与辅助教材、教学参考书,文字教材与软件教材的关系,实现教材系列资源配套。

(5)依靠专家,择优选用。在制定教材规划时要依靠各课程专家在调查研究本课程教材建设现状的基础上提出规划选题。在落实主编人选时,要引入竞争机制,通过申报、评审确定主题。书稿完成后要认真实行审稿程序,确保出书质量。

繁荣教材出版事业,提高教材质量的关键是教师。建立一支高水平教材编写梯队才能保证教材的编写质量和建设力度,希望有志于教材建设的教师能够加入到我们的编写队伍中来。

21 世纪高等学校计算机专业实用规划教材

联系人:魏江江 weijj@tup.tsinghua.edu.cn

前　言

近年来,随着物联网、人工智能、大数据等新技术的崛起,对 Web 前端开发人才的需求日益增多,同时要求从业人员必须与时俱进地更新知识结构,提升职业素养。2018 年是国家的本科教学工作年,教育部先后发布了《关于加快建设高水平本科教育全面提高人才培养能力的意见》(教高〔2018〕2 号)和《关于狠抓新时代全国高等教育本科教育工作会议精神落实的通知》(教高〔2018〕8 号)等文件,强调要为本科"增负",严把出口关,打造有挑战度、有难度、有深度的"金课",全面提高本科教学质量。

编者根据教育部提出的打造"金课"的要求,结合多年来从事 Web 前端开发相关课程的教学经验,编写了本教材。教材体系结构如下图所示。

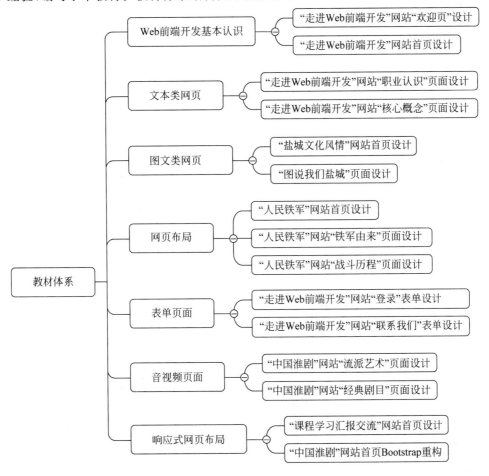

教材特色：

（1）项目驱动。教材以 Web 前端核心技术 HTML5、CSS3 与 JavaScript 为知识主线，以项目需求重构知识体系，通过项目描述→项目分析→项目知识点分解→知识点解析→知识点检测→项目实现→项目总结→能力拓展，在项目实践中强化知识的理解与创新应用，从而提升学习者的问题解决能力、项目开发能力和创新实践能力。

（2）思政特色。坚持"育人为本、德育为先"。教材中项目的设置融入了职业素养、中国传统文化、铁军精神、交流协作等思政内容，实现了课程思政与专业学习深度融合，使学生在潜移默化中树立正确的职业观念、政治信念和积极的人生态度等。

（3）资源丰富。编者在中国大学 MOOC 平台建有 SPOC 课程，项目案例的素材及源文件、重点知识点对应的微视频、知识点检测、项目拓展训练等资源丰富。

教学方法建议：

（1）案例教学法。赏析教材中的案例，构建问题情境，解读网站内容并剖解分析技术要点，引导学生完成具有一定思想性的案例开发。

（2）项目驱动法。在项目实施过程中，以任务或问题为驱动，组织学生积极参与既定的前端职业素养和要求、中国传统文化、地区特色文化等项目网站素材的搜集，引起学生的情感共鸣，激发学生对网站内容和表现技术的积极探究。

（3）翻转课堂教学方法。课前通过中国大学 MOOC 或蓝墨云班课等在线学习平台知晓项目任务，自主学习知识点微视频，完成微习题、讨论等；课中通过头脑风暴对网站素材进一步优化，协作解决问题，促进知识内化与应用，并进行项目开发；课后进行拓展创新、项目评价。

学习方法建议：

（1）在线学习，提升自主学习能力。教材依托中国大学 MOOC 平台建设了 SPOC 课程，有丰富的视频、课件、富文本、讨论、测验等资源，学习者可以联系作者申请加入，自主学习。

（2）项目实践，提升实践创新能力。教材设计的项目情境真实，利于知识的理解与应用。建议学习者从教材提供的项目中学会提出问题、解决问题，并能应用知识进行项目的创新拓展，提升职业能力和素养。

（3）协作学习，提升交流协作能力。建议组建 2～3 人的协作学习小组，小组成员通过项目研讨、任务分解、疑难问题探究、项目拓展创新等协作，提升学习热情。

本教材由陈劲新总体策划，拟定大纲与体系设计。张德成、张辉负责课程思政策划，第六、七模块部分内容由徐华平编写，其余部分由陈劲新编写，并由陈劲新进行最后的统稿。教材编写中得到了王植青、万小霞、余群等的帮助，项目代码的检查得到了庞蕴奇、徐诚、李玟涵等的帮助，在此表示感谢！

本教材在编写过程中，参考和引用了相关的教材和期刊论文资料，其中的主要来源在参考文献中列出，如有遗漏，恳请原谅，在此对这些书刊、文章的作者表示衷心的感谢！

本教材是 2020 年江苏省教育科学"十三五"规划课题"基于 SPOC 课程的混合式教学模式在高校时代新人培育中的应用研究"（项目编号：C-c/2020/01/06）、2018 年江苏高校哲学社会科学研究基金项目"新工科背景下一般地方本科院校人才培养方案重构研究"（项目编号：2018SJA1524）、2019 年江苏省高等教育教改立项研究课题"产教融合背景下一般地方高校新工科人才培养体系探索与实践"（项目编号：2019JSJG160）的成果。

由于编者水平有限，加之编写时间仓促，书中难免存在疏漏和不足，恳请广大读者批评指正。

陈劲新

2020 年 8 月

于盐城师范学院

目　录

模块一　Web 前端开发基本认识

问题提出：随着移动互联网技术的发展及其广泛的应用，Web 页面因其制作便捷、可实现效果丰富、平台无关等特性，成为众多项目实现的首选。Web 前端技术由于门槛较低，相关人员水平参差不齐，其所制作的 Web 前端项目也良莠不齐，这与建立符合 W3C 标准、兼容主流浏览器、用户体验良好、设计规范的前端页面的现实需求相矛盾。因此，作为 Web 前端及其相关项目的从业人员，必须熟练掌握 Web 前端开发相关技术及标准。尽管 Web 前端开发技术及其相关框架种类繁多，但都以 HTML、CSS、JavaScript 为核心。

那么 HTML、CSS、JavaScript 三者在网页中的作用是如何体现的呢？本模块将基于"走进 Web 前端开发"网站的 welcome.html 与 index.html 两个页面项目讲解其核心知识点以及设计网页的具体过程和方法。

核心概念：HTML，CSS，JavaScript。

HTML(HyperText Markup Language，超文本标记语言)：HTML 不是编程语言，而是一种描述文档结构的标记语言，构成 Web 页面的结构。HTML 由浏览器解释执行，具有平台无关性。目前其最新的标准是 HTML5。

CSS(Cascading Style Sheets，层叠样式表)：用于控制网页中各元素的显示样式与布局，增强了页面的表现力，使整个网站风格趋于统一；允许将表现与网页的内容分离，可以减少网页的代码量，增加网页的浏览速度。目前其最新的标准是 CSS3。

JavaScript：是一种解释性脚本语言，与 HTML DOM 共同实现 Web 页面的行为。可以直接嵌入 HTML 页面，但写成单独的 JS 文件可实现结构和行为的分离。JavaScript 的出现使得网页和用户之间实现了一种实时性的、动态的、交互性的关系，使网页包含更多活跃的元素和更加精彩的内容。

HTML、CSS、JavaScript 在 Web 前端设计中扮演了重要的角色。HTML 是网页内容的载体，CSS 是表现，而 JavaScript 用来实现网页的动态性、交互性。

学习目标：

- 知晓课程开设的制度与规范，强化课程学习纪律。
- 熟悉并掌握 HTML5 语义化结构标签的使用方法。
- 掌握 CSS 基本选择器的语法规则。
- 熟悉引入 CSS 样式表的方法。
- 初步了解页面设计过程。
- 搜集、整理、分析、归纳前端技术的概念、技术、Web 前端开发的规范与标准及其职业素养，培养文件检索和信息甄别能力，提升自主探究学习的效果。
- 初步理解 Web 前端开发的规范与标准及其职业素养。

项目 1.1 "走进 Web 前端开发"网站"欢迎页"设计

1.1.1 项目描述

"走进 Web 前端开发"网站主要展示初学 Web 前端开发者需要了解的核心概念、前沿技术以及职业素养等。其欢迎页效果如图 1-1 所示。

图 1-1 "走进 Web 前端开发"网站"欢迎页"(welcome.html)效果

1.1.2 项目分析

由于本项目是学习设计的第一个项目,所以相对简单。要求学习者初步了解前端设计规范,体会页面设计过程。下面从页面内容、表现形式和交互方式三个方面进行分析。

1. 页面内容

要设计与开发网页,首先需确定网页的结构。此页面主要包括 HTML5 图像标签、段落标签和超链接标签,页面结构如图 1-2 所示。

2. 表现形式

通过观察页面,三个元素经过 CSS 美化后,表现形式都发生了变化。

(1) 页面所有元素水平居中对齐,页面背景色为浅灰。

(2) <img>元素呈现为圆形,并带有深灰色边框。

(3) <p>元素文字具有阴影效果,并且有从左侧匀速移动到右侧且逐渐显示的效果。

（4）＜a＞元素设置为按钮形式。

3. 交互方式

当鼠标单击＜a＞元素时，使用 JavaScript 改变元素的文本、文本颜色、背景颜色、边框颜色。

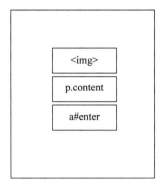

图 1-2 "走进 Web 前端开发"网站"欢迎页"结构

1.1.3 项目知识点分解

通过项目分析知道，此网页包含三个简单的 HTML5 标签，并通过 CSS 美化了页面元素，还利用 JavaScript 添加了交互。所以本项目涉及的知识点如图 1-3 所示（JavaScript 知识点在后续模块中讲解）。

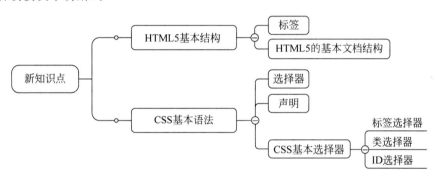

图 1-3 项目 1-1 知识点分解

1.1.4 知识点解析

1. HTML5 基本结构

1）标签

HTML 文档主要由若干标签组成，标签是 HTML 中最基本的单位。基本标签包括文档基本结构＜html＞标签、＜head＞标签、＜body＞标签，还包括网页基本组成标签，如标题 1＜h1＞标签、段落＜p＞标签、图像＜img＞标签、列表＜li＞标签、表单＜form＞标签、按钮＜button＞标签等，其特点如下。

（1）由尖括号包围关键词，例如＜html＞。

（2）通常是成对出现的，例如＜p＞和＜/p＞，标签对中的第一个标签是开始标签，第二个标签是结束标签，开始标签和结束标签也被称为开放标签和闭合标签。

（3）有单独呈现的标签，如< img src＝"百度百科.jpg"/>等。

（4）一般成对出现的标签，其内容在两个标签中间，如< h1 >标题</h1 >。

（5）标签可以包含标签，即标签可以成对嵌套，但是不能交叉嵌套。

（6）标题、字符格式、语言、兼容性、关键字、描述等信息显示在< head >标签中，而网页需展示的内容需嵌套在< body >标签中。

一对标签和其中所包含的内容统称为元素（element）。

2）HTML5 的基本文档结构

一个 HTML5 的基本文档结构如下。

demo1-1：

```
<!DOCTYPE html >
< html lang = "en">
< head >
    < meta charset = "utf - 8">
    < title >HTML5 基本语法</title >
</head >
< body >
    内容 <!-- 注释 -->
</body >
</html >
```

（1）<!DOCTYPE>声明。<!DOCTYPE>声明必须位于 HTML5 文档中的第一行，也就是位于< html > 标签之前。它是一条指令，不属于 HTML 标签，声明浏览器编写页面所用的标签的版本和文档所使用的 HTML 规范。

<!DOCTYPE>标签没有结束标签，且<!DOCTYPE> 对大小写不敏感。

（2）< html >标签。< html >标签标志着 HTML 文档的开始，</html >标签标志着 HTML 文档的结束。在它们之间是文档的头部和主体内容。后面跟着的 lang 属性是规定元素内容的语言。

（3）< head >标签。< head >标签用于定义 HTML 文档的头部信息，主要用来封装其他位于文档头部的标签，如< title >、< meta >、< link >、< style >等，用来描述文档的标题、作者以及和其他文档的关系等。

一个 HTML 文档只能含一对< head >标签，绝大部分文档头部包含的数据是不会作为内容显示在页面中的。

（4）< body >标签。< body >标签用于定义 HTML 文档所要呈现的内容。浏览器中显示的所有文本、图像、音视频等元素都必须包含在< body >标签内。

一个 HTML 文档只能含一对< body >标签，且< body >标签必须在< html >标签中。< body >标签位于< head >标签之后，与< head >标签是并列关系。

（5）<!-- -->注释。<!-- -->中的内容用于对代码进行解释，注释的内容不会呈现在页面上。

2. CSS 基本语法

CSS 定义了 HTML 中各元素的显示方式，是一个包含一个或多个规则的文本文件。CSS 规则由两个主要部分构成：选择器（Selector，也称"选择符"）和声明（Declaration）。具体格式如下。

选择器{属性1:属性值1;属性2:属性值2;属性3:属性值3;…}

1）选择器

为了能够使 CSS 规则与 HTML 元素对应起来，就必须定义一套完整的规则，实现 CSS 对 HTML 的"选择"，这就是它叫作"选择器"的原因。选择器是非常重要的概念，所有 HTML 中的标签都是通过不同的 CSS 选择器进行控制的。用户只需要通过选择器对不同的 HTML 标签进行控制，并赋予各种样式声明，即可实现各种效果。

2）声明

声明中"属性/属性值"之间必须用":"分隔；声明中可以包含若干对"属性/属性值"，语法规则示例如下。

```
p{
    margin: 10px;
    border: 1px solid #000000;
    background: #f2f2f2;
}
```

在 CSS 中，有些属性可以表示多个属性的值。例如，关于文字的设置有 font-family、font-size、font-style，这些可以用一个属性 font 来表示。

```
p{
    font-style: italic;
    font-size: 20px;
    font-family: "黑体";
}
```

可以表示为：

```
p{
    font: italic 20px "黑体";
}
```

在 CSS 中，有些属性可以设置多个属性值，用逗号分隔，将按照先后顺序优先选择。

```
p{
    font-family: Cambria, Times, Times New Roman, serif;
}
```

3）CSS 基本选择器

在 CSS 中有几种不同的选择器，可分为基本选择器和复合选择器。基本选择器有 3 种，分别是标签选择器、类选择器和 ID 选择器。复合选择器是通过对基本选择器进行组合构成的。

（1）标签选择器

一个 HTML 页面由很多不同的标签组成，而 CSS 标签选择器就是声明哪些标签采用哪种 CSS 样式。每一种 HTML 标签的名称都可以作为相应的标签选择器的名称，通常用来修改文档中标签的默认样式。

举例：

```
p {
    font - size:24px;
    line - weight:30px;
}
h2 {
    color:red;
    border - bottom:2px solid #cccccc;
}
```

注意：

① 标签选择器定义的样式会影响整个页面中所有该元素的显示。

② 若想改变某个元素的默认样式时，可使用标签选择器。

③ 当统一文档中某个元素的显示效果时，可使用标签选择器。

④ 对于 div、span 等通用结构元素，不建议使用标签选择器。

（2）类选择器

使用标签选择器可以设置页面中所有相同标签的统一格式，但如果需要对相同标签中某些个别标签做特殊效果设置，使用标签选择器就无法实现，需要引入其他的选择器。类选择器允许以一种独立于文档元素的方式来指定样式。名称可以由用户自定义，属性和值与标签选择器一样，也必须符合 CSS 规范。

举例：

```
.red{
    color:red;
}
```

应用时，需要在对应的标签上添加类名：

```
< h2 class = "red"> ... </h3 >
```

注意：

① class 可以将具有相同样式的元素统一为一类。

② 只有应用了该 class 名称的元素会受到影响。

③ 同一个类别可以应用于多个标签。

④ 同一个标签可以应用多个类别。

⑤ 不要将每个元素都应用一个 class，会产生代码冗余。

⑥ 命名时要通俗易懂。

（3）ID 选择器

其实 ID 选择器与类选择器的功能一样，两者的主要区别在于它们的语法和用法不同。ID 选择器在 HTML 页面中必须唯一，针对性更强。

举例：

```
#top{
    width:1200px;
    height:60px;
    background - color:#ffcc00;
}
```

应用时,需要在对应的标签上添加 id 名:

```
< div id = "top"> … </div >
```

注意点:

① 只有应用了该 id 名称的元素会受到影响。

② 用来构建整体框架的元素对象应定义 id 属性。

③ 在符合 Web 标准的设计中,每个 id 名称只能使用一次。

对比总结:

(1) 类选择器可以给任意多的标签定义样式,但 ID 选择器在页面标签中只能使用一次。

(2) ID 选择器样式比类选择器样式优先级高。ID 选择器局限性大,只能单独定义某个元素的样式(特殊情况下使用)。

一般来说,类选择器更加灵活,能实现 ID 选择器的所有功能,也能完成更加复杂的功能应用。如果对样式可重用性要求较高,则应该使用类选择器将新元素添加到类中来完成。对于需要唯一标识的页面元素,则可以使用 ID 选择器。

1.1.5 知识点检测

1.1.6 项目实现

通过项目分析和知识点学习,读者一定能逐步理解并完成第一个项目——"走进 Web 前端开发"网站 welcome. html 页面的代码编写。参考代码如下。

```
<! doctype html >
< html >
< head >
< meta charset = "utf - 8">
< title>欢迎页 - 欢迎来到 Web 前端开发学堂!</title>
< style type = "text/css">
    / * 定义标签选择器 body 的样式规则 * /
    body{
        background: #f2f2f2;
        text - align: center;              / * 所有元素居中对齐 * /
    }
    / * 定义标签选择器 img 的样式规则 * /
    img{
        margin - top: 200px;
        width:200px;
        height:200px;
        border: 10px solid #999999
        border - radius: 50 % ;            / * 为元素添加圆角边框,边框半径为宽度的 50 % * /
    }
    / * 定义类选择器 titl(p 的类名)的样式规则 * /
    .titl{
        font - family:"方正大黑简体";
```

```
            font - size: 60px;
            color: #333333;
            text - shadow: 5px 5px 10px #666;          /* 为文字添加阴影, x 方向向右偏移 5px, y 方
向向下偏移 5px, 模糊大小为 10px, 阴影颜色为深灰色 */
            animation: movelefttoright 1s linear;     /* 调用 movelefttoright 动画, 应用到< p >标
签上, 形成 1s 内从左侧匀速移动到右侧且逐渐显示的效果 */
            margin - top: 20px;
        }
        /* 定义 movelefttoright 的关键帧动画 */
        @keyframes movelefttoright{
            0%{
                transform: translateX( - 80px);
                opacity: 0;
            }
            100%{
                transform: translateX(0px);
                opacity: 100%;
            }
        }
        /* 定义 ID 选择器 enter(a 的 id)的样式规则 */
        #enter{
            font - size:24px;
            color: #333333;
            border: 1px solid #333333;
            border - radius:3px;
            padding:10px 100px;
            text - decoration:none;
        }
    </style>
    </head>
    < body >
    < img src = "images/image01.jpg">
    < p class = "titl">走进 Web 前端开发</p>
    < a href = "index.html" id = "enter">开始学习</a>
    < script type = "text/javascript">
        var enter = document.getElementById("enter");    //新建名为 enter 的变量, 对应的是文档
                                                          //中 id 名为 enter 的元素
        enter.onclick = function(e){
          e.preventDefault();
          enter.innerHTML = "欢迎进入";                   //改变元素的文本
          enter.style.color = "#ffffff";                 //改变元素文本的颜色
          enter.style.background = "#333333";            //改变元素的背景色
          enter.style.borderColor = "#333333";           //改变元素的边框颜色
    }
    </script>
    </body>
    </html>
```

上述代码中,CSS 代码写在< head >标签之间,属于引用内部样式表;JavaScript 代码写在< body >标签内,属于内部引入,在整个页面元素加载完成后读取,在单击超链接后,改变其文本内容、文本颜色、背景色以及边框颜色。

1.1.7 项目总结

项目实施过程中,主要是练习 HTML 标签的使用、如何给标签添加 ID 和类名、CSS 样式基本语法等;思考 HTML、CSS、JavaScript 三者在页面中的作用体现;初步领会前端开发标准。

项目 1.2 "走进 Web 前端开发"网站首页设计

设计"走进 Web 前端开发"网站之前,要求学习者能描述前端技术的核心概念,了解其发展的艰辛历程,初步领会前端设计师的职业要求等。这些内容并没有完全出现在本章的知识点讲解中,部分资源需要学习者搜集、整理并进行优化,之后整合到页面中。

1.2.1 项目描述

"走进 Web 前端开发"网站首页主要展示 Web 前端开发的内容以及当前 Web 前端开发非常火的原因,页面效果如图 1-4 所示。本项目要求学习者能熟练使用 HTML5 标签结构化页面,熟悉外部样式表的链接方式。

图 1-4 "走进 Web 前端开发"网站首页(index.html)效果

1.2.2 项目分析

1. 页面整体结构

首页结构比欢迎页面复杂,是典型的上中下结构,中部由左右两列组成,页面结构如图 1-5 所示。

Web 前端开发基本认识

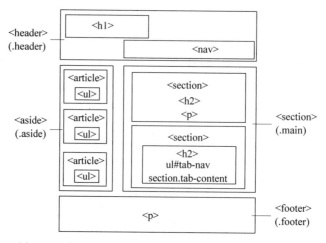

图 1-5 "走进 Web 前端开发"网站首页(index. html)结构

2. 具体实现细节

(1) 页面所有标签水平居中对齐,页面背景色为灰黄色,文字颜色为深灰色,字体为"微软雅黑"。

(2) <header>标签中的<h1>标签字号较大,<nav>标签为<header>内右侧的导航条。

(3) <aside>标签由三个<article>标签组成,每个<article>包含一个<ul>标签。

(4) <section>标签嵌套两个子<section>标签。

(5) <footer>标签嵌套了一个<p>标签。

3. JavaScript 添加交互

利用 JavaScript 设计了页面切换组件。

1.2.3 项目知识点分解

通过项目分析知道,此网页包含五个 HTML5 语义化标签< header >、< nav >、< aside >、< section >和< footer >,并通过 CSS 美化了页面元素,还利用 JavaScript 添加了 Tab 切换效果。所以本项目涉及的知识点如图 1-6 所示(JavaScript 知识点在后续模块中讲解)。

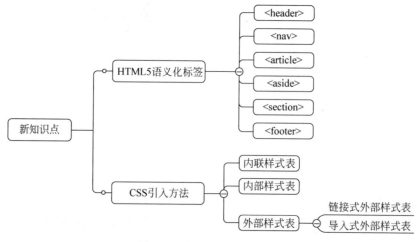

图 1-6 项目 1-2 知识点分解

1.2.4 知识点解析

1. HTML5 语义化标签

在 HTML5 出现之前,大多采用 DIV＋CSS 进行页面的布局,如图 1-7 所示。但这样的布局方式不仅使页面文档结构不够清晰,而且不利于搜索引擎爬虫对页面的爬取。为了解决上述缺点,HTML5 新增了很多语义化标签(如图 1-8 中 div 元素被替换成新的元素:header 页眉、nav 导航、section 区块、article 文章、aside 侧边栏、footer 页脚)。

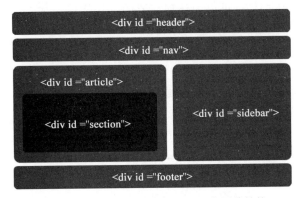

图 1-7　采用 DIV＋CSS 进行页面布局的结构

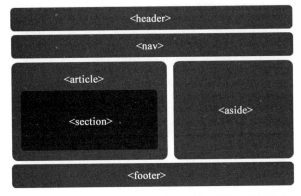

图 1-8　采用 HTML5 语义化标签进行页面布局的结构

语义化标签就是一种仅通过标签名就能判断出该标签内容的标签,也就是说,通过阅读代码,也能够很容易辨别每个区块的功能和用途。

引入语义化标签的好处主要有下列三点。

(1) 比< div >标签有更加丰富的含义,方便开发与维护。

(2) 搜索引擎能更方便地识别页面的每个部分。

(3) 方便其他设备(如移动设备、盲人阅读器等)解析。

下面介绍< article >、< section >、< nav >、< aside >、< header > < footer >等 HTML5 新增的语义化标签。

1) header

< header >通常被放置在页面或者页面中某个区块元素的顶部,包含整个页面或者区块的标题、简介等信息,还可以放置搜索表单、logo 图片等元素,按照最新的 W3C 标准,还可

以放置< nav >导航栏。

下面是一个使用该标签的网站头部实例。

```
< header >
    < img src = "images/logo.png"/>
    < h1 > ** 工作室</h1 >
</header >
```

需要注意的是,一个文档中可以包含一对或一对以上的< header >标签。< header >标签不是只能显示在页面的上方,可以为任何需要的区块标签添加 header 元素,可以是下面将要讲解的< article >、< section >等区块标签。

2)nav

nav 表示页面的导航,可以通过导航链接到网站的其他页面或者当前页面的其他部分。< nav >不但可以作为页面独立的导航区域存在,还可以在< header >标签中使用。此外,< nav >标签还可以显示在侧边栏中。即一个页面之中可以有多个< nav >标签。

因搜索引擎或者屏幕阅读器会根据< nav >标签来确定网站的主体内容,所以并不是任意一组超链接都适合放置在< nav >标签中,只要将主要的、基本的链接组放进< nav >即可,对于有辅助性的页脚链接则不推荐使用< nav >标签。< nav >在< header >标签中使用的示例如下。

demo1-2:

```
<! DOCTYPE html >
< html lang = "en">
< head >
< meta charset = "utf - 8">
< title > nav 标签</title >
</head >
< body >
< header class = "header">
  < h1 > Web 前端学堂</h1 >
  < nav class = "nav">
    < ul >
      < li >< a href = "index.html">网站首页</a ></li >
      < li >< a href = "concept.html">核心概念</a ></li >
      < li >< a href = "technology.html">前沿技术</a ></li >
      < li >< a href = "requirement.html">职业认识</a ></li >
      < li >< a href = "linkus.html">联系我们</a ></li >
    </ul >
  </nav >
</header >
</body >
</html >
```

3)article

article 表示文档、页面中独立的、完整的、可以独自被外部引用的内容。< article >标签应该使用在相对独立、完整的内容区块中。通常情况下,一个 article 元素包括标题、正文和脚注。< article >标签可以相互嵌套。

demo1-3：

```
<! DOCTYPE html >
< html lang = "en">
< head >
< meta charset = "utf - 8">
< title > article 标签</title >
</head >
< body >
< article >
    < h1 > HTML5 语义化标签</h1 >
    < p > HTML5 语义化标签包括………</p >
    < article >
        < header >
            < h2 > header 标签</h2 >
        </header >
        < article >
            < header >
                < h3 >如何理解< header >标签?</h3 >
            </header >
            < p > header 标签定义文档的页眉(介绍信息),通常被放置在页面或者页面中某个区块元
素的顶部,包含整个页面或者区块的标题、简介等信息,还可以放置搜索表单、logo 图片等元素。</p >
        </article >
        < article >
            < header >
                < h3 >如何使用< header >标签?</h3 >
            </header >
            < p >一个文档中可以包含一对或一对以上的< header >标签.它不是只能显示在页面的
上方,可以为任何需要的区块标签添加 header 元素</p >
        </article >
    </article >
    < article >
    …
    </article >
</article >
</body >
</html >
```

4）aside

aside 表示当前页面或文章的附属信息部分,可以包含与当前页面或主要内容相关的引用、侧边栏、广告、导航条以及其他类似的有别于主要内容的部分,所以其所包含的内容不是页面的主要内容。

demo1-4：

```
<! DOCTYPE html >
< html lang = "en">
< head >
< meta charset = "utf - 8">
< title >< aside >标签</title >
</head >
```

```
< body >
< article >
    < h1 > HTML5 语义化标签</h1 >
    < p >…正文…</p >
    < aside >
        < h2 >什么是语义化标签：</h2 >
        < p >语义化标签就是……</p >
    </aside >
</article >
</body >
</html >
```

5）section

section 是一个主题性的内容分组，通常用于对页面进行分块或者对文章等进行分段。< section >标签所包裹的是有一组相似主题的内容，可以用这个标签来实现文章的章节、标签式对话框中的各种标签页等类似的功能。< section >标签也可以相互嵌套，示例如下。

demo1-5：

```
<!DOCTYPE html >
< html lang = "en">
< head >
< meta charset = "utf - 8">
< title >< section >标签</title >
</head >
< body >
< section >
    < h1 > JavaScript 框架的三巨头</h1 >
    < p > JavaScript 框架是指以 JavaScript 语言为基础搭建的编程框架。在目前流行和使用方面主导的三个框架是 React、Angular 和 Vue。</p >
    < section >
        < h2 > React </h2 >
        < p > React 是 2013 年 5 月作为开源项目推出的。原作者是 Facebook 的工程师 Jordan Walke。将自己的账单本身称为"用于构建用户界面的 JavaScript 库"，而不是像 Angular 这样的完整框架。路由、状态管理和数据提取等问题留给了第三方。这导致了 React 周围的一个庞大且非常活跃的生态系统。</p >
    </section >
    < section >
        < h2 > Angular </h2 >
        < p > Angular 是 AngularJS 的继承者。这是一个功能齐全的框架，提供了数据获取、状态管理、开发语言和构建工具链的默认设置。也许 Angular 最显著的特点是使用 TypeScript 作为开发语言。这使得框架非常适合那些来自传统的面向对象的语言，如 Java 和 C♯，因为 TypeScript 从这些语言中获得灵感。"企业"是 Angular 的目标用户。</p >
    </section >
    < section >
        < h2 > Vue. js </h2 >
        < p >尽管 Vue 经常被视为"新人"，但自 2013 年起，Vue 就已经出现。Evan You 是创作者和主要开发者，与 React 和 Angular 不同，Vue 并不直接得到大公司的支持，而是依靠个人和公司的捐赠。在三个最流行的框架中，Vue 被广泛认为是最容易学习的。</p >
    </section >
</section >
</body >
</html >
```

注意,div 元素也可以对页面进行分区,但 section 元素并非一个普通的容器元素,section 关注的是内容的独立性;而当一个容器需要被直接定义样式或通过脚本定位行为时,推荐使用 div。

6) footer

< footer >标签一般被放置在页面或者页面中某个区块的底部,包含版权信息、联系方式等信息。与< header >标签一样,< footer >标签的使用个数没有限制,可以在任意需要的区块底部使用。示例如下。

```
< footer >
    < small >
            版权所有ⓒ 2019 ** 工作室
    </ small >
</ footer >
```

虽然语义化标签不会让用户马上感受到它的好处,但语义化标签不仅提升了网页的质量和语义,而且对搜索引擎能起到良好的优化效果。当然,除了上述标签外,HTML5 新增了很多标签,这些标签会在后续的章节中分类讲解。

2. CSS 引入方法

CSS 按其位置可以分为三种:内联样式表(Inline Style Sheet)、内部样式表(Internal Style Sheet)、外部样式表(External Style Sheet)。

1) 内联样式表

基本语法:

```
<标签 style = "属性: 属性值; 属性: 属性值; …">
```

语法说明:

(1) 标签如< body >、< div >、< p >等。

(2) 标签的 style 定义只能影响标签本身。

(3) style 的多个属性之间用分号分隔。

(4) 标签本身定义的 style 优先于其他所有样式定义。

(5) 行内样式表只影响单个元素(标签)。

示例如下。

```
< p style = "color:red;font - size:28px;">本段落生效</p>
```

行内样式是最简单的 CSS 使用方法,但因需为每一个标签设置 style 属性,后期维护成本非常高,且网页容易过"胖",所以不推荐使用。

2) 内部样式表

内部样式表与内联样式表使用方法不同,它将 CSS 代码写在< head >标签之间,并需要采用< style >标签进行声明,使用示例如下。

demo1-6:

```
<! doctype html >
< html >
< head >
```

15

模块一

Web 前端开发基本认识

```
< meta charset = "utf - 8">
<title>定义内部样式表</title>
< style type = "text/css">
body {
    background: gray;
}
/ * 定义类名为.ptxt 的 p 段落标记的样式 * /
.ptxt {
    font - size: 24px;
    color: # eeeeee;
}
</style>
</head >
< body >
<! -- 第一个 p 应用.ptxt 样式 -->
< p class = "ptxt">此段落中的文字被内部的样式定义为浅灰色</p>
<p>此段落中的文字没有被内部的样式定义</p>
</body >
</html >
```

语法说明：

（1）< style >标签是双标签，有 type 属性，必须放在头部。

（2）内部样式表只影响单个文件。

内部样式方便后期的维护，页面本身也大大瘦身。但如果一个网站拥有多个页面，对于不同页面上的同一标签希望采用同样的风格时，内嵌样式就麻烦了，且不瘦身，因此它仅适用于对特殊的页面设计单独的风格。

3）外部样式表

外部样式表就是把 CSS 代码写在一个单独的外部文件中，这个 CSS 样式文件以.css 为扩展名，可以分为链接式外部样式表和导入式外部样式表。

（1）链接式外部样式表

基本语法：

```
< link type = "text/css" rel = "stylesheet" href = "外部样式表的文件名称"/ >
```

语法说明：

① < link >标签是单标签，放在头部，不使用< style >标签。

② 外部样式表的文件名称必须带扩展名.css。

③ CSS 文件一定是纯文本格式。

④ 外部样式表修改后所有引用的页面样式自动更新。

⑤ 外部样式表优先级低于内部样式表。

⑥ 同时链接几个外部样式表时按"最近优先的原则"。

示例如下。

demo1-7：

```
<! DOCTYPE html >
< html >
```

```
    <head>
        <meta charset = "utf-8"/>
        <title>样式</title>
        <!-- 链接到外部样式 -->
        <link rel = "stylesheet" type = "text/css" href = "mystyle.css"/>
        </head>
    <body>
        <p>欢迎走进 Web 前端开发</p>
    </body>
</html>
```

mystyle.css 样式文件设置如下。

```
p{
    color: blue;
}
```

示例结果中,"欢迎走进 Web 前端开发"段落文字呈蓝色。

若在 demo1-7 的<head>中添加如下内部样式,段落文字显示为什么颜色呢?

```
<!DOCTYPE html>
<html>
    <head>
        <meta charset = "utf-8"/>
        <title>样式</title>
        <!-- 链接到外部样式 -->
        <link rel = "stylesheet" type = "text/css" href = "mystyle.css"/>
        <!-- 内部样式 -->
        <style type = "text/css">
            p{
                color: green;
            }
        </style>
    </head>
    <body>
        <p>欢迎走进 Web 前端开发</p>
    </body>
</html>
```

因外部样式表优先级低于内部样式表,所以该段落中的文字呈绿色。

(2) 导入式外部样式表

基本语法:

```
<style type = "text/css">
    @import url("外部样式表的文件名称");
    p,p1{font-size:24px; color:gray};
</style>
```

语法说明:

① import 语句后的";"号一定要加上。

② "外部样式表的文件名称"是要嵌入的样式表文件名称,含路径,扩展名为.css。

③ @import 应该放在 style 元素的最前面。

在网页设计中,建议使用外部式写法,一是可以做到 HTML 代码与 CSS 代码分离,有助于后期的修改维护;二来可以减少页面代码的冗余,有助于优化。

1.2.5 知识点检测

1.2.6 项目实现

通过项目分析和知识点学习,读者定能逐步理解并完成"走进 Web 前端开发"网站 index 页面的代码编写。参考代码如下。

index. html:

```html
<!DOCTYPE html>
<html>
<head>
<meta charset = "utf-8">
<title>首页-欢迎来到 Web 前端学堂!</title>
<!-- 链入对网页某类型元素的通用设置样式表 -->
<link href = "css/common.css" rel = "stylesheet" type = "text/css"/>
<!-- 链入对某元素特定设置的样式表 -->
<link href = "css/main.css" rel = "stylesheet" type = "text/css"/>
<link href = "CSS/font-awesome.min.css" rel = "stylesheet" type = "text/css">
</head>
<body>
<header class = "header">
  <h1>Web 前端学堂</h1>
  <nav class = "nav">
    <ul>
      <li><a href = "index.html">网站首页</a></li>
      <li><a href = "concept.html">核心概念</a></li>
      <li><a href = "technology.html">前沿技术</a></li>
      <li><a href = "requirement.html">职业认识</a></li>
      <li><a href = "linkus.html">联系我们</a></li>
    </ul>
  </nav>
</header>
<section class = "main">
<section>
  <h2>如何理解 Web 前端开发?</h2>
  <p>Web 前端开发是创建 Web 页面或 App 等前端界面呈现给用户的过程,通过 HTML、CSS 及 JavaScript 以及衍生出来的各种技术、框架、解决方案,来实现互联网产品的用户界面交互。</p>
  <p>前端开发技术的发展是互联网自身发展变化的一个缩影。互联网进入 Web 2.0 时代后,前端发生了翻天覆地的变化。网页不再只是承载单一的文字和图片,各种富媒体让网页的内容更加生动,网页上软件化的交互形式为用户提供了更好的使用体验。随着手机成为人们生活中不可或缺的一部分,成为人们身体的延伸,人们迎来了体验为王的时代。移动端的前端开发技术开发前景广阔。此
```

外,前端开发技术还能应用于智能电视、智能手表甚至人工智能领域。</p>
</section>
< section >
　< h2 > Web 前端开发为什么这么火?</h2 >
　< ul id = "tab - nav">
　　< li >< a href = "♯ tab1" id = "nav - tab1">市场需求</a></li >
　　< li >< a href = "♯ tab2" id = "nav - tab2">人才缺口</a></li >
　　< li >< a href = "♯ tab3" id = "nav - tab3">创业助推</a></li >
　　< li >< a href = "♯ tab4" id = "nav - tab4">小程序兴起</a></li >
　</ul >
　< section id = "tab - content">
　　< article id = "tab1">
　　　< p >截至 2020 年 3 月,我国手机网民达 8.97 亿,每天全体中国人一年消费的网页和 App 数量,是一个天文数字,而所有这些网页和 App 都需要前端工程师制作出来!</p >
　　　< img src = "images/image02. jpg"></article >
　　< article id = "tab2">
　　　< p >随着前端行业的发展,国外前端开发和后台开发人员比例为 1∶1,而国内目前依旧在 1∶3 以下,前端开发职位目前的人才缺口达到 60 万人。</p >
　　　< img src = "images/image02. jpg"></article >
　　< article id = "tab3">
　　　< p >互联网创业公司,在获得第一轮融资后的第一件事就是不计成本地招聘 Web 前端开发人员。因为前端开发是最接近用户的编程者,对客户体验负全责。</p >
　　　< img src = "images/image02. jpg"></article >
　　< article id = "tab4">
　　　< p >小程序中有 HTML5 + CSS3 + JavaScript 各种前端框架经验,进一步降低了开发门槛和成本,简直是 Web 前端开发人员的定制福利! 前端开发工程师是下一个热门开发工程师岗位。</p >
　　　< img src = "images/image02. jpg"></article >
　</section >
　</section >
</section >
< aside class = "aside">
　< article class = "link">< span >< i class = "fa fa - signal "></i>前沿推送</span >
　　< ul >
　　　< li >< i class = "fa fa - android"></i>< a href = "♯ ">JS 节流和防抖的区分和实现详解</a></li >
　　　< li >< i class = "fa fa - android"></i>< a href = "♯ ">CSS 字体 font - family 的正确选择方案</a></li >
　　　< li >< i class = "fa fa - android"></i>< a href = "♯ ">JavaScript 闭包和匿名函数的关系详解</a></li >
　　　< li >< i class = "fa fa - android"></i>< a href = "♯ ">小程序自定义组件详解</a></li >
　　</ul >
　</article >
　< article class = "link">< span >< i class = "fa fa - link"></i> 友情链接</span >
　　< ul >
　　　< li >< i class = "fa fa - foursquare"></i>< a href = "♯ ">前端开发博客</a></li >
　　　< li >< i class = "fa fa - foursquare"></i>< a href = "♯ ">51CTO 学院</a></li >
　　　< li >< i class = "fa fa - foursquare"></i>< a href = "♯ ">W3CSchool</a></li >
　　　< li >< i class = "fa fa - foursquare"></i>< a href = "♯ ">前端干货精选</a></li >
　　</ul >
　</article >
　< article class = "link">< span >< i class = "fa fa - ambulance "></i>推荐手册</span >

Web 前端开发基本认识

```html
    <ul>
      <li><i class = "fa fa-gift"></i><a href = "#">HTML 教程</a></li>
      <li><i class = "fa fa-gift"></i><a href = "#">CSS 教程</a></li>
      <li><i class = "fa fa-gift"></i><a href = "#">JavaScript 教程</a></li>
      <li><i class = "fa fa-gift"></i><a href = "#">jQuery 教程</a></li>
    </ul>
  </article>
</aside>
<footer class = "footer">
  <p>Copyright © 2019 优媒工作室 All Rights Reserved. 盐城市开放大道 50 号 </p>
</footer>
<script type = "text/javascript">
var nav_tab1 = document.getElementById("nav-tab1");
var nav_tab2 = document.getElementById("nav-tab2");
var nav_tab3 = document.getElementById("nav-tab3");
var nav_tab4 = document.getElementById("nav-tab4");
var tab1 = document.getElementById("tab1");
var tab2 = document.getElementById("tab2");
var tab3 = document.getElementById("tab3");
var tab4 = document.getElementById("tab4");
//设置 tab2、tab3、tab4 初始状态不显示
tab2.style.display = "none";
tab3.style.display = "none";
tab4.style.display = "none";
//设置 nav_tab1 初始状态为被单击效果
nav_tab1.className = "active";
nav_tab1.onclick = function(){
    hideAll();
    tab1.style.display = "block";
    nav_tab1.className = "active";
}
nav_tab2.onclick = function(){
    hideAll();
    tab2.style.display = "block";
    nav_tab2.className = "active";
}
nav_tab3.onclick = function(){
    hideAll();
    tab3.style.display = "block";
    nav_tab3.className = "active";
}
nav_tab4.onclick = function(){
    hideAll();
    tab4.style.display = "block";
    nav_tab4.className = "active";
}
function hideAll(){ //将所有内容都设置为隐藏,所有链接的样式类都清除
    tab1.style.display = "none";
    tab2.style.display = "none";
    tab3.style.display = "none";
    tab4.style.display = "none";
```

```
        nav_tab1.className = "";
        nav_tab2.className = "";
        nav_tab3.className = "";
        nav_tab4.className = "";
    }
</script>
</body>
</html>
```

对应的 CSS 代码部分如下。

common. css：

```css
html {
    height: 100%;
    overflow - x: hidden;        /* 表示水平方向隐藏溢出,没有滚动条 */
    background: #f2f2f2;
    color: #444;
    font: 16px/24px "微软雅黑";   /* 字体样式为: 字号大小 16px 行高 24px 字体为微软雅黑 */
}
body {
    - webkit - box - sizing: border - box;
    - moz - box - sizing: border - box;
    box - sizing: border - box;     /* 为元素指定的任何内边距和边框都将在已设定的宽度和高
度内进行绘制。*/
    position: relative;
    width: 100%;
    max - width: 1100px;
    min - width: 780px;
    min - height: 100%;
    margin: 0 auto;
    padding: 0;                /* 页面水平居中 */
    overflow - x: hidden;
}
div, ul, li, p {
    margin: 0;
    padding: 0;
    outline: none;             /* 当元素获得焦点的时候,焦点框为 0,不出现虚线框(或高亮框) */
}
ul {
    list - style: none;    /* 清除默认样式 */
}
p {
    text - indent: 2em;
    line - height: 2em;
    text - align: justify;
}
```

main. css：

```css
/* index 部分 */
/* 给 header 标签设置样式规则 */
```

```
.header {
    width: 100%;
    padding: 30px;
    height: 80px;
    overflow: hidden;      /* 隐藏溢出内容 */
    border-bottom: 1px solid #C3BBBB;
}
.header h1 {
    font-size: 3em;
    padding-left: 15px;
    margin-bottom: 15px;
}
.header .nav {
    float: right;
    padding-bottom: 1.5em;
}
.header .nav ul li {
    list-style: none;
    display: inline-block;
    margin-right: 3.5em;
}
.header .nav ul li a {
    color: #333;
    font-size: 1.25em;
    text-decoration: none;
    transition: all .5s;
    -webkit-transition: all .5s;
}
.header .nav ul li a:hover {
    color: #999;
}
/* 给 section 标签设置样式规则 */
.main {
    float: right;
    width: 65%;
    margin: 20px 0.5%;
    border: 1px solid #C3BBBB;
    border-radius: 5px;
    padding: 10px 2%;
}
.main h2 {
    margin: 30px 0 40px 0;
    text-align: center;
}
#tab-content {
    background: #FFF;
    height: 350px;
    padding: 25px;
    border-radius: 5px;
    box-shadow: 1px 1px 2px rgba(0,0,0,.15);
}
```

```
#tab-nav {
    background: #7F7979;
    margin: 0;
    padding: 0;
}
#tab-nav li {
    display: inline-block;
    list-style: none;
    width: 100px;
    height: 50px;
    line-height: 50px;
    text-align: center;
}
#tab-nav li a {
    display: block;
    color: #FFF;
    text-decoration: none;
}
#tab-nav li a.active {
    color: #7F7979;
    background: #FFF;
}
#tab-content img {
    margin-top: 5px;
    width: 55%;
    height: 200px;
    float: right;
}
#tab-content p {
    float: left;
    width: 40%;
}
/* 给 aside 标签设置样式规则 */
.aside {
    float: left;
    width: 25%;
    margin: 20px 0.5%;
    padding: 1%;
    border: 1px solid #C3BBBB;
    border-radius: 5px;
    height: 860px;
}
.aside h2{
    text-align: center;
}
.aside .link {
    margin-top: 20px;
}
.aside li {
    text-indent: 10px;
    line-height: 30px;
```

```
    }
    .aside span {
        margin: 20px 0 10px 0;
        display: block;
        font - size: 1.3em;
        font - weight: bolder;
    }
    .aside a {
        text - decoration: none;
        color: #333333;
    }
    .aside a:hover {
        color: #7F0707;
    }
    /* 给 footer 标签设置样式规则 */
    .footer {
        clear: both;
        border - top: 1px solid #C3BBBB;
        margin - top: 20px;
    }
    .footer p {
        margin: 10px;
        text - align: center;
    }
```

1.2.7　项目总结

项目实施过程中,主要是练习 HTML5 语义化标签如何结构化页面以及外部样式表的链接方式;要特别注意不能出现元素开始与结束标签嵌套错误,样式表中的类名和 ID 名与 HTML 中应一致;对 Web 前端开发有一定了解。

1.2.8　能力拓展

搜集、整理、分析、归纳 Web 前端技术的核心概念、Web 前端设计师的核心素养等,尝试理解首页和欢迎页两个页面的代码,初步体验 Web 前端开发的规范与标准,能描述 Web 前端设计师的职业素养。

模块二　　　　文本类网页

　　问题提出：文本能准确地表达信息的内容和含义，是网页中最重要、最常见的元素。在网页中如何设计文本，才能让其更易于阅读呢？不仅需将页面中的大量文本以多样化的文本标签显示，还需层级清晰、排版整齐。

　　核心概念：HTML5 文本标签，列表，超链接，Web 字体图标，CSS 继承，CSS 层叠和 CSS 优先级。

　　HTML5 文本标签：HTML5 提供了一系列文本控制标签，用于显示多样化的文本信息。

　　列表：列表能对网页中的相关信息进行合理的布局，将内容有序或无序地罗列显示。

　　超链接：超链接是 HTML 文档的最基本特征之一。超链接的英文名是 HyperLink，让浏览者在各个独立的页面之间方便地跳转。

　　Web 字体图标：可以直接使用 CSS 修改的可缩放的矢量图标，可以修改的内容包括图标的大小、颜色、阴影等。

　　CSS 继承：指被包含的元素将拥有父层元素的样式效果。

　　CSS 层叠：指 CSS 能够对同一元素或同一个网页应用多个样式或多个样式表的能力。

　　CSS 优先级：分配给指定的 CSS 声明的一个权重，它由匹配的选择器中的每一种选择器类型的数值决定。

　　文本标签的作用是如何体现的？特殊字体和图标如何引入？可以设计为哪些样式效果？如何利用列表和超链接实现菜单？本模块将基于"走进 Web 前端开发"网站"职业认识"（requirement.html）与"核心概念"（concept.html）两个页面项目讲解其核心知识点与设计网页的具体过程和方法。

　　学习目标：

- 熟悉并掌握 HTML5 文本标签的使用方法。
- 掌握字体样式属性与文本外观属性。
- 了解 CSS3 多列文本布局的方法。
- 掌握 Web 字体图标的引用和美化方法。
- 熟悉并掌握列表的使用方法。
- 熟悉并掌握超链接的使用方法。
- 理解 CSS 继承、层叠和优先级的含义并能简单应用。
- 利用列表和超链接设计横菜单、竖菜单。
- 通过搜集、整理、分析、归纳前端技术的核心概念和前沿技术，了解其发展的艰辛历程，以及前端设计师的职业要求，培养文件检索和信息甄别能力，提升自主探究学习的效果,塑造实事求是、勤奋刻苦、不懈探究并具有批判创新意识的品格与科学观。

- 领会页面设计过程,页面设计初步达到 Web 前端开发的规范与标准,初步具备 Web 前端设计的职业素养。

项目 2.1 "走进 Web 前端开发"网站"职业认识"页面设计

2.1.1 项目描述

"走进 Web 前端开发"网站"职业认识"(requirement. html)页面主要展示 Web 前端开发的概念、发展历程,以及 Web 前端开发工程师的职业要求等,其页面效果如图 2-1 所示。

图 2-1 "走进 Web 前端开发"网站"职业认识"页面效果

2.1.2 项目分析

1. 页面整体结构

"职业认识"页面是典型的上中下结构,页面结构如图 2-2 所示。

2. 具体实现细节

页面整体风格与首页相同,header 和 footer 元素与首页完全一致,结构变成了纯粹的上中下,即中部只由一个 section 组成,其嵌套一个<h2>标签和四个<article>标签,具体细节如下。

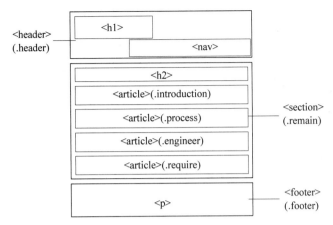

图 2-2 "走进 Web 前端开发"网站"职业认识"页面结构

（1）＜h2＞标题文字运用@fontface 规则引用了新字体书法.ttf。

（2）每个＜article＞标签均包括＜div＞标签与＜span＞标签,第二个和第四个＜article＞标签包括＜ul＞无序列表标签。

（3）类名为 introduction 的＜article＞标签运用 column 属性进行分栏设计。

（4）类名为 process 和 require 的＜article＞标签中的项目列表符号分别为空心圆和实心方块。

另外,＜nav＞中的横菜单是基于无序列表和超链接,通过 CSS 设置各列表项目水平浮动实现。

2.1.3　项目知识点分解

通过项目分析可知,此网页包含多个 HTML 文本标签,如＜h2＞标题文字、＜p＞段落标记等,CSS 规则包括文本字体样式、文本外观属性、列表项目符号样式、多列布局等。本项目涉及的知识点如图 2-3 所示。

2.1.4　知识点解析

1. HTML5 文本标签

1）标题标签

HTML 中定义了 6 级标题,分别为 h1、h2、h3、h4、h5、h6,每级标题的字体大小依次递减,1 级标题字号最大,6 级标题字号最小。

基本语法：

```
< h# align = "left|center|right">标题文字</h#>
```

标题标签案例如下。

demo2-1.html：

```
<! DOCTYPE HTML >
< html lang = "zh - cn">
< head >
< meta charset = "utf - 8"/>
```

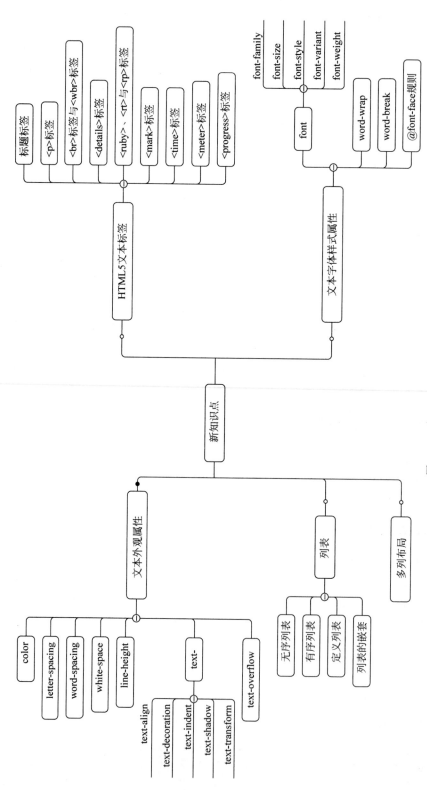

图 2-3 项目 2-1 知识点分解

```
<title>h1 - h6</title>
</head>
<body>
<h1 align = "center"> 一、HTML5 文本标签</h1>
<h2>1.标题文字</h2>
<h3>2.段落标记</h3>
<h4 align = left>1)基本语法</h4>
<h5 align = left>2)语法说明</h5>
<h6 align = right>返回</h6>
</body>
</html>
```

2)<p>标签

<p>标签用于定义段落。

3)
标签与<wbr>标签

标签可插入一个简单的换行符,用来输入空行,而不是分隔段落。

<wbr>标签规定在文本中的何处适合添加换行符。作用是建议浏览器在这个标记处可以断行,具体是否断行还需根据整行文字长度而定。除了 Internet Explorer,其他所有浏览器都支持<wbr>标签。

4)<details>标签

<details>标签用于描述文档或文档某个部分的细节,目前只有 Chrome 浏览器支持<details>标签,可以与<summary>标签配合使用,<summary>标签用于定义这个描述文档的标题。<detail>标签案例如下。

demo2-2. html:

```
<! DOCTYPE HTML>
<html lang = "zh - cn">
<head>
<meta charset = "utf - 8"/>
<title>details</title>
</head>
<body>
<details>
  <summary>盐城</summary>
  <div>盐城,江苏省地级市,地处中国东部沿海地区,江苏省中部,长江三角洲城市群北翼。盐城东临黄海,南与南通接壤,西南与扬州、泰州为邻,西北与淮安相连,北隔灌河和连云港市相望。全市地势平坦,河渠纵横。盐城下辖 3 区 5 县 1 市,全市土地总面积 16 931 平方千米,其中沿海滩涂面积 4553 平方千米,拥有江苏唯一的世界自然遗产中国黄(渤)海候鸟栖息地。2018 年户籍人口 826.15 万人。</div>
</details>
</body>
</html>
```

5)<ruby>标签、<rt>标签与<rp>标签

<ruby>标签、<rt>标签与<rp>标签是 HTML5 的新标签。

<ruby>标签用于定义 ruby 注释(中文注音或字符),与<rt>标签一同使用。<rt>标签用于定义字符(中文注音或字符)的解释或发音。<rp>标签在 ruby 注释中使用,以定义不

支持<ruby>标签的浏览器所显示的内容。案例如下。

demo2-3.html：

```
<!DOCTYPE HTML>
<html lang = "zh-cn">
<head>
<meta charset = "utf-8"/>
<title> ruby </title>
</head>
<body>
<ruby>漢
  <rt>厂马、</rt>
</ruby>
</body>
</html>
```

6）<mark>标签

<mark>标签是 HTML5 中的新标签，主要用来在视觉上向用户呈现那些需要突出显示或高亮显示的文字，典型应用是在搜索结果中高亮显示搜素关键字。

demo2-4.html：

```
<!DOCTYPE HTML>
<html lang = "zh-cn">
<head>
<meta charset = "utf-8"/>
<title> mark </title>
</head>
<body>
<p>他特别爱看
  <mark>侦探类的</mark>书目。
</p>
</body>
</html>
```

7）<time>标签

<time>标签是 HTML5 中的新标签，用于定义日期或时间，也可以两者同时定义。从文档结构方面来看，可以更清晰明了地表示出日期时间，同时对搜索引擎来说也能够更智能地生成搜索结果。datetime 属性定义元素的日期和时间。如果未定义该属性，则必须在元素的内容中规定日期或时间。案例如下。

demo2-5.html：

```
<!DOCTYPE HTML>
<html lang = "zh-cn">
<head>
<meta charset = "utf-8"/>
<title>time</title>
</head>
<body>
<p>孩子们在每天早上<time>7:30</time>开始自习。</p>
```

```
<p>我在
  <time datetime = "2019 - 09 - 02">开学第二天</time>有个重要的会议。</p>
</body>
</html>
```

8）<meter>标签

<meter>标签是 HTML5 中的新标签,用于定义度量衡,仅用于已知最大值和最小值的度量。Firefox、Chrome、Opera 以及 Safari 6 支持 <meter> 标签。案例如下。

demo2-6.html：

```
<! DOCTYPE HTML >
< html lang = "zh - cn">
< head >
< meta charset = "utf - 8"/>
< title > meter </title >
</head >
< body >
<p>显示度量值：</p>
< meter value = "3" min = "0" max = "10"> 3/10 </meter >
< br >
< meter value = "0.6"> 60 % </meter >
<p><b>注释：</b> Internet Explorer 不支持 meter 标签。</p>
</body >
</html >
```

9）<progress>标签

<progress>标签是 HTML5 中的新标签,标示任务的进度(进程)。使用方法与< meter >类似。

课堂小实践

至少选择六个文本标签设计一个自我介绍的文字页面。

2. 文本字体样式属性

1）常用字体样式属性

常用字体样式属性如表 2-1 所示。

表 2-1　常用字体样式属性

属　　性	描　　述
font	在一个声明中设置所有的**字体属性**,是复合属性。 语法规则：font:font-style ‖ font-variant ‖ font-weight ‖ font-size ‖ line-height ‖ font-family; 　参数必须按照如上的排列顺序; 　每个参数仅允许有一个值; 　忽略的将使用其参数对应的独立属性的默认值
font-family	指定文本的**字体系列**。 语法规则：font-family ：font-name; 　常用的中文字体有宋体、微软雅黑、黑体等; 　常用的英文字体有 Impact、Tahoma、Arial、Times New Roman、Verdana 等

属　　　性	描　　　述
font-size	指定文本的**字体大小**。定义 font-size 时，可以使用绝对尺寸和相对尺寸。 语法规则：font-size：absolute-size ｜ relative-size ｜ length； 　　绝对尺寸有 px(像素)、pt(点，1pt 相当于 1/72in)、in(英寸)、cm(厘米)、mm(毫米)等。 　　相对尺寸有 em、%、rem，它们都是相对于某个参考基准的字体大小，来计算当前字体的大小。 如果一个元素没有显式定义 font-size 属性，则会自动继承父元素的 font-size 属性的计算结果
font-style	指定文本的**字体样式**。 语法规则：font-style：normal ｜ italic ｜ oblique； 　　normal，默认值，显示标准的字体样式； 　　italic，显示斜体的字体样式； 　　oblique，显示倾斜的字体样式
font-weight	指定文本的**字体粗细**。 语法规则：font-weight：normal ｜ bold｜ bolder ｜ lighter ｜ number； 　　normal，默认值，显示标准的字体样式； 　　bold，显示粗体样式； 　　bolder，显示更粗的样式； 　　ligther，显示更细的样式； 　　100～900，定义由细到粗的样式，其中，400 等同于 normal，700 等同于 bold，值越大字体越粗
font-variant	以**小型大写字体或者正常字体**显示文本。 语法规则：font-variant：normal ｜ small-caps； 　　normal，默认值，显示一个标准的字体； 　　small-caps，显示小型大写字母的字体； 　　inherit，从父元素继承 font-variant 属性的值
word-wrap	允许**长单词或 URL 地址换行到下一行**。 语法规则：word-wrap：normal｜break-word； 　　normal，只在允许的断字点换行(浏览器保持默认处理)； 　　break-word，在长单词或 URL 地址内部进行换行
word-break	在**恰当的断字点进行换行**。 语法规则：word-break：normal｜break-all｜keep-all； 　　normal，使用浏览器默认的换行规则； 　　break-all，允许在单词内换行； 　　keep-all，只能在半角空格或连字符处换行

　　基于部分常用字体样式属性，设计课堂小案例"秋季健康专栏小报"页面如下。
demo2-7/healthy.html：

```
<!doctype html>
<html>
<head>
<meta charset = "utf - 8">
<title>秋季健康专栏小报</title>
```

```
< style type = "text/css">
    body{
        background: url(img/bg.jpg);
        font - family:"仿宋";
    }
    h1{
        font - family:"隶书";
        color: rgba(248,3,7,1.00);
    }
    h4{
        font - family: "微软雅黑";
        font - size: 20px;
    }
    .t1{
        font - weight: bold;
        font - style: italic;
        font - size: 18px;
    }
    # s1{
        font:italic bold 24px Cambria;          / * 注意各参数的顺序 * /
        word - break:keep - all;                 / * 允许在单词内换行 * /
    }
</style>
</head>
< body >
    < h1 >秋季健康教育知识</h1 >
    < p >秋天到了,你知道秋季健康教育知识吗?下面为大家解答。</p >
    < h4 > 1.合理膳食,以防燥护阴、滋阳润肺为准则</h4 >
<p>秋季天高气爽、气候干燥,秋燥之气易伤肺。因此,秋季饮食宜清淡,少食煎炒之物,多食新鲜蔬
菜水果,蔬菜宜选用大白菜、菠菜、冬瓜、黄瓜、白木耳;肉类可食兔肉、鸭肉、青鱼等;多吃一些酸味
的食品,如广柑、山楂等。适当多饮水,多吃些萝卜、莲藕、红豆、梨、蜂蜜等润肺生津、养阴清燥的食
物;尽量少食或不食葱、姜、蒜、辣椒、烈性酒等燥热之品及油炸、肥腻之物。</p>
< h4 > 2.积极参加体育锻炼,强身健体</h4 >
<p>秋季天高气爽,是户外活动的黄金季节。在此季节,老年人必须加强体育锻炼,是秋季保健中最
积极的方法。秋季要早睡早起,晨起后要积极参加活动健身锻炼,可选择登高、慢跑、快走、冷水浴等
锻炼项目。</p>
< h4 > 3.保持乐观情绪,静养心神</h4 >
<p>秋季万物成熟是收获的美好时节;但秋天也是万物逐渐凋谢、呈现衰败景象的季节。在此时节
在老年人心中最易引起衰落、颓废等伤感情绪,因此,要注意调养情智,学会调适自己,要保持乐观情
绪,保持内心的宁静,适当延长夜间睡眠时间;可经常和他人、家人谈心,或到公园散步,适当看看电
影、电视,或养花、垂钓。</p>
< h4 > 4.衣装适宜,谨防着凉</h4 >
<p>金秋季节,气候变化无常,老年人要顺应气候变化,适当注意保暖,以防止感冒和引发呼吸道等各
种疾病,要根据天气情况,及时增减衣服,防寒保暖,防病保健。</p>
< p >< span class = "t1">肺燥伤肝要吃酸:</span>从中医五行生克来讲,肺属金,肝属木,金旺能克
木,使肝木受损。因此应适当吃点儿酸味食物,因为"酸入肝",可以强盛肝木,防止肺气太过对肝造成
损伤。</p>
< p >< spanclass = "t1" >秋瓜坏肚少吃寒:</span>秋季不要吃太寒凉的食物,以保护胃肠,保护肺
脏。</p>
< p >< span class = "t1" >适度饮水最重要:</span>夏天多汗季节要多饮水,秋天干燥季节更要多饮
水。适度饮水是秋天润燥、防燥不可少的保养措施。</p>
```

```
< p id = "s1">资料来源: http://bhdjq.jining.gov.cn/art/2015/10/21/art_5636_175681.html </p>
</body>
</html>
```

案例效果如图 2-4 所示。

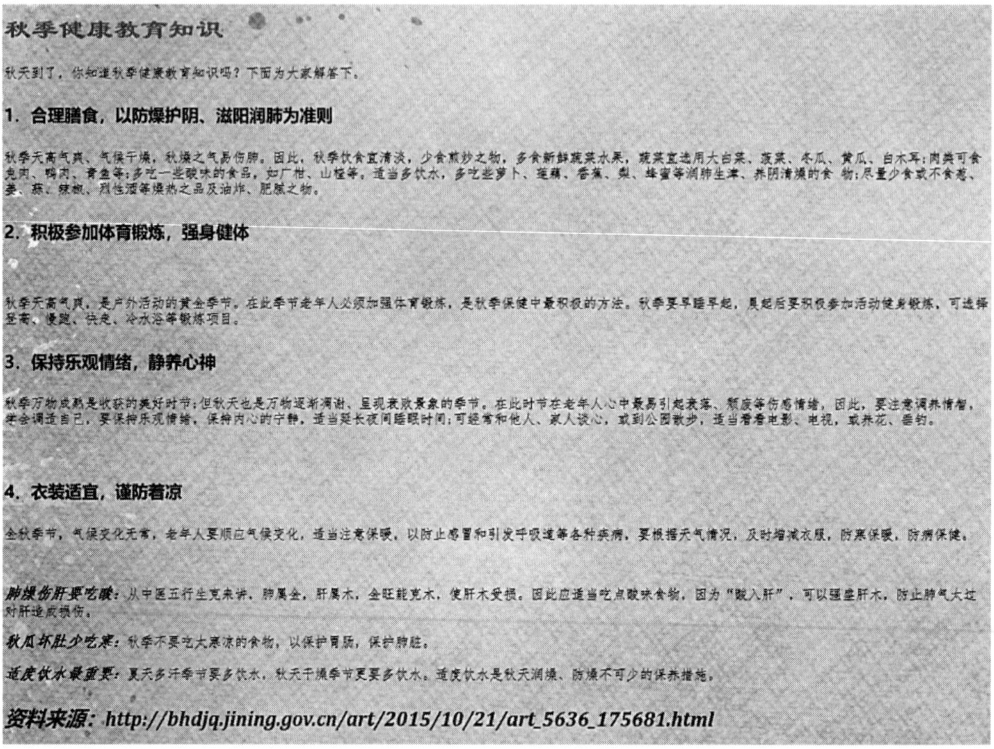

图 2-4 "秋季健康小报"页面效果

案例 2-7 设计参考步骤如下。

（1）复制文字到< body >标签对中。

（2）将文字放入对应的标签对中,并添加合适的类名或 id 名。

（3）设置 body 的背景色和文字字体为"仿宋"。

（4）设置字体样式属性。

① h1 字体为隶书,颜色为红色,居中。

② h4 字体为仿宋,字号为 20px。

③ 类名为 t1 的 span,font-weight 设置为 bold,font-style 设置为 italic,font-size 设置为 18px。

④ id 名为 s1 的 font 设置为 italic bold 24px Cambria,word-break 设置为 keep-all。

2）CSS3 的@font-face 规则

@font-face 是 CSS3 的新特性,用于定义服务器字体。通过@font-face 规则,开发者便可以使用用户计算机未安装的字体。

@font-face 规则的语法格式如下。

```
@font - face {
```

```
font - family: < YourWebFontName >;
src: < source > [< format >][,< source > [< format >]] * ;
[font - weight: < weight >];
[font - style: < style >];
}
```

其中，YourWebFontName 为自定义的字体名称，建议使用下载的默认字体；source 指的是自定义的字体存放路径，可以使用相对路径或绝对路径；format 指的是自定义的字体格式，主要用来帮助浏览器识别，其值主要有 truetype、opentype、truetype-aat、embedded-opentype、svg 等几种类型。

课堂小实践

改写"秋季健康专栏小报"页面中 h1 标题文字的字体为"简芳叠体"。

3. 文本外观属性

常用文本外观属性如表 2-2 所示。

表 2-2　常用文本外观属性

属　　　性	描　　述
color	指定**文本颜色**。 语法规则：color：color_name ｜ hex_number ｜ rgb_number ｜ inherit； 　color_name，规定颜色值为颜色名称的颜色（比如 red）； 　hex_number，规定颜色值为十六进制值的颜色（比如 ♯ff0000）； 　rgb_number，规定颜色值为 rgb 代码的颜色（比如 rgb(255,0,0)）； 　inherit，规定应该从父元素继承颜色
letter-spacing	指定**字符间距**。 语法规则：letter-spacing：normal ｜ length ｜ inherit； 　normal，默认值、规定字符间没有额外的空间； 　length，定义字符间的固定空间（允许使用负值）； 　inherit，规定应该从父元素继承 letter-spacing 属性的值
text-align	指定元素中的**文本的水平对齐方式**。 语法规则：text-align：left ｜ right ｜ center ｜ justify ｜ inherit； 　left，默认值，把文本排列到左边； 　right，把文本排列到右边； 　center，把文本排列到中间； 　justify，实现两端对齐文本效果； 　inherit，规定应该从父元素继承 text-align 属性的值
text-decoration	规定添加到**文本的修饰**。 语法规则：text-decoration：none ｜ underline ｜ overline ｜ line-through ｜ blink ｜ inherit； 　none，默认值，定义标准的文本； 　underline，定义文本下的一条线； 　overline，定义文本上的一条线； 　line-through，定义穿过文本下的一条线； 　blink，定义闪烁的文本； 　inherit，规定应该从父元素继承 text-decoration 属性的值

属　　性	描　　述
text-indent	指定**首行文字缩进**。 语法规则：text-indent: length ｜ % ｜ inherit； 　length，定义固定的缩进，默认值为 0； 　%，定义基于父元素宽度的百分比的缩进； 　inherit，规定应该从父元素继承 text-indent 属性的值
text-shadow	为**文本添加阴影效果**。 语法规则：text-shadow: h-shadow v-shadow blur color； 　h-shadow，代表水平偏移多少距离开始显示阴影效果； 　v-shadow，代表垂直偏移多少距离开始显示阴影效果； 　blur，代表阴影范围大小； 　color，代表阴影效果颜色
text-transform	**控制字母大小写**： text-transform: none ｜ capitalize ｜ uppercase ｜ lowercase ｜ inherit； 　none，默认值，定义带有小写字母和大写字母的标准的文本； 　capitalize，实现文本中的每个单词以大写字母开头； 　uppercase，实现拼音或单词英文字母全部转换为大写； 　lowercase，实现拼音或单词英文字母全部转换为小写； 　inherit，规定应该从父元素继承 text-transform 属性的值
white-space	如何**处理元素内的空白**。 语法规则：white-space: normal ｜ pre ｜ nowrap ｜ pre-wrap ｜ pre-line ｜ inherit； 　normal，默认值，空白会被浏览器忽略； 　pre，空白会被浏览器保留。其行为方式类似 HTML 中的 < pre > 标签； 　nowrap，文本不会换行，即在同一行上继续，直到遇到 < br > 标签为止； 　pre-wrap，保留空白符序列，但是正常地进行换行； 　pre-line，合并空白符序列，但是保留换行符； 　inherit，规定应该从父元素继承 white-space 属性的值
word-spacing	**增加或减少单词间的空白**（即字间隔）。 语法规则：word-spacing: normal ｜ length ｜ inherit； 　normal，默认值，定义单词间的标准空间； 　length，定义单词间的固定空间； 　inherit，规定应该从父元素继承 word-spacing 属性的值
line-height	指定**行间距**。 语法规则：line-height: line-height:normal｜number｜length/%linherit； 　normal，默认值，设置合理的行间距； 　number，设置数字，此数字会与当前的字体尺寸相乘来设置行间距； 　length，设置固定的行间距； 　%，基于当前字体尺寸的百分比行间距； 　inherit，规定应该从父元素继承 line-height 属性的值
text-overflow	设置或检索是否使用一个**省略标记**(...)标示对象内文本的溢出。 语法规则：text-overflow: clip｜ellipsis｜string； 　clip，不显示省略标记(...)，而是简单的裁切； 　ellipsis，当对象内文本溢出时显示省略标记(...)； 　string，使用给定的字符串来代替被修剪的文本

课堂小实践

改写"秋季健康专栏小报"页面中部分样式规则,要求如下。

(1) 为 h1 标题文字添加阴影,设置为 text-shadow:10px 10px 10px #333333;,text-align 设置为 center。

(2) 设置所有段落的行间距 line-height 为 30px。

(3) 设置所有段落的缩进 text-indent 为 30px。

(4) 设置类名为 t1 的 text-decoration 为 underline。

(5) 挑选一段文字,设置其合适宽度后,设置 text-overflow 为 ellipsis。

4. 列表

打开网易、新浪、搜狐网站首页,查看它们的导航,基本都是采用列表形式来控制显示信息。列表能对网页中的相关信息进行合理的布局,将项目有序或无序地罗列显示。

HTML 中一共有 5 种列表,分别是无序列表、有序列表、定义列表、菜单列表和目录列表,如表 2-3 所示。但常用的列表只有 3 种,分别是无序列表、有序列表和定义列表。

表 2-3　HTML 列表类型

列 表 类 型	标 记 符 号	列 表 类 型	标 记 符 号
无序列表	ul	目录列表	dir
有序列表	ol	菜单列表	menu
定义列表	dl		

1) 无序列表

无序列表(Unordered List)是一个没有特定顺序的相关条目(也称为列表项)的集合。在无序列表中,各个列表项之间属于并列关系,没有先后顺序之分,它们之间以一个项目符号来标记。

(1) 无序列表基本语法

```
< ul type = " ">
    <li>项目名称</li>
    <li>项目名称</li>
    <li>项目名称</li>
    …
</ul>
```

(2) 无序列表语法说明

① < ul ></ ul>标记:用来定义无序列表。

② <li ></li>标记:用来定义列表项序列。

③ type 属性:指定出现在列表项前的项目符号的样式。

• disc:指定项目符号为一个实心圆点(IE 浏览器的默认值是 disc)。

• circle:指定项目符号为一个空心圆点。

• square:指定项目符号为一个实心方块。

基于无序列表基本语法,设计案例如下。

demo2-8:

```
<! DOCTYPE HTML>
< html lang = "zh - cn">
< head >
    < meta charset = "utf - 8"/>
    < title>无序列表</title>
</head >
< body >
    < h4 > Disc 项目符号列表: </h4>
    < ul type = "disc">
        <li>绿豆</li>
        <li>红豆</li>
    </ul >
< h4 > Circle 项目符号列表: </h4>
    < ul type = "circle">
        <li>绿豆</li>
        <li>红豆</li>
    </ul >
< h4 > Square 项目符号列表: </h4>
    < ul type = "square">
        <li>绿豆</li>
        <li>红豆</li>
    </ul >
</body >
</html >
```

2) 有序列表

有序列表(Ordered List)是一个有特定顺序的列表项的集合；在有序列表中,各个列表项有先后顺序之分,它们之间以编号来标记。

(1) 有序列表基本语法

```
< ol type = " ">
    <li>项目名称</li>
    <li>项目名称</li>
    <li>项目名称</li>
    …
</ol >
```

(2) 有序列表语法说明

① < ol ></ol>标记：用来插入有序列表。

② <li></li>标记：用来定义列表项顺序。

③ type 属性：指定列表项前的项目编号的样式,其取值以及相对应的编号样式如下。

- "1"：指定项目编号为阿拉伯数字(IE 浏览器的默认值是 1)。
- "a"：指定项目编号为小写英文字母。
- "A"：指定项目编号为大写英文字母。
- "i"：指定项目编号为小写罗马数字。
- "I"：指定项目编号为大写罗马数字。

基于有序列表的基本语法,设计案例如下。

demo2-9：

```
<!DOCTYPE HTML>
<html lang = "zh-cn">
<head>
    <meta charset = "utf-8"/>
    <title>有序列表</title>
</head>
<body>
    <h4>数字列表：</h4>
    <ol>
        <li>绿豆</li>
        <li>红豆</li>
    </ol>
    <h4>字母列表：</h4>
    <ol type = "A">
        <li>绿豆</li>
        <li>红豆</li>
    </ol>
    <h4>小写字母列表：</h4>
    <ol type = "a">
        <li>绿豆</li>
        <li>红豆</li>
    </ol>
<h4>罗马字母列表：</h4>
    <ol type = "I">
        <li>绿豆</li>
        <li>红豆</li>
    </ol>
    <h4>小写罗马字母列表：</h4>
    <ol type = "i">
        <li>绿豆</li>
        <li>红豆</li>
    </ol>
</body>
</html>
```

（3）有序列表编号起始值

通常，在指定列表的编号样式后，浏览器会从"1""a""A""i"或"I"开始自动编号。而在使用有序列表标记的 start 属性后，用户则可改变编号的起始值。

start 属性值是一个整数，表示从哪一个数字或字母开始编号。例如，设置 start="3"，则有序列表的列表项编号将从"3""c""C""ⅲ"或"Ⅲ"开始编号。

利用有序列表编号起始值，设计案例如下。

demo2-10：

```
<html>
<head>
<title>编号起始值的指定</title>
</head>
```

```
< body >
    < strong >普通话水平测试指导报名</strong>
    < ol type = "A" start = "3">
        <li>报名时间：10 月 15～18 日,逾期不予受理。</li>
        <li>报名地点：学工办李老师处。</li>
        <li>报名费用：按物价局规定 105 元/人/次(含培训费用),报名时交齐。</li>
        <li>提交资料及注意事项：</li>
    </ol>
</body>
</html>
```

（4）有序列表项样式

使用列表项标记<li></li>的 type 属性,用户可以指定单个列表项的符号(对于无序列表而言)或编号(对于有序列表而言)。

在列表标记<ol></ol>的 type 属性和列表项标记<li></li>的 type 属性发生冲突的情况下,所指定的单个列表项遵循<li></li>的 type 属性进行显示。

（5）有序列表项编号

列表项标记的 type 属性只能改变当前列表项的符号或编号的样式,并不会改变其值的大小。而使用列表项标记<li></li>的 value 属性,可以改变当前列表项的编号大小,并会影响其后所有列表项的编号大小。但该属性只适用于有序列表。

3）定义列表

在 HTML 文件中,只要在适当的地方插入<dl></dl>标记,即可自动生成定义列表 (Definition List)。它的每一项前既没有项目符号,也没有编号,它是通过缩进的形式使内容层次清晰。

（1）定义列表基本语法

```
< dl >
    < dt > …</dt >
        < dd > …</dd >
        < dd >… </dd >
            …
    < dt > …</dt >
        < dd > …</dd >
        < dd >… </dd >
            …
    …
</dl >
```

（2）定义列表语法说明

① <dl></dl>标记用来创建定义列表。

② <dt></dt>标记用来创建列表中的上层项目,此标记只能在<dl></dl>标记中使用。显示时<dt></dt>标记定义的内容将左对齐。

③ <dd></dd>标记用来创建列表中的下层项目,此标记也只能在<dl></dl>标记中使用。

显示时<dd></dd>标记定义的内容将相对于<dt></dt>标记定义的内容向右缩进。

基于定义列表基础语法知识，案例如下。

demo2-11：

```
<!DOCTYPE HTML>
<html lang = "zh-cn">
<head>
    <meta charset = "utf-8"/>
    <title>定义列表</title>
</head>
<body>
<dl>
    <dt>普通话水平测试指导报名</dt>
        <dd>报名时间：10月15—18日，逾期不予受理。</dd>
        <dd>报名地点：学工办李老师处。</dd>
        <dd>报名费用：按物价局规定105元/人/次(含培训费用)，报名时交齐。</dd>
        <dd>提交资料及注意事项：</dd>
    <dt>培训</dt>
        <dd>培训时间：10月19日、20日(周末两天，早晨8:30开始)。</dd>
        <dd>培训地点：教学主楼B302(如有变动，以通知为准)。</dd>
        <dd>注意事项：报考同学请自带《普通话水平测试指导》用书(新版)，可提前当当、淘宝或
在校门口购买。</dd>
</dl>
</body>
</html>
```

4）列表的嵌套

标签是可以嵌套的，列表也是可以嵌套的。下面通过案例来学习无序列表和有序列表是如何嵌套使用的。

demo2-12：

```
<!DOCTYPE HTML>
<html lang = "zh-cn">
<head>
    <title>一个嵌套列表</title>
</head>
<body>
<h3>一个嵌套列表</h3>
<ul>
  <li>咖啡</li>
  <li>茶</li>
    <ul>
        <li>红茶</li>
        <li>绿茶</li>
            <ol>
                <li>中国茶</li>
                <li>非洲茶</li>
            </ol>
    </ul>
  <li>牛奶</li>
</ul>
</body>
</html>
```

demo2 12 页面效果如图 2-5 所示。

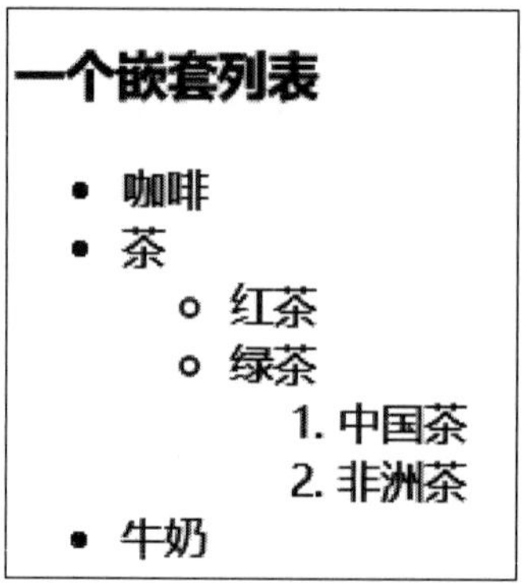

图 2-5　demo2-12 页面效果

课堂小实践

基于列表的嵌套，模仿如图 2-6 所示的页面效果。

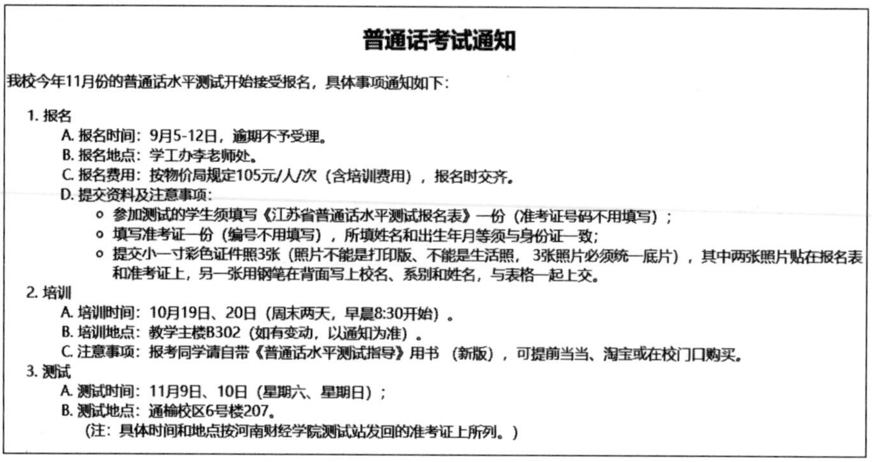

图 2-6　普通话考试通知页面效果

5. 多列布局

在 CSS3 的多列布局语法功能出现之前，要实现将文本呈多列显示，可以使用绝对定位，手动给文本分段落，或使用 JS 脚本等，较为麻烦。而 CSS3 column 属性出现后，很好地解决了这个问题，让浏览器来决定文字该在哪里换列。网页设计者所做的是只需指定每列的宽度和列数即可。

关于 column 属性的几个子属性及其描述如表 2-4 所示。

表 2-4　column 属性的几个子属性

属　　性	描　　述
column-width	规定列的宽度。 语法规则：column-width：auto｜length； 　auto，表示将根据 column-count 列的数量自动调整列宽； 　length，规定列的宽度

属　　性	描　　述
column-count	规定元素应该被划分的列数。 语法规则：column-count：number|auto； 　number，元素内容将被划分的最佳列数； 　auto，由其他属性决定列数，比如 column-width，两个参数都合并在 columns 中一起指定。例如 columns：auto 4；
column-gap	规定列间距，默认值为 normal，相当于 1em。 语法规则：column-gap：length|normal； 　length，把列间的间隔设置为指定的长度； 　normal，规定列间间隔为一个常规的间隔，相当于 1em。 需要注意的是，如果 column-gap 与 column-width 加起来大于总宽度，就无法显示 column-count 指定的列数，会被浏览器自动调整列数和列宽
column-rule	设置各列的宽度、样式和颜色规则。 语法规则：column-rule：column-rule-width column-rule-style column-rule-color； 　column-rule-width，设置列之间的宽度规则； 　column-rule-style，设置列之间的样式规则； 　column-rule-color，设置列之间的颜色规则
column-span	规定元素应横跨多少列。 语法规则：column-span：1|all； 　1，元素应横跨一列； 　all，元素应横跨所有列
column-fill	规定如何填充列。 语法规则：column-fill：balance|auto； 　balance，对列进行协调，所有列高都设为最高的列高； 　auto，按顺序对列进行填充，各列的高度随内容自动调整

课堂小实践

继续完善健康专栏小报网页，实现多列布局。

建议：将"健康专栏小报"页面用三列分栏，每栏宽度为 300px，栏与栏之间用灰色 5px 粗实线分隔。

2.1.5　知识点检测

2.1.6　项目实现

通过项目分析和知识点学习，逐步理解并完成"走进 Web 前端开发"网站 requirement. html 页面的代码编写。参考代码如下（<header>和<footer>标签 HTML 部分和 CSS 部分已省略）。

requirement. html <section>部分代码：

模块二

文本类网页

```
< section class = "remain">
  < h2 > Web 前端开发职业认识</h2 >
  < article class = "introduction">< span class = "icon"></span >< span class = "subtitle"> Web
前端开发</span >< span class = "long - line"></span >
    < div class = "detail - list">< span >前端开发是创建 Web 页面或 App 等前端界面呈现给用户
的过程,通过 HTML、CSS 及 JavaScript 以及衍生出来的各种技术、框架、解决方案,来实现互联网产品
的用户界面交互。它从网页制作演变而来,名称上有很明显的时代特征。在互联网的演化进程中,网
页制作是 Web 1.0 时代的产物,早期网站主要内容都是静态,以图片和文字为主,用户使用网站的行
为也以浏览为主。随着互联网技术的发展和 HTML5、CSS3 的应用,现代网页更加美观,交互效果显著,
功能更加强大。前端技术包括: 前端美工、浏览器兼容、CSS、HTML"传统"技术与 Adobe AIR、Google
Gears,以及概念性较强的交互式设计,艺术性较强的视觉设计等。</span ></div >
  </article >
  < article class = "process">< span class = "icon"></span >< span class = "subtitle"> Web 前端
开发的发展历程</span >< span class = "long - line"></span >
    < div class = "detail - list">
      < ul >
        < li >在 Web 1.0 时代,由于网速和终端能力的限制,大部分网站只能呈现简单的图文信息,
并不能满足用户在界面上的需求,对界面技术的要求也不高。随着硬件的完善、高性能浏览器的出现
和宽带的普及,技术可以在用户体验方面实现更多种可能,前端技术领域迸发出旺盛的生命力。</li >
        < li >2005 年以后,互联网进入 Web 2.0 时代,各种类似桌面软件的 Web 应用大量涌现,前端
由此发生了翻天覆地的变化。网页不再只是承载单一的文字和图片,各种富媒体让网页的内容更加
生动,网页上软件化的交互形式为用户提供了更好的使用体验,这些都是基于前端技术实现的。</li >
        < li >随着手机成为人们生活中不可或缺的一部分,成为人们身体的延伸,人们迎来了体验
为王的时代。移动端的前端技术开发前景宽阔。此外,前端技术还能应用于智能电视、智能手表甚至
人工智能领域。</li >
      </ul >
    </div >
  </article >
  < article class = "engineer">< span class = "icon"></span >< span class = "subtitle"> Web 前端
开发工程师</span >< span class = "long - line"></span >
    < div class = "detail - list">< span class = "tools"> Web 前端开发工程师,是从事 Web 前端开
发工作的工程师。主要进行网站开发、优化、完善的工作。Web 前端开发工程师在知识体系上既要有
广度,又要有深度,既有具体的技术,又有抽象的理念。</span ></div >
  </article >
  < article class = "require">< span class = "icon"></span >< span class = "subtitle"> Web 前端
开发工程师职业要求</span >< span class = "long - line"></span >
    < div class = "detail - list">
      < ul >
        < li >< span class = "source - name">掌握基本的 Web 前端开发技术</span >< br >
          < span >其中包括 CSS、HTML、SEO、DOM、BOM、Ajax、JavaScript 等,在掌握这些技术的同时,还
要清楚地了解它们在不同浏览器上的兼容情况、渲染原理和存在的 Bug。</span ></li >
        < li >< span class = "source - name">熟悉 W3C 标准和各主流浏览器在前端开发中的差异
</span >< br >
          < span >能针对不同浏览器的前端页面解决方案、移动 HTML5 的性能和其他优化,为用户
呈现最好的界面交互体验和最好的性能。</span ></li >
        < li >< span class = "source - name">能够提供合理的前端架构</span >< br >
          < span >熟悉相关产品的需求以及掌握前端程序的实现,提供合理的前端架构。改进和优
化开发工具、开发流程和开发框架。</span ></li >
        < li >< span class = "source - name">能与产品、后台开发人员保持良好沟通</span >< br >
          < span >能快速理解、消化各方需求,并落实为具体的开发工作;能独立完成功能页面的
设计与代码编写,配合产品团队完成功能页面的需求调研和分析。</span ></li >
```

```
      <li><span class = "source - name">能形成自己的见解</span><br>
          <span>了解服务器端的相关工作,在交互体验、产品设计等方面有自己的见解。</span>
</li>
        </ul>
      </div>
    </article>
</section>
```

对应的 CSS 代码:

```css
/* requirement */
.remain {
    width: 94%;                    /* 设置<section>的宽度 */
    margin: 20px 15px;             /* 设置<section>的外边距 */
    padding: 15px;                 /* 设置<section>的内边距 */
    border: 1px solid #C3BBBB;     /* 设置<section>的边框 */
    border - radius: 5px;          /* 设置<section>的圆角边框 */
}
.remain h2 {
    font - family: myFont;         /* 设置<section>中 h2 标题文本的字体 */
    font - size: 2em;              /* 设置<section>中 h2 标题文本的字号 */
    margin - top: 40px;            /* 设置<section>中 h2 的上边距 */
    text - align: center;          /* 设置<section>中 h2 标题文本的对齐方式 */
    text - shadow: 10px 10px 10px gray;  /* 设置<section>中 h2 标题文本的阴影效果 */
}
@font - face {
    font - family: myFont;
    src:url(../fonts/书法.ttf);
}
.long - line {
    display: block;                /* 设置分隔线<span>为块状显示 */
    width: 99%;                    /* 设置分隔线<span>的宽度 */
    height: 2px;                   /* 设置分隔线<span>的高度 */
    background: #C3BBBB;           /* 设置分隔线<span>的背景色 */
    margin: 5px 0;                 /* 设置分隔线<span>外边距 */
}
.icon {
    width: 35px;                   /* 设置图标<span>的宽度 */
    height: 35px;                  /* 设置图标<span>的高度 */
    display: inline - block;       /* 设置图标<span>为行内块元素 */
}
.subtitle {
    font - size: 1.3em;            /* 设置二级标题<span>的字号 */
    color: #333333;                /* 设置二级标题<span>的文字颜色 */
    font - weight: 600;            /* 设置二级标题<span>的字体粗细 */
}
.introduction {
    margin - top: 1em;             /* 设置介绍<article>的上外边距 */
    min - height: 160px;           /* 设置介绍<article>的最小高度 */
}
.introduction .icon{
```

```css
        background: url(../images/introduct_icon.png) no-repeat;
                                    /* 设置 Web 前端开发<article>中图标<span>的背景图像 */
    }
    .introduction .detail-list {
        padding-left: 1.2em;                /* 设置详情介绍<div>的左内边距 */
        column-count: 2;                    /* 设置详情介绍<div>的几列布局 */
        column-gap: 2em;                    /* 设置详情介绍<div>的多列布局的列间距 */
        column-rule: 2px solid #333333;     /* 设置详情介绍<div>的多列布局的列边框 */
        line-height: 1.6;                   /* 设置详情介绍<div>的段落行高 */
        text-align: justify;                /* 设置详情介绍<div>的文本对齐方式 */
    }
    .process {
        margin-top: 1em;                    /* 设置发展历程<article>的上外边距 */
    }
    .process .icon {
        background: url(../images/process_icon.png) no-repeat;   /* 设置发展历程<article>中
图标<span>的背景图像 */
    }
    .process .detail-list {
        padding-left: 30px;             /* 设置发展历程<article>的详情介绍<div>的左内边距 */
    }
    .process ul {
        list-style: circle;            /* 设置发展历程<article>的<ul>的列表项目符号 */
    }
    .engineer {
        margin-top: 1em;                /* 设置前端开发工程师<article>的上外边距 */
        min-height: 80px;               /* 设置前端开发工程师<article>的最小高度 */
    }
    .engineer .icon {
        background: url(../images/engineer_icon.png) no-repeat;
                                    /* 设置前端开发工程师<article>中图标<span>的背景图像 */
    }
    .engineer .datalist {
        text-indent: 2em;          /* 设置前端开发工程师<article>的详情介绍<div>的段落首行
文字缩进 */
    }
    .require {
        margin-top: 1em;                /* 设置职业要求<article>的上外边距 */
        min-height: 270px;              /* 设置职业要求<article>的最小高度 */
    }
    .require .source-name {
        font-size: 1.1rem;              /* 设置职业要求<article>中标题文字的字号 */
        font-weight: 600;               /* 设置职业要求<article>中标题文字的字体粗细 */
    }
    .require .icon {
        background: url(../images/require_icon.png) no-repeat;
                                    /* 设置职业要求<article>中图标<span>的背景图像 */
    }
    .require .detail-list ul {
        padding-left: 30px;             /* 设置职业要求<article>中列表<ul>的左内边距 */
        list-style-image: url(../images/li_icon.png);
                                    /* 设置职业要求<article>中列表<ul>的列表项目符号图像 */
    }
```

2.1.7　项目总结

项目实施过程中,主要是练习标题文字、列表、多列布局等页面元素的使用方法,熟悉文本字体样式和外观属性如何修饰美化文本元素;要注意无序列表项目符号的设置方法,以及@font-face用于定义服务器字体的方法;能描述前端开发的职业要求。

项目 2.2　"走进 Web 前端开发"网站
"核心概念"页面设计

2.2.1　项目描述

"走进 Web 前端开发"网站"核心概念"(concept. html)页面主要展示 Web 前端开发的HTML、CSS、JavaScript 核心概念及其三者之间的关系,其页面效果如图 2-7 所示。

图 2-7　"走进 Web 前端开发"网站"核心概念"页面效果

2.2.2　项目分析

1. 页面整体结构

concept. html 页面结构与 index. html 页面相似,是典型的上中下结构,中部由左右两列组成,页面结构如图 2-8 所示。

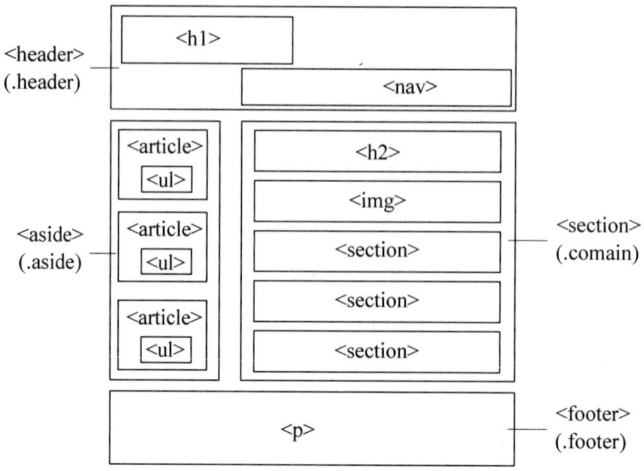

图 2-8 "走进 Web 前端开发"网站"核心概念"页面结构

2. 具体实现细节

页面整体风格与 index. html 页面相同,在<aside>中,三个<article>标签中分别包含<ul>标签,实现了三个竖菜单效果;<nav>中的横菜单是基于无序列表和超链接,通过 CSS 设置各列表项目水平浮动实现;中部<section>组成发生变化,其嵌套一个<h2>标签、一个<img>标签和三个<section>标签,具体细节如下。

(1)<h2>标题文字居中显示。

(2)<h2>标题文字下方的<img>标签居中显示,并设置了深灰色阴影。

(3)每个<section>标签均设置了灰色下边框,均包括<img>标签与<p>标签,实现左侧显示带有阴影的图片、右侧显示说明文字的效果。

(4)<p>标签通过添加 Web 字体图标实现段前、段后双引号效果。

另外,编写样式规则时,还涉及 CSS 的继承、层叠和优先级。

2.2.3 项目知识点分解

通过项目分析可知,concept. html 页面中主要包括的知识点如图 2-9 所示。

2.2.4 知识点解析

1. 超链接

超链接是 HTML 文档的最基本特征之一。超链接的英文是 HyperLink,它能够让浏览者在各个独立的页面之间方便地跳转。若干网页通过超链接的方式构成一个网站。超链接是网页中最重要的元素之一,是从一个网页或文件到另一个网页或文件的链接,包括图像或多媒体文件,还可以指向电子邮件地址或程序。在网页上加入超链接,就可以把 Internet 上众多的网站和网页联系起来,构成一个有机的整体。

1)超链接的组成

超链接由源地址文件和目标地址文件构成,当访问者单击超链接时,浏览器会从相应的目标地址检索网页并显示在浏览器中。如果目标地址不是网页而是其他类型的文件,浏览

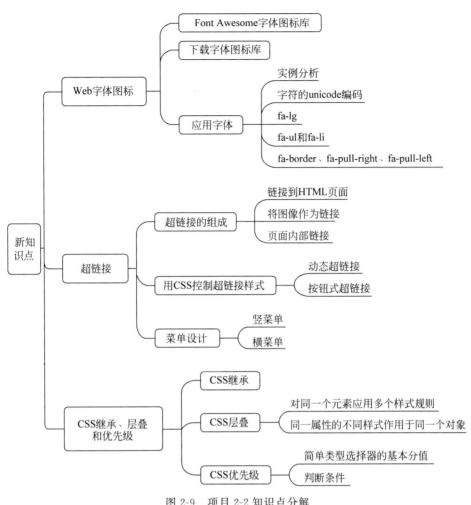

图 2-9　项目 2-2 知识点分解

器会自动调用本机上的相关程序打开访问的文件。

超链接由以下 3 个部分组成。

(1) 位置点标记< a >，将文本或图片标识为链接。

(2) 属性 href＝"…"，放在位置点起始标记中。

(3) 地址(称为 URL)，即浏览器要链接的文件。URL 用于标识 Web 或本地磁盘上的文件位置，这些链接可以指向某个 HTML 文档，也可以指向文档引用的其他元素，如图形、脚本或其他文件。

建立超链接的标记是 a(anchor,锚)，以< a >开始，以</ a >结束，锚可以指向网络上的任何资源：一个 HTML 页面、一幅图片、一个声音或视频文件等。

(1) 链接到 HTML 页面

基本语法：

< a href ＝ "url" title ＝ "指向链接显示的文字" target ＝ "窗口名称">超链接名称</a>

建立链接时，属性"href"定义了这个链接所指的目标地址，也就是路径。理解一个文件到要链接的那个文件之间的路径关系是创建链接的根本。

target 属性值如下。

① _blank,在新窗口中打开链接。

② _parent,在父窗体中打开链接。

③ _self,在当前窗体打开链接,此为默认值。

④ _top,在当前窗体打开链接,并替换当前的整个窗体(框架页)。

title 后跟链接目标说明,也就是超链接被链接网址情况简要说明,或标题。

每一个网站都具有独一无二的地址,英文中被称作 URL(Uniform Resource Locator),即统一资源定位器。

同一个网站下的每一个网页都有不同的地址,但是在创建一个网站的网页时,不需要为每一个链接都输入完整的地址,只需要确定当前文档同站点根目录之间的相对路径关系即可。

(2)将图像作为链接

基本语法:

```
< a href = "url" target = "目标窗口的打开方式"><img src = "图片地址"></a>
```

(3)页面内部链接

在浏览网页时,可能会见到许多内容较多且页面过长的网页,若要寻找页面一个特定的目标时,就需要不断地拖动滚动条,非常不便,此时就需要用到书签链接,即页面内部链接。

书签链接可用于当前页面的书签位置跳转,也可跳转到不同页面的书签位置;例如,在当前页面创建书签目录,使用<a>标签链接目录能使浏览者在单击链接时精确地跳到该目录的位置上,从而为阅读带来方便。

在同一页面内使用书签链接的格式:

```
< a href = "♯书签名称" target = "窗口名称">链接标题</a>
```

在不同页面之间使用书签链接的格式:

```
< a href = "URL 地址♯书签名称" target = "窗口名称">链接标题</a>
```

以上两种书签链接形式,链接到的目标为:

```
< a name = "书签名称">链接内容</a>
```

所以,使用书签链接的两个步骤如下。

① 在 HTML 文档中对锚进行命名(创建一个书签)

```
< a name = "书签名称">链接内容</a>
```

② 创建指向该锚的链接

2)用 CSS 控制超链接样式

(1)动态超链接

demo2-13:

```
<! DOCTYPE HTML >
< html lang = "zh - cn">
< head >
< meta charset = "utf - 8">
```

```
    <title>超链接</title>
</head>
<body>
<a href = "www.yctc.edu.cn">盐城师范学院</a>
</body>
</html>
```

demo2-13 中,超链接为默认的蓝色且有下画线,被单击过的超链接则为紫色并且也有下画线。这种默认的、单调的超链接样式无法满足所有用户的需求。通过 CSS 可以设置超链接的各种属性,包括前面提到的字体、颜色和背景等,而且通过伪类还可以制作很多动态效果。首先用最简单的方法去掉超链接的下画线,如下。

```
a{
    text - decoration: none;
}
```

此时页面中,无论是超链接本身,还是单击过的超链接,下画线都被去掉了,除了颜色以外,和普通文字没有多大区别。

当然,仅如上面所述的,通过设置标记<a>的样式来改变超链接,并没有太多的动态效果,下面介绍利用 CSS 的伪类来制作动态效果的方法。

什么是伪类呢?对元素进行分类是基于特征而不是它们的名字、属性或者内容;原则上,特征是不可以从文档树上推断得到的。即 CSS 内部本身赋予它一些特性和功能,也就是不用再设置 class=…或 id=…就可以直接拿来使用,当然也可以改变它的部分属性,比如 a:link{color:♯FF0000;}。常见的伪类有::first-child、:link、:visited、:hover、:active、:focus、:lang、:right、:left、:first、:nth-child()等,其中四种最基础的伪类属性描述如表 2-5 所示。

表 2-5　四种最基础的伪类属性描述

属　　性	版　　本	描　　述
E:link	CSS1	设置超链接 a 在未被访问前的样式
E:visited	CSS1	设置超链接 a 在其链接地址已被访问过时的样式
E:hover	CSS2	设置鼠标在元素上悬停时的样式
E:active	CSS2/CSS1	设置元素在被用户激活(在鼠标单击与释放之间发生的事件)时的样式

可以通过上述四个伪类,再配合各种属性风格制作出千变万化的动态超链接。在 CSS 中,如果对于相同元素有针对不同条件的定义,宜将最一般的条件放在最上面,并依次向下,保证最下面的是最特殊的条件。表 2-5 中,E:link 是最一般的条件,依次向下,E:active 是最特殊的条件。这样,浏览器在显示元素时,才会从特殊到一般、逐级向上验证条件,每一个 CSS 语句才都有效。

下面以 demo2-13 的超链接为例,介绍其制作方法。

如下代码中包括对超链接本身、被访问过的链接以及鼠标指针经过时的超链接进行了样式的修饰。

demo2-14:

```
<! DOCTYPE HTML >
```

```html
< html >
< head >
< meta charset = "utf - 8">
< title>超链接 - 基本伪类的使用</title>
< style type = "text/css">
a:link {                                /* 未访问链接 */
    color: #000000;
    text - decoration: none;            /* 去掉超链接的下画线 */
}
a:visited {                             /* 已访问链接 */
    color: #00FF00;
}
a:hover {                               /* 鼠标移动到链接上 */
    color: #FF00FF;
    text - decoration: underline;
}
a:active {                              /* 鼠标单击时 */
    color: #0000FF;
}
</style>
</head>
< body >
< a href = "http://www.yctc.edu.cn">盐城师范学院</a>
</body>
</html>
```

从上例的效果可以看出,超链接本身文字设置为黑色,且没有下画线。单击过的超链接变成了绿色,同样没有了下画线;当鼠标指针经过时,超链接变成了紫色,而且出现了下画线;当鼠标单击时,超链接变成了蓝色,且仍保持下画线。

(2) 按钮式超链接

很多网页上的超链接都设计成各种按钮的效果,大都采用了各种图片。在此仅通过 CSS 的普通属性来模拟按钮的各种效果。

首先和所有 HTML 页面一样,建立最简单的菜单结构,本例直接采用< a >标签排列的形式,代码如下。

```html
< body >
    < a href = "index.html">首页</a>
    < a href = "Profile.html">学院概况</a>
    < a href = "Recruitment.html">人才招聘</a>
    < a href = "training.html">学生培养</a>
    < a href = "research.html">科学研究</a>
    < a href = "Service.html">公共服务</a>
</body>
```

此时,页面效果如图 2-10 所示,仅是几个普通的超链接堆砌。

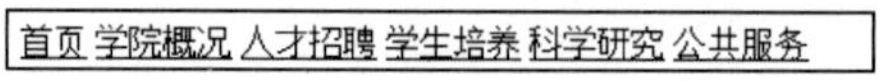

首页 学院概况 人才招聘 学生培养 科学研究 公共服务

图 2-10　普通超链接效果

之后对<a>标记进行整体控制,同时加入 CSS 的三个伪属性对于普通超链接和单击过的超链接采用同样的样式,并且利用边框的样式模拟按钮效果。而对于鼠标指针经过时的超链接,相应地改变了文字颜色、背景色、位置和边框,从而模拟了按下去的特效,如图 2-11所示。

图 2-11　demo2-15 按钮式超链接部分效果

demo2-15:

```html
<!DOCTYPE HTML>
<html>
<head>
<meta charset = "utf - 8">
<title>动态超链接</title>
<style type = "text/css">
a { /* 统一设置所有样式 */
    font - family:"微软雅黑";
    font - size: 14px;
    text - align: center;
    margin: 3px;
    background - color: #c0c0c0;
}
a:link, a:visited { /* 超链接正常状态、被访问过的样式 */
    color: #ff0000;
    padding: 4px 10px 4px 10px;
    background: #aaaaaa;
    text - decoration: none;            /* 取消下画线 */
    border - top: 1px solid #dddddd;    /* 边框显示阴影效果 */
    border - left:1px solid #dddddd;
    border - bottom: 1px solid #666666;
    border - right: 1px solid #666666;
}
a:hover { /* 鼠标经过时的超链接 */
    color: #821818;
    padding: 5px 8px 3px 12px;          /* 上左和下右的内边距变换,实现"按下去"的动态效果 */
    backgroundcolor: #ecd8db;
    border - top: 1px solid #666666;    /* 上左和下右的颜色变换,体现出动态的效果 */
    border - left: 1px solid #666666;
    border - bottom: 1px solid #dddddd;
    border - right: 1px solid #dddddd;
}
</style>
</head>
<body>
    <a href = "#">首页</a>
    <a href = "#">学院概况</a>
    <a href = "#">人才招聘</a>
    <a href = "#">学生培养</a>
```

```
    <a href = "#">科学研究</a>
    <a href = "#">公共服务</a>
</body>
</html>
```

（3）基于列表的竖菜单设计

导航菜单是网站中不可或缺的部分，导航菜单的风格也需要匹配其网站风格。如何快速有效地设计菜单呢？先由竖菜单开始，效果如图 2-12 所示。

首先，创建 HTML 相关结构，将菜单的各项用基本项目列表<ul>表示，代码如下。

```
< div id = "navigation">
< ul >
    < li >< a href = "#">首页</a></li>
    < li >< a href = "#">学院概况</a></li>
    < li >< a href = "#">人才招聘</a></li>
    < li >< a href = "#">学生培养</a></li>
    < li >< a href = "#">科学研究</a></li>
    < li >< a href = "#">公共服务</a></li>
</ul >
</div >
```

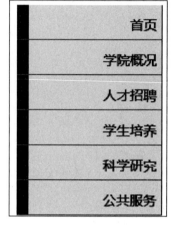

图 2-12　竖菜单效果

第二步，设置整个<div>块的宽度为固定 150px，背景为淡黄色，并设置文字的字体、字号和文字对齐方式。

```
# navigation {
    width:150px;
    font - family:Arial;
    font - size:14px;
    text - align:right;
    background: #F3F2E8;
}
```

第三步，设置项目列表<ul>的属性，将项目符号设置为不显示。为<li>标记添加下画线，以分隔各个超链接。

```
# navigation ul {
    list - style - type:none;              /* 不显示项目符号 */
    margin:0px;
    padding:0px;
}
navigation li {
    border - bottom:1px solid #9F9FED;     /* 添加下画线 */
}
```

第四步，对超链接<a>标签进行设计，如下。

```
# navigation li a{
    display:block; /* 超链接被设置成了块元素。当鼠标指针进入该块的任何部分时都会被激活，
而不是仅在文字上方时才被激活。*/
```

```
        height:1em;
        padding:10px 5px 10px 0.5em;
        text-decoration:none;
        border-left:12px solid #3D3535;          /*左侧的粗边*/
        border-right:1px solid #3D3535;           /*右侧的细边*/
}
vigation li a:visited{                            /*被访问过的样式*/
        background-color:#1136c1;
        color:#FFFFFF;
}
#navigation li a:hover{                           /*鼠标经过时的样式*/
        background-color:#002099;                 /*改变背景色*/
        color:#ffff00;                            /*改变文字颜色*/
        border-left:12px solid #EFE6AE;
}
```

（4）基于列表的横菜单设计

学习了竖菜单的设计，如何设计如图 2-13 所示的横菜单呢？

首页　学院概况　人才招聘　学生培养　科学研究　公共服务

图 2-13　横菜单效果

demo2-16：

```
<!doctype html>
<html>
<head>
<meta charset = "utf-8">
<title>横菜单</title>
<style type = "text/css">
#navigation {
        font-family:Arial;
        font-size:14px;
        text-align:right;
        background:#F3F2E8;
}
#navigation ul {
        list-style-type:none;                     /*不显示项目符号*/
        margin:0px;
        padding:0px;
        overflow: auto;
}
#navigation li {
        float: left;                              /*所有列表项目均向左浮动,形成横菜单效果*/
}
#navigation li a{
        display:block;     /*超链接被设置成了块元素。当鼠标指针进入该块的任何部分时都会被激
活,而不是仅在文字上方时才被激活。*/
        height:1em;
```

```
        padding:10px 5px 10px 0.5em;
        text - decoration:none;
    }
    vigation li a:visited{                       /* 被访问过的样式 */
        background - color:#1136c1;
        color:#FFFFFF;
    }
    #navigation li a:hover{                      /* 鼠标经过时 */
        background - color:#002099;              /* 改变背景色 */
        color:#ffff00;                           /* 改变文字颜色 */
    }
</style>
</head>
<body>
<div id = "navigation">
<ul>
    <li><a href = "#">首页</a></li>
    <li><a href = "#">学院概况</a></li>
    <li><a href = "#">人才招聘</a></li>
    <li><a href = "#">学生培养</a></li>
    <li><a href = "#">科学研究</a></li>
    <li><a href = "#">公共服务</a></li>
</ul>
</div>
</body>
</html>
```

有了竖菜单设计的基础,实现横菜单最关键的代码是将原本的纵向显示的列表修改为横向显示,即将所有项目列表的 float 属性值设为 left,即所有列表项目均向左浮动,便形成横菜单效果。

2. Web 字体图标

在网页开发过程中,图标是必不可少的,项目 2-1 中用了四个位图图像作为标题前的图标。而在网页中用到更多的图标时,以前的方法是一个一个单独切片,或者将它们拼接组合起来,从而减少请求,方便调用等,但是随着项目的逐渐扩展壮大,图标越来越多,难以维护,同时若要更改某个图标的位置、大小、颜色等,单独切片或者拼接组合的方式就显得比较有限制性了。因此,使用图标的最佳解决方案不是去使用图像,而是使用矢量的图标字体,即图标字体化。

Font Awesome 可提供缩放的矢量图标,可使用 CSS 所提供的所有特性对它们进行更改,包括大小、颜色、阴影或者其他任何支持的效果,且完全开源、完全免费。

1) Font Awesome 字体图标库

Font Awesome 其实就是一个图标工具,当前的最新版本是 4.7.0,常用的有 675 个图标,部分图标如图 2-14 所示。

部分图标经过一定的样式设计后可以变成如图 2-15 所示的效果。

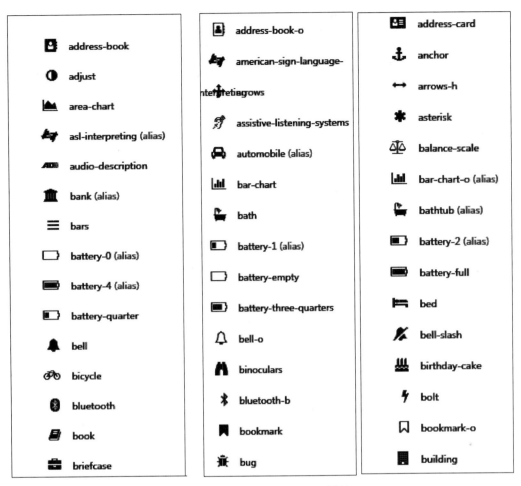

图 2-14　部分 Font Awesome 图标

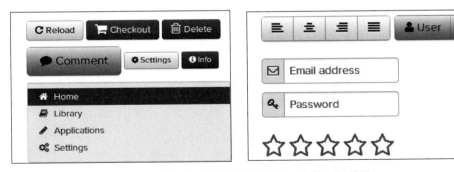

图 2-15　样式设计后的 Web 字体图标效果

2）下载字体图标库

可以去 http://fontawesome.dashgame.com/（即 Font Awesome 中文网）下载,解压之后目录如图 2-16 所示,其中只需关注 css 和 fonts 两个文件夹,css 文件夹中是该工具提供的 CSS 文件,fonts 文件夹是需要的字体文件。将这两个文件复制到对应的网站文件夹中。

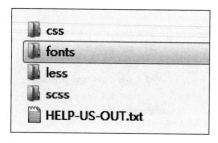

图 2-16　font-awesome-4.7.0 文件夹目录

3）应用字体

（1）实例分析

了解 Font Awesome 可以提供的图标后，就可以用简短、语意精准的<i>标签包裹起来，用到网站的任何地方。案例代码如下。

demo2-17：

```html
<!doctype html>
<html>
<head>
<meta charset = "utf - 8">
<title>Web 字体图标</title>
<link href = "css/font - awesome.min.css" rel = "stylesheet" type = "text/css"/>
<style type = "text/css">
    .fa - calendar{
        font - size: 4em;
        color: red;
    }
</style>
</head>
<body>
<i class = "fa fa - calendar"></i>
</body>
</html>
```

图 2-17 是浏览器中的效果，是 Font Awesome 官方提供的图标，若想使用其他图标可以去官方网站上查看。

（2）字符的 unicode 编码

搜索 font-awesome.min.css 样式文件，查找.fa-calendar 对应的样式规则为：

图 2-17　demo2-17
页面效果

```css
.fa - calendar:before{content:"\f073"}
```

表示在这个元素前面插入一个内容，这个内容("\f073")是一个字符，f073 是这个字符的十六进制 unicode 编码。计算机里面每个字符都有一个 unicode 编码，比如"我"的 unicode 是 6211（十六进制），这个编码是使用 UI 设计师提供给前端人员的 svg 矢量图生成的，也可以在网络通过第三方网站获得，而字体文件的作用是规定某个字符应该用什么形状来显示。unicode 字符集里面，E000～F8FF 属于用户造字区，原本是空的，用户可以在字体文件里面任意定义这些字符的形状。所见的 Webfont 图标,一般就选在这一部分。

（3）fa-lg

若需增加图标大小,可使用 fa-lg(33％递增),fa-2x,fa-3x,fa-4x 或 fa-5x,如下。

```
< i class = "fa fa - apple fa - lg"></i>fa - lg
< i class = "fa fa - apple fa - 2x"></i>fa - 2x
< i class = "fa fa - apple fa - 3x"></i>fa - 3x
< i class = "fa fa - apple fa - 4x"></i>fa - 4x
< i class = "fa fa - apple fa - 5x"></i>fa - 5x
```

为了不让图标顶部和底部被裁剪掉,需确保有足够的行高。

（4）fa-ul 和 fa-li

使用 fa-ul 和 fa-li 可以轻松地替换无序列表中的默认图标。

```
< ul class = "fa - ul">
   < li>< i class = "fa - li fa fa - check - square"></i>使用列表类图标</li>
   < li>< i class = "fa - li fa fa - check - square"></i>轻松地替换</li>
   < li>< i class = "fa - li fa fa - spinner fa - spin"></i>无序列表</li>
   < li>< i class = "fa - li fa fa - square"></i>中的默认图标</li>
</ul>
```

（5）fa-border 和 fa-pull-right 或 fa-pull-left

使用 fa-border 和 fa-pull-right 或 fa-pull-left 可以轻易构造出引用的特殊效果。

```
< i class = "fa fa - quote - left fa - 3x fa - pull - left fa - border" aria - hidden = "true"></i>
… With a bit of custom CSS, we can get just about any file type icon we need. By using stacked
icons, we can mix existing file type icons alongside our custom file types. And we can stack
icons or text just as easily.
```

课堂小实践

基于 Web 字体图标的基础知识,至少运用 font-awesome. min. css 中的四种字体设计
不同颜色、大小的多样化图标效果。

3. CSS 的继承、层叠和优先级

1）继承

继承性,就是指被包含的元素将拥有外层元素的样式效果。继承是一种机制,它允许样
式不仅可以应用于某个特定的元素,而且还可以应用于它的后代(子)元素。

demo2-18:

```
<!DOCTYPE html >
< html lang = "en">
< head >
    < meta charset = "utf - 8">
    < title>css 继承性</title>
    < style >
        div{
            color: red;
            font - size:30px;
            text - decoration: none;
            border: rgba(233,14,17,1.00) solid 2px;
```

```
                margin: 5px;
            }
        </style>
    </head>
    <body>
    <div>
        <p>我是段落</p>
    </div>
    <div>
        <ul>
            <li>
                <p>我是段落</p>
            </li>
        </ul>
    </div>
    <div>
        <a href = "#">我是超链接</a>
    </div>
    <div>
        <h1>我是标题</h1>
    </div>
    </body>
</html>
```

上述代码生成的页面中,较好地显示了继承的特点。虽然说有了继承性,子类可以使用父类的属性,但并不是所有的对象及属性都可以继承,主要注意点如下。

(1) 不是所有的属性都可以继承,只有以 color/font-/text-/line 开头的属性才可以继承,而边框属性、边界属性、补白属性、背景属性、定位属性、布局属性、元素高、元素宽属性等不可以继承。

(2) 在 CSS 中的继承不仅是儿子才可以继承,只要是后代就可以继承。

(3) 标签的文字下画线是不能被继承的,h 标签的文字大小是不能被继承的。

2) 层叠

层叠不能和前面介绍的"继承"相混淆,二者有着本质的区别,层叠可以理解为"冲突"的解决方案。层叠是指 CSS 能够对同一元素或同一个网页应用多个样式或多个样式表的能力。

(1) 对同一个元素应用多个样式规则。

demo2-19:

```
<!doctype html>
<html>
<head>
<meta charset = "utf-8">
<title>对同一个元素应用多个样式规则</title>
<style type = "text/CSS">
div {
    width: 300px;
    height: 70px;
}
div {
```

```
        border: 4px double #ff0000;
    }
    </style>
    </head>
    <body>
    <div>对同一个元素应用多个样式规则,若属性值不冲突,正常显示所有样式效果。
    </div>
    </body>
    </html>
```

页面效果如图 2-18 所示,先后两次设置 div 样式规则,但属性值不冲突,则正常显示所有效果。

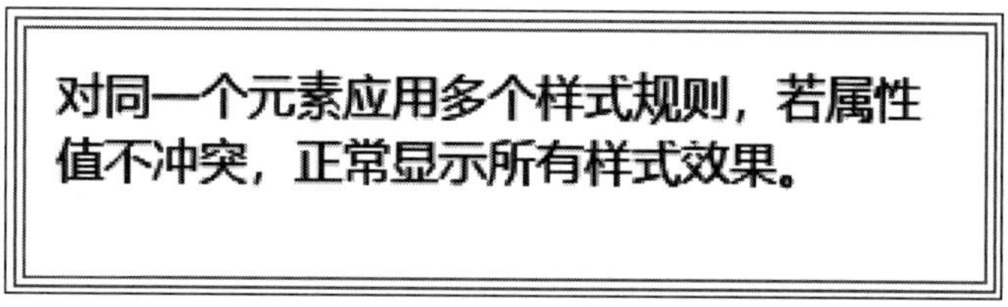

图 2-18　demo2-19 页面效果

(2) 同一属性的不同样式作用于同一个对象。

如果两个规则的优先级相同,就根据在网页中位置的先后顺序来决定规则的优先级,一般后面的样式优先于前面相同属性的样式。如果两个规则的特殊性不同,就根据优先级高的样式显示。

若所用的浏览器默认显示字体的样式为"宋体",这是浏览器定义的样式;而通过修改浏览器的设置来改变浏览器中的字体显示为"楷体",这是用户定义的样式;现在,当打开一个网页中自带的一个样式表文件,它定义的字体属性为"黑体",这是作者定义的样式。到底以什么字体显示呢?

答案是黑体! 因为遵循如下优先级规律:

作者定义的样式>用户的样式>浏览器的预定义样式

行内样式>ID 样式>类别样式>标记样式

3) 优先级(特殊性)

CSS 优先级,是分配给指定的 CSS 声明的一个权重,它由匹配的选择器中的每一种选择器类型的数值决定。即 CSS 为每一种选择符都分配一个值,再将规则的每个选择符的值加在一起,就可以计算出每个规则的特殊性,即优先级。

(1) 简单类型选择器的基本分值

标签选择器:1 分。

伪元素或伪对象:1 分。

类选择器:10 分。

属性选择器:10 分。

ID 选择器:100 分。

通用选择器:0 分。

下面通过两个实例验证选择器的分值对 CSS 优先级的影响。

demo2-20：

```
<!doctype html>
<html>
<head>
<meta charset = "utf - 8">
<title>优先级案例</title>
<style type = "text/CSS">
    body{
        color: blue;
    }
    div{
        color: black;
    }
    .red{
        color: red;
    }
    #help1{
        color: purple;
    }
    #help1{
        color: green;
    }
    </style>
</head>
<body>
<div id = "help1" class = "red">我到底显示什么颜色呢?</div>
</body>
</html>
```

demo2-20 实例<div>中的文字显示什么颜色呢？根据选择器的优先级分值以及样式的先后顺序,答案是"绿色"。

demo2-21：

```
<!doctype html>
<html>
<head>
<meta charset = "utf - 8">
<title>优先级案例</title>
<style type = "text/CSS">
div {
    color: yellow;
}
.c1 .c2 div {
    color: blue;
}
div #b3 {
    color: green;
}
#b1 div {
    color: red;
```

```
}
</style>
</head>
< body >
< div id = "b1" class = "c1">
  < div id = "b2" class = "c2">
    < div id = "b3" class = "c3">我到底显示什么颜色呢?</div>
  </div>
</div>
</body>
</html>
```

demo2-21 实例中文字显示什么颜色呢？因为四个选择器都可以命中被嵌套的< div >元素，所以通过权重判断，第一个和第二个都没有 ID 选择器，第三个和第四个分值一样，通过层叠(第四个覆盖第三个)决定颜色,为"红色"。

（2）判断条件

如何层叠就由优先级来决定,判断条件如下。

① 在特殊逻辑框架下,被继承的值具有特殊性 0,即一个元素显式声明的样式覆盖继承来的样式。

demo2-22：

```
<!doctype html >
< html >
< head >
< meta charset = "utf – 8">
< title >优先级案例</title>
< style type = "text/CSS">
♯ header{
    font – size:36px;
    color:black;
}
span{
    color:red;
}
</style>
</head>
< body >
< div id = "header">
我到底显示< span >什么颜色</span>
</div>
</body>
</html>
```

文本"什么颜色"为红色。

② 嵌入样式优先,带有 style 属性的元素,其内联样式的特殊性可以为 100 或更高。

demo2-23：

```
<!doctype html >
< html >
```

```
< head >
< meta charset = "utf - 8">
< title >优先级案例</title >
< style type = "text/CSS">
div{
    color:green;
}
.blue{
    color:blue;
}
#head{
    color:gray;
}
</style >
</head >
< body >
< div id = "header" class = "blue" style = "color:red">
            我到底显示什么颜色
</div >
</body >
</html >
```

文本"我到底显示什么颜色"为红色。

③ 在相同的特殊性下,CSS 将遵循就近原则,排在最后的样式优先级最大。

④ 如果定义了"!important"命令,该命令会被赋予最大优先级。用于提升某个直接选中标签的选择器的某个属性的优先级,可以将被指定属性的优先级提升为最高。即凡是标注!important 命令的声明将拥有最终的样式控制级,需要注意的是,应把!important 命令写在声明语句和分号之间,否则无效。

2.2.5 知识点检测

2.2.6 项目实现

通过项目分析和知识点学习,读者定能逐步理解并完成"走进 Web 前端开发"网站核心概念 concept. html 页面的代码编写。参考代码如下。

concept. html:

```
<! doctype html >
< html >
< head >
< meta charset = "utf - 8">
< title >核心概念 - 欢迎来到 Web 前端学堂!</title >
<! -- 链入对网页某类型元素的通用设置样式表 -->
< link href = "CSS/common. CSS" rel = "stylesheet" type = "text/CSS"/>
```

```html
<! -- 链入对某元素的特定设置的样式表 -->
< link href = "CSS/main.CSS" rel = "stylesheet" type = "text/CSS"/>
< link href = "CSS/font - awesome.min.CSS" rel = "stylesheet" type = "text/CSS" >
</head >
< body >
< header class = "header">
  < h1 > Web 前端学堂</h1 >
  < nav class = "nav" >
    < ul >
      < li>< a href = "index.html">网站首页</a></li >
      < li>< a href = "concept.html">核心概念</a></li >
      < li>< a href = "technology.html">前沿技术</a></li >
      < li>< a href = "requirement.html">职业认识</a></li >
      < li>< a href = "linkus.html">联系我们</a></li >
    </ul >
  </nav >
</header >
< section class = "comain">
  < h2 > Web 前端开发 核心概念</h2 >
  < img src = "images/concept.jpg">
  < section class = "comainse">< img src = "images/html.png">
    < p> HTML,超文本标记语言(HyperText Markup Language),网页的本质就是超级文本标记语言,通过结合使用其他的 Web 技术(如脚本语言、公共网关接口、组件等),可以创造出功能强大的网页。因而,超级文本标记语言是万维网(Web)编程的基础,也就是说万维网是建立在超文本基础之上的。</p>
  </section >
  < section class = "comainse">< img src = "images/CSS.png">
    < p> CSS,层叠样式表(Cascading Style Sheets),为 HTML 标记语言提供了一种样式描述,定义了其中元素的显示方式。CSS 不仅可以静态地修饰网页,还可以配合各种脚本语言动态地对网页各元素进行格式化。CSS 能够对网页中元素位置的排版进行像素级精确控制,支持几乎所有的字体字号样式,拥有对网页对象和模型样式编辑的能力。</p>
  </section >
  < section class = "comainse">< img src = "images/javascript.png">
    < p> JavaScript 是一种直译式脚本语言,是一种动态类型、弱类型、基于原型的语言,内置支持类型,是一种属于网络的脚本语言,已经被广泛用于 Web 应用开发,常用来为网页添加各式各样的动态功能,为用户提供更流畅美观的浏览效果。通常 JavaScript 脚本是通过嵌入在 HTML 中来实现自身的功能的。</p>
  </section >
  < p class = "review">< i class = "fa fa - quote - left fa - 2x pull - left fa - border"></i> 一个基本的网站包含很多个网页,一个网页由 HTML、CSS 和 JavaScript 组成。HTML 是主体,装载各种 DOM 元素; CSS 用来装饰 DOM 元素; JavaScript 控制 DOM 元素。用一扇门比喻三者间的关系是:HTML 是门的门板,CSS 是门上的油漆或花纹,JavaScript 是门的开关。< i class = "fa fa - quote - left fa - 2x fa - border fa - rotate - 180"></i></p>
</section >
< aside class = "aside">
< article class = "link">< span>< i class = "fa fa - signal "></i>前沿推送</span>
    < ul >
      < li>< i class = "fa fa - android"></i>< a href = " # ">JS 节流和防抖的区分和实现详解</a></li >
      < li>< i class = "fa fa - android"></i>< a href = " # ">CSS 字体 font - family 的正确选择方案</a></li >
      < li>< i class = "fa fa - android"></i>< a href = " # ">JavaScript 闭包和匿名函数的关系
```

```
详解</a></li>
        <li><i class = "fa fa-android"></i><a href = "♯">小程序自定义组件详解</a></li>
    </ul>
  </article>
  <article class = "link"><span><i class = "fa fa-link"></i>友情链接</span>
    <ul>
      <li><i class = "fa fa-foursquare"></i><a href = "♯">前端开发博客</a></li>
      <li><i class = "fa fa-foursquare"></i><a href = "♯">51CTO 学院</a></li>
      <li><i class = "fa fa-foursquare"></i><a href = "♯">W3CSchool</a></li>
      <li><i class = "fa fa-foursquare"></i><a href = "♯">前端干货精选</a></li>
    </ul>
  </article>
  <article class = "link"><span><i class = "fa fa-ambulance "></i>推荐手册</span>
    <ul>
      <li><i class = "fa fa-gift"></i><a href = "♯">HTML 教程</a></li>
      <li><i class = "fa fa-gift"></i><a href = "♯">CSS 教程</a></li>
      <li><i class = "fa fa-gift"></i><a href = "♯">JavaScript 教程</a></li>
      <li><i class = "fa fa-gift"></i><a href = "♯">jQuery 教程</a></li>
    </ul>
  </article>
</aside>
<footer class = "footer">
  <p>Copyright © 2019 优媒工作室 All Rights Reserved. 盐城市开放大道 50 号</p>
</footer>
</body>
</html>
```

对应的部分样式规则如下。

```
/* 给 header 标签设置样式规则 */
.header {
    width: 100%;                           /* 宽度是 100% */
    padding: 30px;                         /* 内边距为 30px */
    height: 80px;                          /* 高度为 80px */
    font-size: 16px;                       /* 字体大小为 16px */
    border-bottom: 1px solid ♯C3BBBB;      /* 底边框为 1px 高的灰色实线 */
    overflow: hidden;                      /* 隐藏溢出内容 */
}
.header h1 {
    font-size: 3em;     /* 标题文字大小为其父元素 header 文字大小的 3 倍,即 3×16 = 48px */
    padding-left: 15px;                    /* 左内边距为 15px */
    margin-bottom: 15px;                   /* 下外边距为 15px */
}
.header .nav {
    float: right;                          /* 导航条整体向右浮动 */
    padding-bottom: 1.5em;                 /* 下内边距为 1.5×16 = 24px */
}
.header .nav ul li {
    list-style: none;                        /* 头部导航中所有的列表项目没有项目符号 */
    display: inline-block;     /* 头部导航中所有的列表项目显示方式为行内块状元素,即在一
行内显示 */
```

```css
    margin - right: 3.5em;               /* 头部导航中所有的列表项目右外边距为 3.5×16 =
56px */
}
.header .nav ul li a {
    color: #333;                         /* 链接文本颜色为深灰 */
    font - size: 1.25em;                 /* 链接文本大小为 1.25×16 = 20px */
    text - decoration: none;             /* 链接文本没有装饰 */
    transition: all .5s;                 /* 链接文本 0.5s 内实现过渡效果 */
    - webkit - transition: all .5s;
}
.header .nav ul li a:hover {
    color: #999;     /* 当鼠标悬停时,文本颜色变浅,即运用 transition,当鼠标悬停时,0.5s 内,
文本颜色由深灰变成浅灰色 */
}
/* 给 section 标签设置样式规则 */
.comain {
    float: right;                        /* section 向右浮动 */
    width: 65%;                          /* section 宽度为 65% */
    margin: 20px 0.5%;                   /* section 上下外边距为 20px,左右外边距为 0.5% */
    border: 1px solid #C3BBBB;           /* section 边框为 1px 的浅灰色实线 */
    border - radius: 5px;                /* section 圆角边框半径为 5px */
    padding: 10px 2%;                    /* section 宽度为 65% */
    text - align: center;                /* section 中元素居中对齐 */
}
.comain h2 {
    margin: 30px 0 15px 0; /* section 中标题文字上、右、下、左的外边距分别为 30px、0px、15px、0px */
}
.comain img {
    margin: 15px 3%;                     /* section 中图像上下外边距为 15px, 左右外边距为
3% */
    box - shadow: 3px 3px 3px #666666;   /* section 中图像有盒阴影效果,阴影向下偏移、向右
偏移均为 3px,模糊值为 3px,颜色是灰色 */
    border - radius: 5px;                /* section 中图像圆角边框半径为 5px */
}
.comainse {
    width: 90%;                          /* section 中每个子<section>区块宽度是 90% */
    margin: 3%;                          /* section 中每个子<section>区块宽外边距都为 3% */
    padding: 10px 2%; /* section 中每个子<section>区块上下内边距为 10px,左右内边距为 2% */
    border - bottom: 1px solid #666666;  /* section 中每个子<section>区块下边框为 1px 的
灰色实线 */
    overflow: hidden;    /* section 中每个子<section>区块隐藏溢出内容 */
}
.comainse img {
    float: left;                         /* 每个子<section>区块中图像向左浮动 */
    width: 30%;                          /* 每个子<section>区块中图像宽度为 30% */
}
.comainse p {
    float: right;                        /* 每个子<section>区块中段落向右浮动 */
    width: 60%;                          /* 每个子<section>区块中段落宽度是 60% */
    text - indent: 0;                    /* 每个子<section>区块中段落的首行缩进为 0 */
}
```

```css
.review {
    width: 84%;                        /* 总结段落宽度是 84% */
    margin: 0 auto 40px auto;          /* 总结段落宽度上下外边距分别为 0px、40px,左右自动居中 */
    text-indent: 5px;                  /* 总结段落的首行缩进为 5px */
    line-height: 2em;                  /* 总结段落的行高是 2em */
}

                                       /* 给 aside 标签设置样式规则 */
.aside {
    float: left;                       /* aside 向左浮动 */
    width: 25%;                        /* aside 宽度是 25% */
    margin: 20px 0.5%;                 /* aside 上下外边距为 20px,左右外边距为 0.5% */
    padding: 1%;                       /* aside 内边距为 1% */
    border: 1px solid #C3BBBB;         /* aside 边框为 1px 的浅灰色实线 */
    border-radius: 5px;                /* aside 圆角半径为 5px */
    height: 860px;                     /* aside 高度为 860px */
}
.aside h2{
    text-align: center;               /* 标题文本居中对齐 */
}
.aside .link {
    margin-top: 20px;                 /* 上外边距为 20px */
}
.aside li {
    text-indent: 10px;                /* 文本缩进是 10px */
    line-height: 30px;                /* 行间距是 30px */
}
.aside span {
    margin: 20px 0 10px 0;            /* 上、右、下、左外边距分别为 20px、0px、10px 和 0px */
    display: block;                   /* 显示方式为块状显示 */
    font-size: 1.3em;                 /* 文本大小为 1.3em */
    font-weight: bolder;              /* 字体为粗体 */
}
.aside a {
    text-decoration: none;            /* 链接文本没有装饰 */
    color: #333333;                   /* 链接文本颜色为深灰色 */
}
.aside a:hover {
    color: #7F0707;                   /* 鼠标悬停时文本颜色为锈红色 */
}
/* 给 footer 标签设置样式规则 */
.footer {
    clear: both;                      /* 清除 aside 和 section 左右浮动对其产生的影响 */
    border-top: 1px solid #C3BBBB;    /* footer 上边框为 1px 的浅灰色实线 */
    margin-top: 20px;                 /* footer 上外边距为 20px */
}
.footer p {
    margin: 10px;                     /* footer 中段落的外边距为 10px */
    text-align: center;               /* footer 中段落的文本居中对齐 */
}
```

2.2.7　项目总结

实施本项目的过程中,重点要练习的是如何通过列表和超链接实现横菜单和竖菜单、如何利用 Web 字体图标的矢量字体图标美化页面,以及如何通过 CSS 的继承、层叠和优先级更好地控制具体元素的样式规则;要注意选择器的权重对优先级的影响、Web 字体图标样式的设计方法;掌握 Web 前端开发的 HTML、CSS、JavaScript 核心概念及三者之间的关系。

2.2.8　能力拓展

搜集、整理、分析、归纳前端技术的前沿技术,参考 index. html、concept. html 和 requirement. html 页面模仿设计"前沿技术"页面。

页面内容要求如下。

(1) 包含前沿主要技术,并分别做简要描述。

(2) 包含前沿主要技术的学习路径。

技术要求如下。

(1) 灵活运用 HTML5 多个文本标签,并设置合适的字体样式属性和文本外观属性。

(2) 运用 Web 字体图标作为列表的项目符号图标。

(3) 运用列表和超链接设计横向导航菜单和纵向导航菜单。

(4) 初步体现 CSS 继承、层叠和优先级的作用。

页面设计初步达到 Web 前端开发的规范与标准,初步具备 Web 前端设计的职业素养。

模块三 图文类网页

问题提出：与文字不同，图像是一种视觉语言形式，既能传达特定的信息，又能丰富页面组成、美化网页的整体风格，还能使页面充满一定的感情色彩。为了使页面内容更直观、更丰富、更漂亮，具有较高的浏览与交互体验，在网页中如何设计图像、如何进行图文混合设计、如何利用 CSS3 的新特性设计动态效果呢？本模块将基于"盐城文化风情"网站首页与图片展示页面 Picture.html 讲解其核心知识点与设计网页的具体过程和方法。

核心概念：HTML5 图像标签，CSS 背景，CSS 圆角边框，CSS 过渡，CSS 阴影，CSS 渐变，CSS 变形，CSS 动画，复合选择器。

HTML5 图像标签：<img>标签与<figure>标签，可以使页面更加生动、多彩。

CSS 背景：background，允许应用纯色作为背景，也允许使用背景图像甚至多个背景图像创建复杂的效果。

CSS 圆角边框：border-radius，实现多样圆角边框效果。

CSS3 过渡：transition，可平滑地改变一个元素的 CSS 值，使元素从一个样式逐渐过渡到另一个样式。

CSS 阴影：box-shadow，可实现给区块添加一个或多个阴影。

CSS 渐变：linear-gradient 或 radial-gradient，在两个或多个指定的颜色之间实现平稳过渡。

CSS 变形：transform，对元素应用 2D 或 3D 转换，允许对元素进行旋转、缩放、移动或倾斜。

CSS 动画：包含一组定义的动画关键帧和描述该动画的 CSS 声明。可以逐渐地从一个值变化到另一个值，比如尺寸大小、数量、百分比和颜色。

复合选择器：是基本选择器通过不同的连接方式构成的，通过复合选择器可以精确匹配页面元素。

学习目标：
- 掌握两种图像标签的使用方法。
- 熟悉 CSS 背景的设置方法。
- 领会 CSS 圆角边框的设置方法。
- 掌握 CSS 过渡的使用方法。
- 掌握 CSS 复合选择器的使用规则。
- 掌握 CSS 阴影的设置方法。
- 领会渐变的语法规则及使用方法。
- 掌握动画的语法规则及使用方法。

- 领会变形的语法规则及使用方法。
- 能综合应用 CSS 圆角边框、阴影、渐变、过渡、动画、变形、背景、复合选择器设计多样化的图像效果。
- 搜集、整理、分析、归纳家乡文化(如盐城)特色,进而了解家乡文化,热爱家乡文化,培养家国情怀、建设家乡的责任感和使命感;同时通过对表现家乡文化图片的搜集、选取及优化处理,提升审美能力和艺术修养。

项目 3.1 "盐城文化风情"网站首页设计

3.1.1 项目描述

"盐城文化风情"网站主要介绍盐城的风土人情、文化特色,主要包括红色文化、绿色文化和白色文化,以及地方美食、特色经典等。其首页(index. html)效果如图 3-1 所示。

图 3-1 "盐城文化风情"网站首页效果

3.1.2 项目分析

1. 页面整体结构

"盐城文化风情"网站首页页面结构如图 3-2 所示。

2. 具体实现细节

页面分为四个部分: < header >、< footer >和两个< section >,具体细节如下。

(1) < header >中包含一个< nav >导航条。

(2) 第一个< section >标签包含四个< div >,每个< div >有一幅背景图像,基于 transition 过渡以及 JavaScript 实现四幅图像依次淡入淡出,形成简单的轮播图效果。

(3) 第二个< section >标签包含三个< article >标签,每个< article >标签包含一个 h3 标题和一个列表,列表外边框为圆角边框效果。

（4）＜footer＞标签中包含一个＜p＞标签。

另外，为了便于方便快捷地定位某个元素，引入了复合选择器。

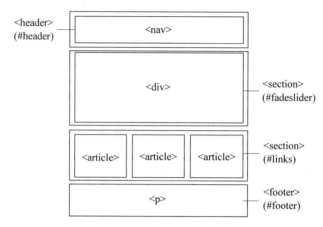

图 3-2 "盐城文化风情"网站首页页面结构

3.1.3 项目知识点分解

通过项目分析可知，此网页包含 HTML5 图像标签、背景图像、圆角边框、复合选择器。本项目涉及的知识点如图 3-3 所示。

3.1.4 知识点解析

1. HTML5 图像标签

在网页设计中，若只有文字排版的页面会显得过于单调和拥挤，为了提升浏览者阅读的积极性，可以在页面中插入图像。下面介绍两种 HTML5 中常用的图像标签。

1）＜img＞标签

＜img＞标签用于定义网页中的图像，语法格式如下。

```
< img src = "图片路径" alt = "图片无法显示时显示的文字">
```

其中，src 属性和 alt 属性是＜img＞标签的必需属性。src 属性用来指定图像源，即图像的 URL，该路径可以是相对路径，也可以是绝对路径，建议使用相对路径；alt 属性可在 Web 浏览器不支持图像显示或用户关闭图像下载功能时，告诉浏览者该处是一幅什么样的图像，推荐在文档的每幅图像中都使用这个属性。

2）＜figure＞标签和＜figcaption＞标签

＜figure＞标签是 HTML5 中的新标签。＜figure＞标签规定独立的流内容（图像、图表、照片、代码等）。figure 元素的内容应该与主内容相关，但如果被删除，则不应对文档流产生影响。所有主流浏览器都支持＜figure＞标签。

＜figcaption＞标签是嵌套在＜figure＞标签中使用的，用于指定流内容的标注。

例如，流内容是一幅安丰古镇图片，就可以用＜figcaption＞标签来标注"东台安丰镇风光"，具体使用方法如下。

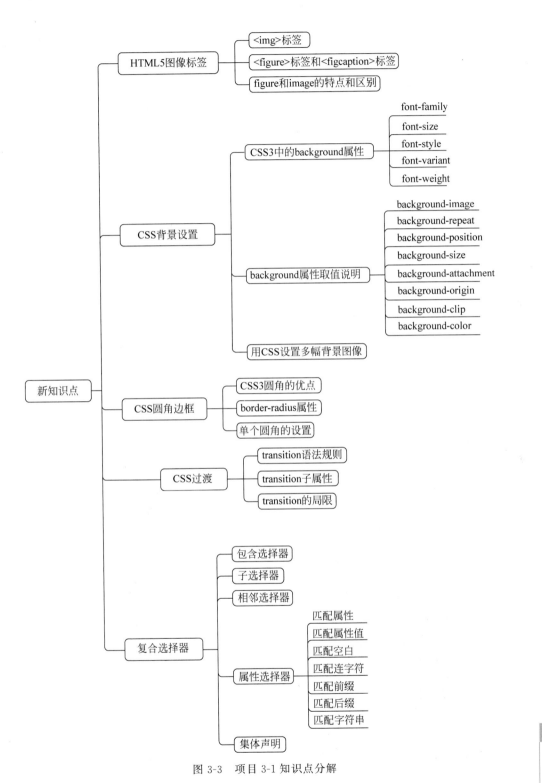

图 3-3　项目 3-1 知识点分解

模块三

图文类网页

demo3-1/图像标签.html：

```
<!doctype html>
<html>
<head>
<meta charset = "utf - 8">
<title>HTML 图像标签</title>
</head>

<body>
<figure>
  <figcaption>东台市安丰镇</figcaption>
  <p>安丰这块古老的地方,有着悠久的历史,最早的文字记载起于距今 1280 年的唐开元元年(713年)。据考,安丰初名东淘,地濒沧海,常遭海涛侵袭,致使地方不宁,民不聊生。至北宋仁宗天圣五年(1027 年),西溪盐仓监范仲淹率民夫,修海堤,以挡海潮,方改名安丰。"安"寓安居乐业之意,"丰"寄丰衣足食之愿。为实现安居乐业,丰衣足食之愿望,安丰人民搏击海涛,烧卤煎盐,推动了历史前进。</p>
  <img src = "anfeng.jpg" alt = "抱歉,您的图片不能显示!"/>
</figure>
</body>
</html>
```

用浏览器打开此实例,页面效果如图 3-4 所示。

图 3-4   demo3-1 页面效果

3) figure 和 image 的特点和区别

特点：

(1) figure 元素是一种元素的组合,可带有标题。<figure>标签用来表示网页上一块独立的内容,将其从网页上移除后不会对网页上的其他内容产生影响。figure 所表示的内容可以是图片、统计图或代码示例。figure 拥有一个子标签——< figcaption >标签。

（2）img 元素向网页中嵌入一幅图像。这个标签并不会在网页中插入图像,而是从网页上链接图像。<img>标签创建的是被引用图像的占位空间。

区别：figure 用于对元素进行组合,里面可以添加很多其他标签,包括<img>标签,多用于图片与图片描述组合。而<img>只是一个图片元素,可以嵌套在<figure>中使用。

课堂小实践

参考图像标签的例子,创建一个介绍家乡的页面,既包含< figure >标签,也包含< image >标签,注意布局与美化。

2. CSS 背景设置

CSS 背景是指 CSS 对对象设置背景属性,即通过 CSS 设置背景的各种样式。

1）CSS3 中的 background 属性

```
background: background - image || background - position/background - size || background - repeat ||
background - attachment || background - clip || background - origin || background - color
```

也可以分解写成：

```
background - image: url();
background - position: < length > || < per >
background - size: < length > || < per >
background - repeat: repeat || repeat - x || repeat - y || no - repeat;
background - attachment: scroll || fixed;
background - clip: padding - box || border - box || content - box;
background - origin: padding - box || border - box || content - box;
background - color: color 值 || RGBA 值;
```

如果使用连写方式时,background-size 需跟在 background-position 的后面,并用"/"隔开,即"background-position/background-size"。

建议将 CSS3 中的属性拆分出来单独书写,因为它们在不同浏览器下需要加上自己的前缀,如下。

```
background: background - color || background - image || background - repeat || background -
attachment || background - position;
background - size: < length > || < per >
background - clip: padding - box || border - box || content - box;
background - origin: padding - box || border - box || content - box;
```

建议在运用后面三个属性时,将各自私有的前缀加上。为什么要加前缀呢?

浏览器核心的部分称为"浏览器内核",不同的浏览器内核对网页编写语法的解释也有不同,因此同一网页在不同内核的浏览器里的渲染（显示）效果也可能不同。为了让 CSS3 样式兼容,需要将某些样式加上浏览器前缀,可根据不同的浏览器内核添加不同的前缀,例如 Mozilla 内核（Firefox 浏览器）需要加上"-moz",而 Webkit（Safari、Chrome 浏览器）内核需要加上"-webkit",IE 浏览器需要加上"-ms"。

图文类网页

2）background 属性取值说明

（1）background-image。background-image 属性用来设置元素的背景图片，可以使用相对地址或绝对地址索引背景图片；元素的背景占据了元素的全部尺寸，包括内边距和边框，但不包括外边距。默认时，背景图像位于元素的左上角，并在水平方向和垂直方向上重复。

（2）background-repeat。background-repeat 属性用来设置元素的背景图片的平铺方式，默认情况下，背景图像在水平方向和垂直方向上重复，其五个属性值及其描述如表 3-1 所示。

表 3-1　background-repeat 属性值及其描述

属　性　值	描　　　　述
repeat	默认。背景图像将在垂直方向和水平方向重复
repeat-x	背景图像将在水平方向重复
repeat-y	背景图像将在垂直方向重复
no-repeat	背景图像将仅显示一次
inherit	规定应该从父元素继承 background-repeat 属性的设置

（3）background-position。background-position 属性用来设置元素的背景图片的定位起点，其默认值为 left top；具体属性值如表 3-2 所示。

表 3-2　background-position 属性值及其描述

属　性　值	描　　　　述
top left top center top right center left center center center right bottom left bottom center bottom right	如果仅规定了一个关键词，那么第二个值将是 center。 默认值：0 0
x% y%	第一个值是水平位置，第二个值是垂直位置。 左上角是 0 0。右下角是 100% 100%。 如果仅规定了一个值，另一个值将是 50%
xpos ypos	第一个值是水平位置，第二个值是垂直位置。 左上角是 0 0。单位是像素(0px 0px)或任何其他 CSS 单位。 如果仅规定了一个值，另一个值将是 50%。 可以混合使用%和 position 值

（4）background-size。background-size 属性用来设置元素的背景图片的尺寸大小，其默认值为 auto。CSS3 中可以指定背景图片，可以重新在不同的环境中指定背景图片的大小。可以指定像素或百分比大小，指定的大小是相对于父元素的宽度和高度的百分比大小。

语法规则如下:

background - size: length|percentage|cover|contain;

background-size 具体属性值及其描述如表 3-3 所示。

表 3-3   background-size 具体属性值及其描述

属 性 值	描 述
length	设置背景图片的高度和宽度。第一个值设置宽度,第二个值设置高度。如果只给出一个值,第二个值设置为 atuo(自动)
percentage	将计算相对于背景定位区域的百分比。第一个值设置宽度,第二个值设置高度。如果只给出一个值,第二个值设置为 auto(自动)
contain	按比例调整背景图片,使得其图片宽高比自适应整个元素的背景区域的宽高比,所以若指定的图片尺寸过大,而背景区域的整体宽高不能恰好包含背景图片,那么其背景某些区域可能会有空白
cover	按比例调整背景图片,这个属性值与 contain 正好相反,背景图片会按照比例自适应铺满整个背景区域。假如背景区域不足以包含背景图片,那么那些部分就无法显示在背景区域中

下面通过一个案例验证 background-size 取不同属性值对应的效果。

demo3-2/background-size.html:

```
<!doctype html>
<html>
<head>
<meta charset = "utf - 8">
<title>background - size</title>
<style>
.length {
    background: url(bgsize1.jpg) no - repeat;
    background - size: 300px 300px;
}
.per {
    background: url(bgsize1.jpg) no - repeat;
    background - size: 50% 60%;
}
.con {
    background: url(bgsize2.jpg) no - repeat;
    background - size: contain;
    width: 400px;
    height: 200px;
    border: 1px solid rgba(236,10,14,1.00);
}
.cov {
    background: url(bgsize2.jpg) no - repeat;
    background - size: cover;
    width: 400px;
    height: 200px;
    border: 1px solid rgba(236,10,14,1.00);
}
</style>
```

```
</head>
< body >
< div class = "length"> background - size 属性值为 length 时 < br >
```

background-size 用来设置元素的背景图片的尺寸大小,其默认值为 auto。CSS3 以前,背景图像大小由图像的实际大小决定。CSS3 中可以指定背景图片,可以重新在不同的环境中指定背景图片的大小。可以指定像素或百分比大小,指定的大小是相对于父元素的宽度和高度的百分比的大小。

```
</div>
< br >
< br >
< div class = "per"> background - size 属性值为 percentage 时 < br >
  background - size 此值用来设置元素的背景图片的尺寸大小,其默认值为 auto。…
</div>
< br >
< br >
< div class = "con"> background - size 属性值为 contain 时 < br >
  < br >
  < br >
</div>
< br >
< div class = "cov"> background - size 属性值为 cover 时 < br >
</div>
</body>
</html>
```

(5) background-attachment。background-attachment 属性用来设置元素的背景图片是否为固定显示,其默认值为 scroll。background-attachment 具体属性值及其描述如表 3-4 所示。

表 3-4　background-attachment 具体属性值及其描述

属　性　值	描　　述
scroll	默认值。背景图像会随着页面其余部分的滚动而移动
fixed	背景图像静止。即当页面的其余部分滚动时,背景图像不会移动
inherit	规定应该从父元素继承 background-attachment 属性的设置

(6) background-origin。background-origin 属性用来控制元素的背景图像 position 的默认起始点,其默认值为 padding-box。background-origin 具体属性值及其描述如表 3-5 所示。

表 3-5　background-origin 具体属性值及其描述

属　性　值	描　　述
border-box	背景图像相对于边框盒来定位
padding-box	背景图像相对于内边距框来定位
content-box	背景图像相对于内容框来定位

下面通过一个案例验证 background-origin 取不同属性值对应的效果。

demo3-3/background-origin. html:

```
<! doctype html >
```

```html
< html >
< head >
< meta charset = "utf - 8">
< title > background - origin </title>
< style >
# example1 {
    border: 10px dotted black;
    padding: 35px;
    width: 400px;
    height: 400px;
    background: url(huahai.jpg) no - repeat yellow;
    - moz - background - origin: border - box;
    - webkit - background - origin: border - box;
    background - origin: border - box;
}
# example2 {
    border: 10px dotted black;
    padding: 35px;
    width: 400px;
    height: 400px;
    background: url(huahai.jpg) no - repeat yellow;
    - moz - background - origin: padding - box;
    - webkit - background - origin: padding - box;
    background - origin: padding - box;
}
# example3 {
    border: 10px dotted black;
    padding: 35px;
    width: 400px;
    height: 400px;
    background: url(huahai.jpg) no - repeat yellow;
    - moz - background - origin: content - box;
    - webkit - background - origin: content - box;
    background - origin: content - box;
}
</style>
</head>
< body >
< p > background - origin: border - box,背景图像相对于边框盒来定位。</p>
< div id = "example1">
    < h2 >大丰荷兰花海</h2>
    < p >盐城荷兰花海度假区位于盐城市区东南斗龙港生态组团,大丰城区北的新丰镇,紧邻徐大高速大丰北出口,距大丰城区 5 分钟车程,距国家一类口岸大丰港 15 分钟车程,距盐城南洋国际机场 25 分钟车程。系盐城市统筹城乡发展的试点,江苏省四星级乡村旅游点,江苏省智慧旅游和电子商务示范基地。荷兰花海深度挖掘"民国村镇规划第一村"的历史底蕴,以 1919 年荷兰水利专家特莱克规划新丰农田水利为渊源,秉持"立足盐城、承接上海、辐射长三角"的功能定位,围绕"观光旅游、婚纱摄影、健康养年"三大产业布局,全力打造中国连片种植郁金香面积最大、种类最多的"中国郁金香第一花海"。</p>
</div>
< p > background - origin: padding - box,背景图像相对于内边距框来定位。</p>
< div id = "example2">
```

```
    < h2 >大丰荷兰花海</h2 >
    < p >盐城荷兰花海度假区位于盐城市区东南斗龙港生态组团……</p >
</div >
< p > background – origin: content – box,背景图像相对于内边距框来定位。</p >
< div id = "example3">
    < h2 >大丰荷兰花海</h2 >
    < p >盐城荷兰花海度假区位于盐城市区东南斗龙港生态组团……</p >
</div >
</body >
</html >
```

（7）background-clip。background-clip 属性用来控制元素的背景图片显示区域,其默认值为 border-box；background-clip 具体属性值及其描述如表 3-6 所示。

表 3-6　background-clip 具体属性值及其描述

属 性 值	描 述
border-box	背景被裁剪到边框盒
padding-box	背景被裁剪到内边距框
content-box	背景被裁剪到内容框

下面通过一个案例验证 background-clip 取不同属性值对应的效果。

demo3-4/background-clip. html：

```
<! doctype html >
< html >
< head >
< meta charset = "utf – 8">
< title > background – clip </title >
< style >
# example1 {
    border: 10px dotted black;
    padding: 35px;
    width: 600px;
    height: 402px;
    background: url(ddh. jpg) no – repeat yellow;
    – moz – background – clip: border – box;
    – webkit – background – clip: border – box;
    background – clip: border – box;
}
# example2 {
    border: 10px dotted black;
    padding: 35px;
    width: 600px;
    height: 402px;
    background: url(ddh. jpg) no – repeat yellow;
    – moz – background – clip: padding – box;
    – webkit – background – clip: padding – box;
    background – clip: padding – box;
}
# example3 {
```

```
        border: 10px dotted black;
        padding: 35px;
        width: 600px;
        height: 402px;
        background: url(ddh.jpg) no - repeat yellow;
         - moz - background - clip: content - box;
         - webkit - background - clip: content - box;
        background - clip: content - box;
    }
</style>
</head>
< body >
< p > background - clip 属性值为 border - box,背景被裁剪到边框盒。</p>
< div id = "example1">
    < h2 >射阳丹顶鹤保护区</h2>
    < p >射阳丹顶鹤保护区全称江苏盐城国家级珍禽自然保护区,又称"联合国教科文组织盐城生物圈
保护区"。由江苏省人民政府于 1983 年批准建立,1992 年经国务院批准晋升为国家级自然保护区,
同年 11 月被联合国教科文组织世界人与生物圈协调理事会批准为生物圈保护区,成为中国第九个
"世界生物圈保护区网络成员",1999 年被纳入"东亚——澳大利亚迁徙涉禽保护网络"。</p>
</div>
< p > background - clip 属性值为 padding - box,背景被裁剪到内边距框。</p>
< div id = "example2">
    < h2 >射阳丹顶鹤保护区</h2>
    < p >射阳丹顶鹤保护区全称江苏盐城国家级珍禽自然保护区……</p>
</div>
< p > background - clip 属性值为 content - box,背景被裁剪到内容框。</p>
< div id = "example3">
    < h2 >射阳丹顶鹤保护区</h2>
    < p >射阳丹顶鹤保护区全称江苏盐城国家级珍禽自然保护区……</p>
</div>
</body>
</html>
```

background-origin 与 background-clip 虽然两者看上去实现的效果差不多,但是它们的原理是不同的。background-origin 定义的是背景位置(background-position)的起始点;而 background-clip 是对背景(图片和背景色)的切割。

(8) background-color。background-color 属性用来设置元素的背景色。background-color 具体属性值及其描述如表 3-7 所示。

表 3-7　background-color 具体属性值及其描述

属　性　值	描　　　述
color_name	规定颜色值为颜色名称的背景颜色(比如 red)
hex_number	规定颜色值为十六进制值的背景颜色(比如 #ff0000)
rgb_number	规定颜色值为 rgb 代码的背景颜色(比如 rgb(255,0,0))
transparent	默认。背景颜色为透明
inherit	规定应该从父元素继承 background-color 属性的设置

3) 用 CSS 设置多幅背景图像

CSS3 可将同一个元素设置多幅背景图像。多幅背景图像用逗号隔开,越靠前的图像层级越高。每一幅背景图像的写法都和以前单幅背景图像的写法相同,还可以指定图片的

平铺方式、位置等。如下面代码所示。

```
background:url("1.jpg") 0 0 no-repeat,
          url("2.jpg") 200px 0 no-repeat,
          url("3.jpg") 400px 201px no-repeat;
```

也可以这样写：

```
background-image:url("1.jpg"),url("2.jpg"),url("3.jpg");
background-repeat: no-repeat, no-repeat, no-repeat;
background-position: 0 0, 200px 0, 400px 201px;
```

下面通过一个案例展现 CSS3 的多背景效果。

demo3-5/multipleBg. htm：

```
<!doctype html>
<html>
<head>
<meta charset = "utf-8">
<title>multipleBg</title>
<style>
.demo {
    width: 340px;
    border: 20px solid rgba(104, 104, 142,0.5);
    -moz-border-radius: 10px;
    -webkit-border-radius: 10px;
    border-radius: 10px;
    padding: 80px 60px;
    color: #f36;
    font-size: 25px;
    line-height: 1.5;
    text-align:center;
  }
.multipleBg {
    background:url(lefttop.png) no-repeat left top, url(righttop.png)no-repeat right top,
url(leftbottom.png)no-repeat left bottom, url(rightbottom.png) no-repeat right bottom, url
(bg.jpg) repeat left top;
    /*改变背景图片的 position 起始点,四朵花都是 border 边缘处起*/
    -webkit-background-origin: border-box, border-box, border-box, border-box, padding-box;
    -moz-background-origin: border-box, border-box, border-box, border-box, padding-box;
    -o-background-origin: border-box, border-box, border-box, border-box, padding-box;
    background-origin: border-box, border-box, border-box, border-box, border-box;
    /*控制背景图片的显示区域,所有背景图片被裁剪到边框盒*/
    -moz-background-clip: border-box, border-box, border-box, border-box, padding-box;
    -webkit-background-clip: border-box, border-box, border-box, border-box, padding-box;
    -o-background-clip: border-box, border-box, border-box, border-box, padding-box;
    background-clip:border-box, border-box, border-box, border-box, padding-box;
}
</style>
</head>
<body>
<div class = "demo multipleBg">我使用了五张背景图片制作这样的效果</div>
```

```
</body>
</html>
```

其页面效果如图 3-5 所示。

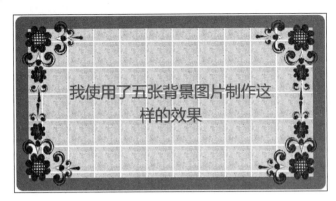

图 3-5　demo3-5 页面效果

课堂小实践

运用所学的 background 相关属性设置精美的网页背景。

3．CSS 圆角边框

1）CSS3 圆角的优点

在 CSS3 之前,对于网页中圆角背景的制作,大多采用的方法是在需要圆角的元素标签中加四个空标签,然后在每个空标签中设置圆角的背景图像,再对这几个应用了圆角的标签进行定位到相应的位置,具体实现过程相对烦琐。

而 CSS3 的 border-radius 出现后,制作圆角边框的方法较为简单,不需要设计圆角图像,也不需要考虑图像载入网页中的各种问题,减少了维护的工作量,提高了网页的性能,增加了视觉可靠性。

2）border-radius 属性

CSS3 圆角只需设置一个属性,即 border-radius(含义是"边框半径")。为这个属性提供一个值,就能同时设置四个圆角的半径。所有合法的 CSS 度量值都可以使用 em、ex、pt、px、百分比等。

border-radius 语法规则如下。

```
border - radius: none | <length>{1,4} [/ <length>{1,4} ]?
```

页面中已有一个 div 蓝色区块,现设置它的圆角半径为 15px,即"border-radius:15px;",则方形的蓝色区块变成如图 3-6 所示的圆角矩形。

border-radius 是一种缩写方法。如果"/"前后的值都存在,那么"/"前面的值设置其水平半径,"/"后面的值设置其垂直半径。如果没有"/",则水平半径和垂直半径相等,图 3-6 就是水平半径与垂直半径相等时的效果。另外,其四个值是按照 top-left、top-right、bottom-right、bottom-left 的顺序来设置

图 3-6　圆角矩形效果

图文类网页

的,主要有下面几种情形。

(1) 只有一个值,那么 top-left、top-right、bottom-right、bottom-left 四个值相等。

(2) 有两个值,那么 top-left 等于 bottom-right,并且取第一个值;top-right 等于 bottom-left,并且取第二个值。

(3) 有三个值,其中第一个值是设置 top-left,而第二个值是 top-right 和 bottom-left 并且它们会相等,第三个值是设置 bottom-right。

(4) 有四个值,其中第一个值是设置 top-left,第二个值是 top-right,第三个值是 bottom-right,第四个值是 bottom-left。即依次对应左上角、右上角、右下角、左下角(顺时针顺序)。

不同 border-radius 属性值对应圆角矩形效果,如表 3-8 所示。

表 3-8　不同 border-radius 属性值对应圆角矩形效果

属 性 值	效 果
border-radius：25px 10px；	
border-radius：25px 10px 45px；	
border-radius：35px 10px 20px 0px；	
border-radius：35px/10px；	
border-radius：10px 20px 30px 40px/40px 30px 20px 10px； (按顺时针的顺序,斜杠"/"左边是四个圆角的水平半径,右边是四个圆角的垂直半径)	

3）单个圆角的设置

除了同时设置四个圆角以外，还可以单独对每个角进行设置。对应四个角，CSS3 提供四个单独的属性：border-top-left-radius、border-top-right-radius、border-bottom-right-radius、border-bottom-left-radius，这四个属性都可以同时设置一或两个值。如果设置一个值，表示水平半径与垂直半径相等。如果设置两个值，第一个值表示水平半径，第二个值表示垂直半径。

课堂小实践

题目 1：按照图 3-7，写出对应代码。

图 3-7　圆角边框效果

题目 2：按照图 3-8，写出对应代码。

4. CSS 过渡

CSS3 的过渡就是平滑地改变一个元素的 CSS 值，使元素从一个样式逐渐过渡到另一个样式。

1）transition 语法规则

图 3-8　圆角边框效果

transition: property duration timing‐function delay;

默认值分别为：all 0 ease 0。下面通过一个案例展现 CSS3 的 transition 效果。

demo3-6/transition. html：

```
<!doctype html>
<html>
<head>
<meta charset = "utf-8">
<title> transition </title>
<style type = "text/CSS">
div {
    width: 100px;
    height: 100px;
    background: red;
    -moz-transition: background 2s;        /* Firefox 4 */
    -webkit-transition: background 2s;      /* Safari and Chrome */
    -o-transition: background 2s;           /* Opera */
    transition: background 2s;
}
div:hover {
    background: green;
}
</style>
</head>
<body>
<div></div>
<p>当鼠标指针移动到红色 div 元素上，可以看到 div 元素在 2s 内由红变成绿的过渡效果。</p>
```

```
<p><b>注释: </b>本例在 Internet Explorer 中无效。</p>
</body>
</html>
```

注意：要实现 CSS 过渡的效果，必须规定两项内容：一是规定应用过渡的 CSS 属性名称；二是规定效果的时长。

2）transition 子属性

transition 属性是复合属性，包括 transition-property、transition-duration、transition-timing-function、transition-delay 几个子属性，其对应的描述如表 3-9 所示。

表 3-9 transition 子属性及其描述

子 属 性	描 述
transition-property	规定应用过渡的 CSS 属性的名称。 语法规则：transition-property：none|all|property； 　　none，没有属性会获得过渡效果； 　　all，所有属性都将获得过渡效果； 　　值为指定的 CSS 属性应用过渡效果，多个属性间用逗号隔开
transition-duration	定义过渡效果花费的时间。 语法规则：transition-duration：time； 该属性主要用来设置一个属性过渡到另一个属性所需的时间，即过渡持续时间
transition-timing-function	规定过渡效果的时间曲线。 语法规则：transition-timing-function：linear|ease|ease-in|ease-out|ease-in-out|cubic-bezier(n,n,n,n)； 该属性指的是过渡的"缓动函数"。主要用来指定浏览器的过渡速度，以及过渡期间的操作进展情况。 注意：值 cubic-bezier(n,n,n,n) 中可以定义自己的值，如 cubic-bezier(0.42,0,0.58,1)
transition-delay	规定效果开始之前需要等待的时间，为 time 值，就是过渡效果开始前的延迟时间，单位为秒或者毫秒

注意：若要改变多个 CSS 属性的过渡效果时，多个属性值间用逗号隔开，比如：

a{transition：background 0.8s ease-in 0.3s,color 0.6s ease-out 0.3s；}，即在过渡效果发生时超链接的背景色和文字颜色同时发生变化。

3）transition 的局限

transition 的优点在于简单易用，但是它也有如下几个局限。

（1）transition 需要事件触发，所以没法在网页加载时自动发生。

（2）transition 是一次性的，不能重复发生，除非一再触发。

（3）transition 只能定义开始状态和结束状态，不能定义中间状态，也就是说只有两个状态。

课堂小实践

页面中原本有一个方环，当鼠标停在方环上时，方环用 3s 的速度过渡到圆环。

5. 复合选择器

在 Web 页面设计中三种基本选择器远远不能满足要求，遇到更为复杂的情况时，该怎么设计选择器呢？以这三种选择器为基础，通过组合，可以产生更多种类的选择器，实现更方便、更强的选择功能。

复合选择器就是基本选择器通过不同的连接方式构成的，通过复合选择器可以精确匹配页面元素。主要包括包含选择器、子选择器、相邻选择器、属性选择器、集体声明等。

1）包含选择器

包含选择器中前后两部分之间以空格隔开，根据左侧选择符指定的祖先元素，在该元素下寻找匹配右侧选择符的下级元素。定义包含选择器时，必须保证在 HTML 结构中第一个对象能够包含第二个对象，即 HTML 代码中的标签父辈元素包含子孙辈元素时，则设置相应的样式就有效。例如：

```
div p{color:red;font - size:20px;}
```

前面的 div 是包含选择符标识符，后面的 p 是被包含选择符名，这个语法就会选择从 div 元素继承的所有 p 元素（不论 p 的嵌套层次多深）将文字颜色变为红色、字体大小改成 20px。

定义包含选择器时，前后两个选择符可以是三种基本选择符中的任一种，但前一个选择符对应的标签必须能够包含后一个选择符对应的标签，即 HTML 代码中的标签父辈元素包含子孙辈元素时，则设置相应的样式就有效。

下面通过一个案例展现包含选择器效果。

demo3-7/包含选择器.html：

```html
<!doctype html >
< html >
< head >
< meta charset = "utf - 8">
< title >包含选择器</title>
< style type = "text/CSS">
/ * 定义类样式 * /
.div1 {
    font - size: 14px;
    color: #FF0000;
}
/ * 定义类样式下的标题元素 * /
.div1 h1 {
    color: #FF00FF;
}
/ * 定义类样式下的 span 元素 * /
.div1 span {
    color: #0000FF;
}
</style >
</head >
< body >
< div class = "div1">这是类
  < h1 >这是个标题< span >这是标题中的 span 元素</span ></h1 >
</div >
</body >
</html >
```

案例中，div 与 h1、div 与 span 都是包含关系，都能正确匹配，效果如图 3-9 所示。

图 3-9　包含选择器案例效果

2）子选择器

子选择器中前后部分之间用>隔开,前后两部分选择符在结构上属于父子关系。

子选择器是根据左侧选择符指定的父元素,之后在该父元素下寻找匹配右侧选择符的子元素,只有是父子关系才可受其 CSS 控制,祖父与孙子级别的元素则不受控制。例如:

```
div > p{color:red;font - size:20px;}
```

即表示所有父元素是 div 的 p 元素文字颜色变为红色、字体大小变为 20px。

demo3-7/子选择器.html:

```
<!doctype html >
< html >
< head >
< meta charset = "utf - 8">
< title>子选择器</title>
< style type = "text/CSS">
/ * 设置父元素是 div 元素的 p 元素的样式 * /
div > p {
    font - size: 12px;
    color: #0000FF;
}
/ * 设置父元素是 p 元素的 a 元素的样式 * /
p > a {
    font - size: 18px;
    color: #FF0000;
    text - decoration: none;
}
div > a {
    font - size: 24px;
    color: #00FF00;
    text - decoration:overline;
}
</style >
</head >
< body >
< div >
  <p>这是个段落< a href = "#">这是超链接</a></p>
</div >
</body >
</html >
```

案例中,div 与 a 不是父子关系,不能正确匹配,所以 a 的样式不发生变化,效果如图 3-10 所示。

图 3-10　子选择器案例效果

课堂讨论

包含选择器和子选择器有何区别?

3) 相邻选择器

相邻选择器前后部分之间用一个加号(+)隔开,前后两部分选择符在结构上属于同级关系,即根据左侧选择符指定相邻元素,之后在该相邻元素后面寻找匹配右侧选择符的相邻元素。例如:

div + p{color:red;font − size:20px;}

即表示与 div 相邻的 p 元素文字颜色变为红色、字体大小变为 20px。

demo3-7/相邻选择器.html:

```
<!doctype html>
<html>
<head>
<meta charset = "utf − 8">
<title>相邻选择器</title>
<style type = "text/CSS">
#sub_wrap + p {
    font − size: 22px;
    color: red;
}
</style>
</head>
<body>
<div id = "wrap">
    <div id = "sub_wrap">
        <h2 class = "news">标题 2 </h2>
        <p class = "news">标题 2 下的段落</p>
        <span class = "news">标题 2 下的 span </span>
    </div>
    <p>相邻段落</p>
</div>
</body>
</html>
```

案例中,div#sub_wrap 是 p 的相邻元素,能正确匹配,所以 p 的文字大小和颜色都发生变化。

4) 属性选择器

属性选择器可以为拥有指定属性的 HTML 元素设置样式,而不仅限于 class 和 id 属性,是选择器的最高级形态,也是选择器发展的总趋势。

(1) 匹配属性。

若希望为所有包含 href 属性的超链接定义背景色,则用如下方法定义。

CSS:

```
a[href]{
    background: #cccccc;
}
```

HTML：

```
< h2 >[attr]</h2 >
< p >< a name = "anchor">存在属性 href 才行</a>
< p >< a href = "♯">存在属性 href 才行</a>
```

（2）匹配属性值。

若要为表单元素类型为 type 且值为 text 的元素设置背景色，则用如下方法定义。

CSS：

```
input[type = text]{
    background: ♯111111;
}
```

HTML：

```
< form >
    < input type = "text"/>属性值为 text 才行
    < br/>
    < input type = "button"/>属性值为 text 才行
</form >
```

（3）匹配空白。

如果希望类别选择器中的值包含字母 first，若 class 内有多个值，各个值之间用空格间隔设置背景色及文本颜色，则用如下方法定义。

CSS：

```
[class~ = first]{
    background: ♯030000;
    color: red;
}
```

HTML：

```
< h2 >[attr~ = "value"]</h2 >
  < ul >
    < li class = "first">属性中存在或者含有 first,需要空格分隔</li>
    < li class = "second">属性中存在或者含有 first,需要空格分隔</li>
    < li class = "third">属性中存在或者含有 first,需要空格分隔</li>
    < li class = "first second">属性中存在或者含有 first,需要空格分隔</li>
    < li class = "first third">属性中存在或者含有 first,需要空格分隔</li>
    < li class = "second third">属性中存在或者含有 first,需要空格分隔</li>
    < li class = "first second third">属性中存在或者含有 first,需要空格分隔</li>
  </ul >
```

（4）匹配连字符。

与匹配空白一样，不同的是类别选择器中的值存在 first 值，若 class 内有多个值，各个值之间用连字符间隔设置背景色和文本颜色，则用如下方法定义。

CSS：

```
[class| = "first"]{
```

```
        background: #030;
    }
```

HTML：

```
< h2 >[attr| = "value"]</h2 >
  < ul >
    < li class = "first">属性中存在或者含有 first,需要连字符分隔</li>
    < li class = "second">属性中存在或者含有 first,需要连字符分隔</li>
    < li class = "third">属性中存在或者含有 first,需要连字符分隔</li>
    < li class = "first - second">属性中存在或者含有 first,需要连字符分隔</li>
    < li class = "first - third">属性中存在或者含有 first,需要连字符分隔</li>
    < li class = "second - third">属性中存在或者含有 first,需要连字符分隔</li>
    < li class = "first - second - third">属性中存在或者含有 first,需要连字符分隔</li>
</ul >
```

（5）匹配前缀。

若希望为段落提示属性 title 的值以 hello 开头的元素设置背景色和文本颜色,则用如下方法定义。

CSS：

```
[title^ = "hello"] {
    background: #030000;
    color: red;
}
```

HTML：

```
< h2 >[attr^ = "value"]</h2 >
< p title = "good">属性的开头必须是 hello </p>
< p title = "hellom">属性的开头必须是 hello </p>
< p title = "Thellom">属性的开头必须是 hello </p>
```

（6）匹配后缀。

如果希望段落提示属性 title 的值以 bye 结尾设置背景色和文本颜色,则用如下方法定义。

CSS：

```
[title$ = "bye"] {
    background: #030000;
    color: red;
}
```

HTML：

```
< h2 >[attr$ = "value"]</h2 >
< p title = "hello">属性的结尾必须是 bye </p>
< p title = "goodbye">属性的结尾必须是 bye </p>
< p title = "goodbye - 2">属性的结尾必须是 bye </p>
```

（7）匹配字符串。

上述已给出 6 种属性选择器的使用方法,最后给出一种匹配子字符串,只要属性值包含指定的字符串,都可以定义样式,而不再受限制于匹配的位置和属性值的格式。例如：

图文类网页

CSS：

```css
[title * = "good"] {
    background: #030000;
    color: red;
}
```

HTML：

```html
<h2>[attr * = "value"]</h2>
<p title = "hello">属性中含有 good 吗</p>
<p title = "good">属性中含有 good 吗</p>
<p title = "goodbook">属性中含有 good 吗</p>
```

其他部分复合选择器，如伪类选择器到后续课程中再讲解。

5）集体声明

在定义 CSS 属性样式时，有些选择器定义的属性完全一致或部分一致，可以通过集体声明将一致的 CSS 属性放在一起，即将这些选择器用逗号连接，以减少代码的书写量。

下面是一个关于集体声明、包含选择器、子选择器、属性选择器、相邻选择器的综合案例。

demo3-7/集体声明.html：

```html
<! doctype html>
<html>
<head>
<meta charset = "utf - 8">
<title>集体声明</title>
<style type = "text/CSS">
/* 六个标题文字集体声明 */
h1, h2, h3, h4, h5, h6 {
    background - color: #99cc33;
    margin: 0;
    margin - bottom: 10px;
}
/* 与 h1 相邻的 h2、与 h3 相邻的 h4、与 h5 相邻的 h6 */
h1 + h2, h3 + h4, h5 + h6 {
    color: #0099ff;
}
/* body 的子元素 h6、h1 的子元素 span、h4 的子元素 span */
body > h6, h1 > span, h4 > span {
    font - size: 40px;
}
/* h2 的后代元素 span,h3 的后代元素 span */
h2 span, h3 span {
    padding: 0 20px;
}
/* 拥有 class 属性且是 h5 后代元素的 span,拥有 class 属性且是 h6 后代元素的 span */
h5 span[class], h6 span[class] {
    background - color: #cc0033;
}
</style>
</head>
<body>
<h1>h1 元素<span>这里是 span 元素</span></h1>
```

```
< h2 > h2 元素< span >这里是 span 元素</span ></h2 >
< h3 > h3 元素< span >这里是 span 元素</span ></h3 >
< h4 > h4 元素< span >这里是 span 元素</span ></h4 >
< h5 > h5 元素< span class = "s1">这里是 span 元素</span ></h5 >
< h6 > h6 元素< span class = "s2">这里是 span 元素</span ></h6 >
</body >
</html >
```

3.1.5 知识点检测

3.1.6 项目实现

通过项目分析和知识点学习,相信读者已能逐步完成"盐城文化风情"网站 index. html 页面的代码编写。参考代码如下。

index. html:

```
<! DOCTYPE html >
< html lang = "en">
< head >
< meta charset = "utf - 8">
< meta name = "viewport" content = "width = device - width, initial - scale = 1.0, minimum - scale = 1.0, maximum - scale = 1.0, user - scalable = no">
< meta name = "author" content = "helang. love@qq. com">
< title >盐城文化风情网欢迎您!</title >
< link rel = "stylesheet" href = "CSS/style. CSS">
<! -- 图标样式 -->
< link rel = "stylesheet" type = "text/CSS" href = "CSS/font - awesome. min. CSS">
</head >
< body >
< header id = "header">
  < nav class = "hl_nav">
    < ul class = "nav_list">
      < li class = "active">< a class = "nav_head" href = " # ">< i class = "icon fa fa - home"></i >< span >网站首页</span ></a ></li >
      < li >< a class = "nav_head" href = " # ">< i class = "icon fa fa - star"></i >< span >红色文化</span ></a ></li >
      < li >< a class = "nav_head" href = " # ">< i class = "icon fa fa - diamond"></i >< span >白色文化</span ></a ></li >
      < li >< a class = "nav_head" href = " # ">< i class = "icon fa fa - tree"></i >< span >绿色文化</span ></a ></li >
      < li >< a class = "nav_head" href = " # ">< i class = "icon fa fa - delicious"></i >< span >特色美食</span ></a ></li >
      < li >< a class = "nav_head" href = " # ">< i class = "icon fa fa - bicycle"></i >< span >特色景点</span ></a ></li >
      < li >< a class = "nav_head" href = " # ">< i class = "icon fa fa - comments"></i >< span >与我联系</span ></a ></li >
```

```html
          </ul>
        </nav>
    </header>
    <section id = "fadeslider">
        <div id = "bg1" class = "bg"></div>
        <div id = "bg2" class = "bg fadein"></div>
        <div id = "bg3" class = "bg fadein"></div>
        <div id = "bg4" class = "bg fadein"></div>
    </section>
    <setion id = "links">
        <article class = "cultures news">
            <h3><i class = "fa fa-flag fa-2x"></i>文化名篇赏析</h3>
            <ul>
                <li><a href = "#">盐城红色文化-铁军精神</a></li>
                <li><a href = "#">盐城白色文化-海盐文化</a></li>
                <li><a href = "#">盐城绿色文化-湿地文化</a></li>
                <li><a href = "#">盐城历史文化大全</a></li>
                <li><a href = "#">作家邹凤岭畅谈盐城地域文化</a></li>
                <li><a href = "#">盐文化与盐城精神</a></li>
                <li><a href = "#">盐城大力传承红色文化 让铁军精神激励后人奋发有为</a></li>
            </ul>
        </article>
        <article class = "tourism news">
            <h3><i class = "fa fa-bicycle fa-2x"></i>走进旅游景点</h3>
            <ul>
                <li><a href = "#">大丰麋鹿保护区</a></li>
                <li><a href = "#">海盐历史文化景区</a></li>
                <li><a href = "#">丹顶鹤湿地生态旅游区</a></li>
                <li><a href = "#">荷兰花海</a></li>
                <li><a href = "#">新四军纪念馆(国家4A级)</a></li>
                <li><a href = "#">盐镇水街(国家4A级)</a></li>
                <li><a href = "#">中国海盐博物馆</a></li>
                <li><a href = "#">大纵湖景区(国家4A级)</a></li>
            </ul>
        </article>
        <article class = "food news">
            <h3><i class = "fa fa-delicious fa-2x"></i>美食速递</h3>
            <ul>
                <li><a href = "#">伍佑醉螺</a></li>
            </ul>
            <img src = "images/Index_img_eat6.jpg"></article>
    </setion>
    <footer id = "footer">
        <p>Copyright © 2019 小新工作室 All Rights Reserved. 盐城市开放大道50号</p>
    </footer>
    <script type = "text/javascript">
//替换class达到淡入淡出的效果//
function fadeIn(e) {
    e.className = "bg fadein"
};
function fadeOut(e) {
```

```
    e.className = "bg"
};
//声明图片数组中当前的轮播图片
cur_img = document.getElementById("fadeslider").children.length - 1;
//图片轮播函数
function turnImgs(fadeslider) {
    var imgs = document.getElementById("fadeslider").children;
    if (cur_img == 0) {
      fadeOut(imgs[cur_img]);
      cur_img = imgs.length - 1;
      fadeIn(imgs[cur_img]);
    } else {
      fadeOut(imgs[cur_img]);
      fadeIn(imgs[cur_img - 1]);
      cur_img-- ;
    }
  }
//设置轮播间隔
setInterval(turnImgs,3000);
</script>
</body>
</html>
```

对应的 style.CSS 代码：

```
body {
    margin: 0;
    padding: 0;
    background-color: #F3F3F3;
    font-size: 14px;
    font-family: 'Microsoft YaHei', 'Times New Roman', Times, serif;
    letter-spacing: 0;
    min-width: 1200px;
    color: #333333;
}
ul {
    margin: 0;
    padding: 0;
}
/* 给 header 标签设置样式规则 */
body {
    margin: 0;
    padding: 0;
    background-color: #F3F3F3;
    font-size: 14px;
    font-family: 'Microsoft YaHei', 'Times New Roman', Times, serif;
    letter-spacing: 0;
    min-width: 1200px;
    color: #333333;
}
ul {
```

```
        margin: 0;
        padding: 0;
    }
    / * 给 header 标签设置样式规则 * /
    .hl_nav {
        list - style: none;
        position: relative;
        min - width: 1200px;
    }
    .hl_nav a {    / * 包含选择器,设置祖先元素类名为.hl_nav 的子元素 a 的样式规则 * /
        display: block;
        text - decoration: none;
    }
    .hl_nav .nav_list {
        position: absolute;
        top: 0;
        left: 50 % ;
        margin: 0 0 0  - 600px;
        z - index: 2;
        padding: 0;
        list - style: none;
        width: 1200px;
        height: 64px;
    }
    .hl_nav .nav_list > li {    / * 子选择器,设置父元素为.nav_list 的子元素 li 的样式规则 * /
        padding: 0;
        float: left;
        margin: 0;
        width: 150px;
        text - align: center;
    }
    .hl_nav .nav_head {
        line - height: 64px;
        font - size: 16px;
        color: #333333;
    }
    .hl_nav .nav_head .icon {
        font - size: 18px;
    }
    .hl_nav .nav_list > li:hover .nav_head, .hl_nav .nav_list > li.active .nav_head {
        background - color: rgba(255,157,0,1.00);
    }
    / * 给实现轮播图效果的 section 标签设置样式规则 * /
    # fadeslider .bg {
        position: absolute;
        left: 0;
        top: 64px;
        width: 100 % ;
        height: 700px;
        - webkit - transition: opacity 2s linear;
        - moz - transition: opacity 2s linear;
```

```
        -o-transition: opacity 2s linear;
        transition: opacity 2s linear;    /*过渡,透明度在2s内实现由0线性过渡为100%*/
        opacity: 0;
}
#fadeslider #bg1 {
        background: url(../images/Index_img1.jpg) no-repeat;
        background-size: cover;    /*背景图像的尺寸,背景图像会按照比例自适应铺满整个背景区
域*/
}
#fadeslider #bg2 {
        background: url(../images/Index_img2.jpg) no-repeat;
        background-size: cover;
}
#fadeslider #bg3 {
        background: url(../images/Index_img3.jpg) no-repeat;
        background-size: cover;
}
#fadeslider #bg4 {
        background: url(../images/Index_img4.jpg) no-repeat;
        background-size: cover;
}
#fadeslider .fadein {
        opacity: 100;
        filter: alpha(opacity = 100);
}
/*给id名为#links的section标签设置样式规则*/
#links {
        position: absolute;
        top: 764px;
        width: 1200px;
        left: 50%;
        margin: 0 0 0 -600px;
}
#links .news {
        float: left;
        width: 300px;
        height: 260px;
        margin: 25px;
        padding: 10px;
        border-radius: 10px;                                    /*圆角半径为10px*/
        border: 1px dashed rgba(177,168,168,1.00);
}
#links .news h3 {
        margin: 10px 0 15px 20px;
        font-size: 1.5em;
        color: rgba(255,157,0,1.00);
}
#links .news ul {
        margin-left: 60px;
}
#links .news li {
```

模块
三

```
        list - style: circle;
        line - height: 1.7em;
    }
    #links .news li a {
        text - decoration: none;
        color: #666;
    }
    #links .cultures h3 {
        color: red;
    }
    #links .tourism h3 {
        color: green;
    }
    #links .food img {
        width: 70%;
        margin - left: 45px;
        margin - top: 10px;
        border - radius: 6px;
    }
    /* 给 footer 标签设置样式规则 */
    #footer {
        clear: both;
        position: absolute;
        top: 1100px;
        width: 100%;
        height: 100px;
        background: #999;
        color: #fff;
    }
    #footer p {
        margin: 40px;
        text - align: center;
    }
```

3.1.7 项目总结

实施本项目的过程中,重点要练习的是使用图像标签,利用 CSS 背景、过渡、圆角边框美化页面,利用复合选择器精准定位到网页中的元素;要注意复合选择器的正确应用,以及过渡的语法规则;搜集、整理、分析、归纳家乡文化(如盐城)特色,进而了解家乡文化、热爱家乡文化,培养家国情怀、建设家乡的责任感和使命感。

项目 3.2 "图说我们盐城"页面设计

3.2.1 项目描述

"图说我们盐城"页面(Picture. html)主要通过红色文化、白色文化、绿色文化以及美食文化四个子模块展示盐城的文化特色,页面效果如图 3-11 所示。

图 3-11 "盐城文化风情"网站图片展示页面效果

3.2.2 项目分析

1. 页面整体结构

Picture.html 页面结构是典型的上中下结构,页面结构如图 3-12 所示。

2. 具体实现细节

页面结构简单,由< header >、< section >和< footer >组成,其中,< section >是图片主要展区,包含四个< article >,即四个图片展示模块。具体细节如下。

(1)页面头部< header >标签嵌套了< img >标签。

(2)每个图片展示模块中的背景实现了由透明到白色的渐变,标题部分由一幅标题图片和一个< span >组成。

(3)红色文化图片展示模块包含 6 幅图片,每幅图片都有阴影效果。

(4)白色文化图片展示模块包含 6 幅图片,每幅图片都设置了圆角矩形效果。

(5)绿色文化图片展示模块包含 8 幅图片,每幅图片都有对应的图片描述,当鼠标悬停

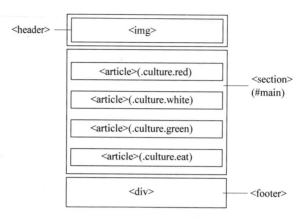

图 3-12 "盐城文化风情"网站图片展示页面结构

到每幅图片上时,会从图片底部浮出一个区块层,以对本幅图片进行描述。

(6) 美食文化图片展示模块还包含 8 幅图片,每幅图片都有对应的图片描述,当鼠标悬停到每幅图片上时,会显示出文字描述信息区块层,该层上应用了旋转和过渡的组合,形成了旋转动画效果。

(7) 页面尾部<footer>标签嵌套了<div>,用以放入尾部导航。

3.2.3 项目知识点分解

Picture.html 页面中实现了图片的阴影效果、图片的旋转动画效果、渐变背景效果等,所以该项目涉及的新知识点导图如图 3-13 所示。

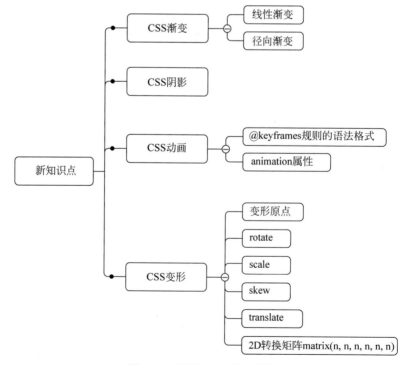

图 3-13 项目 3-2 知识点分解

3.2.4 知识点解析

1. CSS 渐变

渐变背景在 Web 页面中极为常见,但在 CSS3 之前,设计师都是通过图形软件设计渐变效果,之后以图片形式或者背景图片的形式运用到页面中。很多时候,还需进行切图,再通过样式应用到页面中,过程比较烦琐;而且在实际应用中可扩展性差,还直接影响页面性能。

自从 W3C 组织将渐变设计收入到 CSS3 标准中,渐变(gradients)很好地解决了上述问题。另外,渐变(gradient)是由浏览器生成的,放大时看起来效果更好。目前,越来越多的浏览器都支持这个属性了。

渐变在理论上可在任何使用 url( )值的地方采用,比如最常见的 background-image、list-style-type 以及前面介绍的 CSS3 的图像边框属性 border-image,但在背景图片中得到的支持较为完美。

CSS3 渐变(gradients)可以在两个或多个指定的颜色之间显示平稳过渡。CSS3 定义了线性渐变(linear gradients)和径向渐变(radial gradients)两种类型的渐变。

1) 线性渐变

为了创建一个线性渐变,必须至少定义两种颜色节点。颜色节点是想要呈现平稳过渡的颜色。同时,可以设置一个起点和一个方向(或一个角度)。语法规则如下。

```
background: linear - gradient(direction, color - stop1, color - stop2, …);
```

(1) 线性渐变——从上到下(默认情况下)。

下面的代码演示了从上到下的线性渐变。起点是红色,慢慢过渡到蓝色。

CSS 部分:

```
# grad0 {
    height: 200px;
    background: - webkit - linear - gradient(red , blue);    / * Safari 5.1 - 6.0 * /
    background: - o - linear - gradient(red, blue);         / * Opera 11.1 - 12.0 * /
    background; - moz - linear - gradient(red, blue);       / * Firefox 3.6 - 15 * /
    background: linear - gradient(red , blue);              / * 标准的语法(必须放在最后) * /
}
```

HTML 部分:

```
< h3 >线性渐变 - 默认情况下,从上到下</h3 >
< p>从上边开始的线性渐变。起点是红色,慢慢过渡到蓝色: </p>
< div id = "grad0"></ div >
```

(2) 线性渐变——从左到右。

下面的代码演示了从左边开始的线性渐变。起点是红色,慢慢过渡到蓝色。

CSS 部分:

```
# grad1 {
    height: 200px;
    background: - webkit - linear - gradient(left, red, blue);    / * Safari 5.1 - 6.0 * /
```

```
    background: - o - linear - gradient(left, red, blue);        /* Opera 11.1 - 12.0 */
    background: - moz - linear - gradient(left, red, blue);      /* Firefox 3.6 - 15 */
    background: linear - gradient(to right, red, blue);         /* 标准的语法(必须放在最后) */
}
```

HTML 部分：

```
< h3 >线性渐变 - 从左到右</h3 >
< p>从左边开始的线性渐变。起点是红色,慢慢过渡到蓝色: </p>
< div id = "grad1"></div >
```

（3）线性渐变——从右到左。

CSS 部分：

```
#grad2 {
    height: 200px;
    background: - webkit - linear - gradient(right, red , blue); /* Safari 5.1 - 6.0 */
    background: - o - linear - gradient(right, red, blue);       /* Opera 11.1 - 12.0 */
    background: - moz - linear - gradient(right, red, blue);     /* Firefox 3.6 - 15 */
    background: linear - gradient(to left, red , blue);        /* 标准的语法(必须放在最后) */
}
```

HTML 部分：

```
< h3 >线性渐变 - 从右到左</h3 >
< p>从右边开始的线性渐变。起点是红色,慢慢过渡到蓝色: </p>
< div id = "grad2"></div
```

（4）线性渐变——对角。

可以通过指定水平和垂直的起始位置来制作一个对角渐变。

下面的实例演示了从左上角开始（到右下角）的线性渐变,起点是红色,慢慢过渡到蓝色。

CSS 部分：

```
#grad3 {
    height: 200px;
    background: - webkit - linear - gradient(top left, red , blue); /* Safari 5.1 - 6.0 */
    background: - o - linear - gradient(top left, red, blue);     /* Opera 11.1 - 12.0 */
    background: - moz - linear - gradient(top left, red, blue);   /* Firefox 3.6 - 15 */
    background: linear - gradient(to bottom right, red , blue);  /* 标准的语法(必须放在最后) */
}
```

HTML 部分：

```
< h3 >线性渐变 - 对角</h3 >
< p>从左上角开始(到右下角)的线性渐变。起点是红色,慢慢过渡到蓝色: </p>
< div id = "grad3"></div >
```

（5）线性渐变——使用角度。

如果还想更多地控制渐变方向,可以改变渐变的角度,而不用预定义方向（to bottom、to top、to right、to left、to bottom right,等等）。

语法规则如下。

```
background: linear - gradient(angle, color - stop1, color - stop2);
```

角度是指水平线和渐变线之间的角度,逆时针方向计算。0deg 将创建一个从下到上的渐变,90deg 将创建一个从左到右的渐变,180deg 将创建一个从上到下的渐变,－90deg 将创建一个从右到左的渐变。

CSS 部分:

```
#grad4 {
    height: 100px;
    background: - webkit - linear - gradient(0deg, red, blue);  /* Safari 5.1 - 6.0 */
    background: - o - linear - gradient(0deg, red, blue);       /* Opera 11.1 - 12.0 */
    background: - moz - linear - gradient(0deg, red, blue);     /* Firefox 3.6 - 15 */
    background: linear - gradient(0deg, red, blue);             /* 标准的语法(必须放在最后) */
}
#grad5 {
    height: 100px;
    background: - webkit - linear - gradient(90deg, red, blue);  /* Safari 5.1 - 6.0 */
    background: - o - linear - gradient(90deg, red, blue);       /* Opera 11.1 - 12.0 */
    background: - moz - linear - gradient(90deg, red, blue);     /* Firefox 3.6 - 15 */
    background: linear - gradient(90deg, red, blue);             /* 标准的语法(必须放在最后) */
}
#grad6 {
    height: 100px;
    background: - webkit - linear - gradient(180deg, red, blue);  /* Safari 5.1 - 6.0 */
    background: - o - linear - gradient(180deg, red, blue);       /* Opera 11.1 - 12.0 */
    background: - moz - linear - gradient(180deg, red, blue);     /* Firefox 3.6 - 15 */
    background: linear - gradient(180deg, red, blue);             /* 标准的语法(必须放在最后) */
}
#grad7 {
    height: 100px;
    background: - webkit - linear - gradient(- 90deg, red, blue);  /* Safari 5.1 - 6.0 */
    background: - o - linear - gradient(- 90deg, red, blue);       /* Opera 11.1 - 12.0 */
    background: - moz - linear - gradient(- 90deg, red, blue);     /* Firefox 3.6 - 15 */
    background: linear - gradient(- 90deg, red, blue);             /* 标准的语法(必须放在最后) */
}
```

HTML 部分:

```
<h3>线性渐变 - 使用不同的角度</h3>
<div id = "grad4" style = "color:white;text - align:center;">0deg</div><br>
<div id = "grad5" style = "color:white;text - align:center;">90deg</div><br>
<div id = "grad6" style = "color:white;text - align:center;">180deg</div><br>
<div id = "grad7" style = "color:white;text - align:center;">- 90deg</div>
```

其他角度的读者可以自己尝试一下。

(6)线性渐变——使用多个颜色节点。

上述一直实现的是两个颜色节点的渐变,那如何实现多个颜色节点的渐变呢? 只需在参数中多加一个颜色节点即可。

CSS 部分：

```
#grad8 {
    height: 200px;
    background: - webkit - linear - gradient(red, green, blue); /* Safari 5.1 - 6.0 */
    background: - o - linear - gradient(red, green, blue);      /* Opera 11.1 - 12.0 */
    background: - moz - linear - gradient(red, green, blue);    /* Firefox 3.6 - 15 */
    background: linear - gradient(red, green, blue);            /* 标准的语法(必须放在最后) */
}
```

HTML 部分：

```
< h3 > 3 个颜色节点(均匀分布)</h3 >
< div id = "grad8"></div >
```

若要写出含 7 个颜色节点彩虹色块的效果，添加 7 个颜色节点即可，代码如下。
CSS 部分：

```
#grad9 {
    height: 200px;
    background: - webkit - linear - gradient (red, orange, yellow, green, blue, indigo,
violet);                                                      /* Safari 5.1 - 6.0 */
    background: - o - linear - gradient(red, orange, yellow, green, blue, indigo, violet);
                                                              /* Opera 11.1 - 12.0 */
    background: - moz - linear - gradient(red, orange, yellow, green, blue, indigo, violet);
                                                              /* Firefox 3.6 - 15 */
    background: linear - gradient(red, orange, yellow, green, blue, indigo, violet);
                                                              /* 标准的语法(必须放在最后) */
}
```

HTML 部分：

```
< h3 > 7 个颜色节点(均匀分布)</h3 >
< div id = "grad9"></div >
```

再稍加修改下，添加一个方向 left，可以变成彩虹条的效果。

（7）线性渐变——颜色分布不均匀。

上述颜色渐变都是均匀渐变，若**颜色分布不均匀的渐变**该如何设置呢？下面的代码演示了不均匀渐变。

```
#grad10 {
    height: 200px;
    background: - webkit - linear - gradient(red 10 % , green 85 % , blue 90 % );
                                              /* Safari 5.1 - 6.0 */
    background: - o - linear - gradient(red 10 % , green 85 % , blue 90 % );
                                              /* Opera 11.1 - 12.0 */
    background: - moz - linear - gradient(red 10 % , green 85 % , blue 90 % );
                                              /* Firefox 3.6 - 15 */
    background: linear - gradient(red 10 % , green 85 % , blue 90 % );
                                              /* 标准的语法(必须放在最后) */
}
```

红色部分从顶端就开始着色,到10%处开始渐变到绿色,渐变过渡区的占比为总的空间(高度或宽度)减去上下两个着色块空间占比剩下的空间。理解下面的绿色和蓝色开始着色及过渡的方法同上面的一致。

(8) 线性渐变——透明度变化。

CSS3 渐变也支持透明度(transparent),可用于创建透明度变化的效果。

要添加透明度,需使用 rgba()函数来定义颜色节点。rgba() 函数中的最后一个参数可以是从 0 到 1 的值,它定义了颜色的透明度:0 表示完全透明,1 表示完全不透明。具体实例如下,演示了从左边开始的线性渐变。起点是完全透明,慢慢过渡到完全不透明的红色。

CSS 部分:

```
# grad11 {
    height: 200px;
    background: - webkit - linear - gradient(to right, rgba(255,0,0,0), rgba(255,0,0,1));
                                        /* Safari 5.1 - 6.0 */
    background: - o - linear - gradient(to right, rgba(255,0,0,0), rgba(255,0,0,1));
                                        /* Opera 11.1 - 12.0 */
    background: - moz - linear - gradient(to right, rgba(255,0,0,0), rgba(255,0,0,1));
                                        /* Firefox 3.6 - 15 */
    background: linear - gradient(to right, rgba(255,0,0,0), rgba(255,0,0,1));
                                        /* 标准的语法(必须放在最后) */
}
```

HTML 部分:

```
< h3 >线性渐变 - 透明度</h3 >
< p >为了添加透明度,我们使用 rgba()函数来定义颜色节点。rgba() 函数中的最后一个参数可以是从 0 到 1 的值,它定义了颜色的透明度:0 表示完全透明,1 表示完全不透明。</p>
< div id = "grad11"></div >
```

总的来看,上述线性渐变的效果主要取决于渐变的方向、颜色节点以及位置。

2) 径向渐变

径向渐变由它的中心定义渐变效果。为了创建一个径向渐变,必须至少定义两种颜色节点。颜色节点是想要呈现平稳过渡的颜色。同时,还可以指定渐变的中心、形状(圆形或椭圆形)、大小。默认情况下,渐变的中心是 center(表示在中心点),渐变的形状是 ellipse(表示椭圆形),渐变的大小是 farthest-corner(表示到最远的角落)。

语法规则如下。

```
background: radial - gradient(center, shape size, start - color, …, last - color);
```

(1) 径向渐变——颜色节点均匀分布。

颜色节点均匀分布的径向渐变的代码如下。

CSS 部分:

```
# grad1 {
    height:150px;
    width:200px;
    background: - webkit - radial - gradient(green,purple,red); /* Safari 5.1 - 6.0 */
```

```
    background: - o - radial - gradient(green,purple,red);      /* Opera 11.6 - 12.0 */
    background: - moz - radial - gradient(green,purple,red); /* Firefox 3.6 - 15 */
    background: radial - gradient(green,purple,red);          /* 标准的语法(必须放在最后) */
}
```

HTML 部分：

```
< h3 >径向渐变 - 颜色节点均匀分布</h3 >
< div id = "grad1"></div >
```

（2）径向渐变——颜色节点不均匀分布。

颜色节点不均匀分布的径向渐变代码如下。

CSS 部分：

```
# grad2 {
    height:150px;
    width:200px;
    background: - webkit - radial - gradient(green 5 % ,purple 15 % ,red 60 % );
                                                    /* Safari 5.1 - 6.0 */
    background: - o - radial - gradient(green 5 % ,purple 15 % ,red 60 % );
                                                    /* Opera 11.6 - 12.0 */
    background: - moz - radial - gradient(green 5 % ,purple 15 % ,red 60 % );
                                                    /* Firefox 3.6 - 15 */
    background: radial - gradient(green 5 % ,purple 15 % ,red 60 % );
                                                    /* 标准的语法(必须放在最后) */
}
```

HTML 部分：

```
< h3 >径向渐变 - 颜色节点不均匀分布</h3 >
< div id = "grad2"></div >
```

（3）径向渐变——形状变化。

径向渐变中还可以设置形状。shape 参数定义了形状。值为 circle 或 ellipse。其中，circle 表示圆形，ellipse 表示椭圆形。默认值是 ellipse。

椭圆形 Ellipse(默认)实例如下。

CSS 部分：

```
# grad3 {
    height:150px;
    width:200px;
    background: - webkit - radial - gradient(red,yellow,green);      /* Safari 5.1 - 6.0 */
    background: - o - radial - gradient(red,yellow,green);          /* Opera 11.6 - 12.0 */
    background: - moz - radial - gradient(red,yellow,green);        /* Firefox 3.6 - 15 */
    background: radial - gradient(red,yellow,green);              /* 标准的语法(必须放在最后) */
}
```

HTML 部分：

```
< p >< strong >椭圆形 Ellipse(默认) : </strong ></p >
< div id = "grad3"></div >
```

圆形 Circle 实例如下。

CSS 部分：

```
#grad4 {
    height: 150px;
    width: 200px;
    background: -webkit-radial-gradient(circle,green,purple,red);  /* Safari 5.1 - 6.0 */
    background: -o-radial-gradient(circle,green,purple,red);    /* Opera 11.6 - 12.0 */
    background: -moz-radial-gradient(circle,green,purple,red);  /* Firefox 3.6 - 15 */
    background: radial-gradient(circle,green,purple,red); /* 标准的语法(必须放在最后) */
}
```

HTML 部分：

```
<p><strong>圆形 Circle: </strong></p>
<div id = "grad4"></div>
```

（4）径向渐变——大小变化。

径向渐变中还可以设置 size，即定义渐变的大小，如表 3-10 所示。

表 3-10　径向渐变 size 值及其描述

size 值	描　　　　述
farthest-corner（默认）	指定径向渐变的半径长度为从圆心到离圆心最远的角
closest-side	指定径向渐变的半径长度为从圆心到离圆心最近的边
closest-corner	指定径向渐变的半径长度为从圆心到离圆心最近的角
farthest-side	指定径向渐变的半径长度为从圆心到离圆心最远的边

利用不同尺寸大小关键字的实例如下。

CSS 部分：

```
#grad5 {
    height: 150px;
    width: 150px;
    background: -webkit-radial-gradient(60% 55%,closest-side,green,purple,red,
black);                                         /* Safari 5.1 - 6.0 */
    background: -o-radial-gradient(60% 55%,closest-side,green,purple,red,black);
                                                /* Opera 11.6 - 12.0 */
    background: -moz-radial-gradient(60% 55%,closest-side,green,purple,red,black);
                                                /* Firefox 3.6 - 15 */
    background: radial-gradient(60% 55%,closest-side,green,purple,red,black);
                                                /* 标准的语法(必须放在最后) */
}
#grad6 {
    height: 150px;
    width: 150px;
    background: -webkit-radial-gradient(60% 55%,farthest-side,green,purple,red,
black);                                         /* Safari 5.1 - 6.0 */
    background: -o-radial-gradient(60% 55%,farthest-side,green,purple,red,black);
                                                /* Opera 11.6 - 12.0 */
    background: -moz-radial-gradient(60% 55%,farthest-side,green,purple,red,black);
```

图文类网页

```
                                                    /* Firefox 3.6 - 15 */
    background: radial-gradient(60% 55%, farthest-side, green, purple, red, black);
                                               /* 标准的语法(必须放在最后) */
}
#grad7 {
    height: 150px;
    width: 150px;
    background: -webkit-radial-gradient(60% 55%, closest-corner, green, purple, red,
black);                                             /* Safari 5.1 - 6.0 */
    background: -o-radial-gradient(60% 55%, closest-corner, green, purple, red, black);
                                                      /* Opera 11.6 - 12.0 */
    background: -moz-radial-gradient(60% 55%, closest-corner, green, purple, red,
black);                                             /* Firefox 3.6 - 15 */
    background: radial-gradient(60% 55%, closest-corner, green, purple, red, black);
                                               /* 标准的语法(必须放在最后) */
}
#grad8 {
    height: 150px;
    width: 150px;
    background: -webkit-radial-gradient(60% 55%, farthest-corner, green, purple, red,
black);                                             /* Safari 5.1 - 6.0 */
    background: -o-radial-gradient(60% 55%, farthest-corner, green, purple, red, black);
                                                      /* Opera 11.6 - 12.0 */
    background: -moz-radial-gradient(60% 55%, farthest-corner, green, purple, red,
black);                                             /* Firefox 3.6 - 15 */
    background: radial-gradient(60% 55%, farthest-corner, green, purple, red, black);
                                               /* 标准的语法(必须放在最后) */
}
```

HTML 部分：

```
<p><strong>closest-side:</strong></p>
<div id="grad5"></div>
<p><strong>farthest-side:</strong></p>
<div id="grad6"></div>
<p><strong>closest-corner:</strong></p>
<div id="grad7"></div>
<p><strong>farthest-corner(默认):</strong></p>
<div id="grad8"></div>
```

课堂小实践

如果想重复一个渐变，可以使用 repeating-linear-gradient 和 repeating-radial-gradient。尝试做出如图 3-14 和图 3-15 所示效果图。

2. CSS 阴影

box-shadow 给元素添加一个或多个阴影。该属性是由逗号分隔的阴影列表，每个阴影由 2~4 个长度值、可选的颜色值以及可选的 inset 关键词来规定。省略长度的值是 0。语法规则如下。

```
box-shadow: h-shadow v-shadow blur spread color inset;
```

图 3-14　repeating-linear-gradient 效果

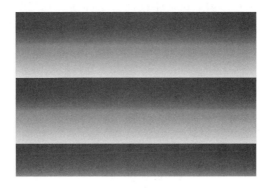

图 3-15　repeating-radial-gradient 效果

CSS3 阴影属性值及其描述如表 3-11 所示。

表 3-11　CSS3 阴影属性值及其描述

属 性 值	描　　述
h-shadow	必需。水平阴影的位置。允许负值
v-shadow	必需。垂直阴影的位置。允许负值
blur	可选。模糊距离
spread	可选。阴影的尺寸
color	可选。阴影的颜色
inset	可选。将外部阴影(outset)改为内部阴影

box-shadow 案例如下。

demo3-9/box-shadow.html：

```
<!DOCTYPE html>
<html>
<head>
<title>box-shadow</title>
<style type="text/CSS">
div {
    width: 300px;
    height: 200px;
```

```
    background - color: #ff0099;
      - moz - box - shadow: 20px 10px 5px #999999 inset;    /*老版 Firefox*/
    box - shadow: 20px 10px 5px #999999 inset;    /*添加阴影效果,表示左边框阴影为 20px(水平阴
影位置)、右边框阴影为 10px(垂直阴影位置)阴影范围大小为 5px,阴影颜色为深灰色,为内阴影*/
    }
</style>
</head>
<body>
<div></div>
</body>
</html>
```

3. CSS 动画

CSS 过渡也有缺陷,在其知识点讲解中已经做了描述,而 CSS 动画(Animation)正是为了解决这些缺陷而提出的。Animation 在不需要触发任何事件的情况下,也可以显式地随时间变化来改变元素 CSS 属性,达到一种动画的效果;并且动画可以设置多个帧,增加动画的复杂程度。

一个完整的 CSS 动画由两个部分组成:一组定义的动画关键帧和描述该动画的 CSS 声明。

1)@keyframes 规则的语法格式

使用@keyframes 规则来创建动画,keyframes 可以设置多个关键帧,每个关键帧表示动画过程中的一个状态,多个关键帧就可以使动画十分多彩。

@keyframes 规则的语法格式如下。

```
@keyframes animationname {
    keyframes - selector{CSS - styles;}
}
```

CSS3 动画@keyframes 属性值及其描述如表 3-12 所示。

表 3-12   CSS3 动画@keyframes 属性值及其描述

属 性 值	描　　述
animationname	表示当前动画的名称,它将作为引用时的唯一标识,因此不能为空
keyframes-selector	是关键帧选择器,即指定当前关键帧要应用到整个动画过程中的位置值可以是一个百分比、from 或者 to。其中,from 和 0 效果相同,表示动画的开始;to 和 100%效果相同,表示动画的结束
CSS-styles	定义执行到当前关键帧时对应的动画状态

注意,以上三个属性都是必需,缺一不可。

2)animation 属性

animation 属性将动画与元素绑定,用于描述动画的 CSS 声明,包括指定具体动画以及动画时长等行为。

animation 属性的基本语法如下。

```
animation: name duration timing - function delay iteration - count direction fill - mode play -
state;
```

以上参数分别对应 8 个子属性,如表 3-13 所示。

表 3-13　CSS3 动画 animation 子属性及其描述

属性值	描　　述
animation-name	指定要绑定到选择器的关键帧的名称
animation-duration	动画指定需要多少秒或毫秒完成
animation-timing-function	设置动画将如何完成一个周期,使用名为三次贝塞尔(Cubic Bezier)函数的数学函数,来生成速度曲线。在该函数中使用自己的值,也可以使用预定义的值。 linear:动画从头到尾的速度是相同的。 ease:默认,动画以低速开始,然后加快,在结束前变慢。 ease-in:动画以低速开始。 ease-out:动画以低速结束。 ease-in-out:动画以低速开始和结束。 cubic-bezier(n,n,n,n):在 cubic-bezier 函数中自己的值。可能的值是从 0 到 1 的数值
animation-delay	设置动画在启动前的延迟间隔
animation-iteration-count	定义动画的播放次数,若值为 infinite,则规定动画应该无限次播放
animation-direction	指定是否应该轮流反向播放动画,取值如下。 normal:默认值,动画应该正常播放。 alternate:动画应该轮流反向播放
animation-fill-mode	规定当动画不播放时(当动画完成时,或当动画有一个延迟未开始播放时),要应用到元素的样式。动画按执行时间来划分,分为三个过程,或者说一次动画过程可以将元素划分为三个状态:**动画等待**、**动画进行**和**动画结束**。默认情况下,只有在动画进行状态,才会应用@keyframes 所声明的动画;而在动画等待和动画结束状态,对元素样式并不会产生任何的影响。取值如下。 none:默认值。动画不会对动画等待和动画完成的元素样式产生改变。 forwards:告诉浏览器动画结束后,元素的样式将设置为动画的最后一帧的样式。 backwards:在动画等待的那段时间内,元素的样式将设置为动画第一帧的样式。 both:相当于同时配置了 backwards 和 forwards,意味着在动画等待和动画结束状态,元素将分别应用动画第一帧和最后一帧的样式
animation-play-state	指定动画是否正在运行或已暂停,取值如下。 paused:规定动画已暂停 running:规定动画正在播放
initial	设置属性为其默认值
inherit	从父元素继承属性

下面通过一个案例演示 CSS 动画使用方法。

```
<!DOCTYPE html>
<html>
<head>
<meta charset = "utf - 8">
<title>CSS animation</title>
```

```
< style >
# myanimation {
    background: red;
    animation: mymove 5s infinite;
    / * Safari 和 Chrome * /
    - webkit - animation: mymove 5s infinite;
}
@keyframes mymove {
0 % {
 width:300px;
 height: 300px;
}
50 % {
 width:100px;
 height: 100px;
}
100 % {
 width:300px;
 height: 300px;
}
}
/ * Safari 和 Chrome * /
@ - webkit - keyframes mymove {
0 % {
 width:300px;
 height: 300px;
}
50 % {
 width:100px;
 height: 100px;
}
100 % {
 width:300px;
 height: 300px;
}
}
</style >
</head >
< body >
< p > div 区块逐渐由小变大再逐渐由大变小</p>
< div id = "myanimation"></div >
</body >
```

在这个实例中,用@keyframes 规则定义了一个名称为 mymove 的动画,在该动画中定义了三个关键帧:第一个关键帧,即动画开始时,区块宽度和高度都为 300px;第二个关键帧,即 50%处,区块高度和宽度都为 100px;第三个关键帧,即动画结束时,区块大小恢复至 300px。使用 animation 属性调用了这个动画效果并应用到了 div 区块上,形成了区块由大到小再由小到大的动画效果。如果只设立两帧,要形成实例中的效果,该如何设置呢?

课堂小实践

题目 1：在网页中对一个 div 元素制作出从绿色变为蓝色，再从蓝色变为绿色的效果。

题目 2：下载齿轮图片，运用 CSS 动画制作成齿轮转动的效果。

4. CSS 变形

CSS transform 允许对元素在二维或三维空间进行旋转、缩放、移动或倾斜。3D 变形与 2D 变形的最大不同就在于其参考的坐标轴不同，2D 变形的坐标轴是平面的，只存在 X 轴和 Y 轴；而 3D 变形的坐标轴则是 X、Y、Z 三条轴组成的立体空间，X 轴正向是朝右，Y 轴正向是朝下，Z 轴正向是朝屏幕外，如图 3-16 所示。

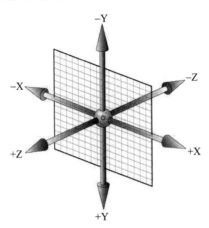

图 3-16　三维坐标系统示意

本教材中主要讲解二维空间下的几种变形方式。

transform 的语法规则如下。

```
transform:none │ < transform - function > [ < transform - function > ] *
```

也就是：

```
transform: rotate │ scale │ skew │ translate │matrix;
```

其中，none 表示不进行变换；< transform-function >表示一个或多个变换函数，即可以同时对一个元素进行 transform 的多种属性操作，但需注意的是，以往叠加效果是用逗号（"，"）隔开，但 transform 中使用多个属性时却需要用空格隔开。

1）变形原点

transform-origin 是变形原点，也就是元素围绕着变形或旋转的那个点。此属性只有在设置了 transform 属性的时候才起作用；元素默认基点就是其中心位置，但若需要在不同的位置对元素进行这些操作，就需使用 transform-origin 来对元素进行基点位置改变，使元素基点不再是中心位置，以满足多种需求。

语法规则如下。

```
transform - origin: x - axis y - axis z - axis;
```

transform-origin 最多接受三个值，分别是 X 轴、Y 轴和 Z 轴的偏移量，如表 3-14 所示。

模块三

图文类网页

表 3-14　**transform-origin 属性值及其描述**

属　性　值	描　　述
x-axis	X 轴的偏移量。可能的值： left center right length %
y-axis	Y 轴的偏移量。可能的值： top center bottom length %
z-axis	Z 轴的偏移量。可能的值： length

　　其中，left、center、right 是水平方向的取值，对应的百分值为 left＝0％；center＝50％；right＝100％，而 top、center、bottom 是垂直方向的取值，对应的百分值为 top＝0％；center＝50％；bottom＝100％，如果只取一个值，表示垂直方向值不变。

　　需要注意的是，transform-origin 并不是 transform 中的属性值，它有自己的语法，但是要结合 transform 才能起作用。

　　2）rotate

　　rotate()方法通过角度参数值来设定旋转的幅度。语法规则如下。

```
transform:rotate(<angle>);
```

　　若角度值为正数，元素将顺时针旋转；若为负数，元素将逆时针旋转。

　　还可以使用 rotateX()与 rotateY()方法将元素只在水平方向或垂直方向旋转。

　　3）scale

　　scale()方法用于将元素缩放。在二维空间中，可以分别指定元素水平方向的缩放倍率与垂直方向的缩放倍率，语法规则如下。

```
transform:scale(X,Y);
```

其中，X 与 Y 的值设置为 0.01～0.99 的任何值时，使一个元素缩小；而设置为任何大于或等于 1 的值时，使一个元素放大；Y 是一个可选参数，如果没有设置 Y 值，则表示 X 和 Y 两个方向的缩放倍数是一样的。

　　还可以使用 scaleX()与 scaleY()方法将元素只在水平方向或垂直方向缩放。

　　4）skew

　　skew()方法用于将元素倾斜显示，可以将一个对象以其中心位置围绕着 X 轴和 Y 轴按照一定的角度倾斜。这与 rotate()方法的旋转不同，rotate()方法只是旋转，而不会改变元素的形状。语法规则如下。

```
transform: skew(x - angel, y - angel);
```

其中,x-angel 用来指定元素水平方向(X轴方向)倾斜的角度;y-angel 用来指定元素垂直方向(Y轴方向)倾斜的角度,如果未显式地设置这个值,其默认值为 0。

还可以使用 skewX() 和 skewY() 方法将元素只在水平方向或垂直方向倾斜。

在默认情况下,skew() 函数都是以元素的原中心点对元素进行倾斜变形,当然也可以根据 transform-origin 属性重新设置元素基点对元素进行倾斜变形。

5) translate

translate()方法用于将元素向指定的方向移动。语法规则如下。

```
transform: translate(tx,ty);
```

其中,translate()方法可以取一个值,即 ty 没有显式设置时,相当于 ty=0;若同时取两个值 tx 和 ty,tx 是一个代表 X 轴(横坐标)移动的向量长度,当其值为正值时,元素向 X 轴右方向移动,反之其值为负值时,元素向 X 轴左方向移动;ty 是一个代表 Y 轴(纵坐标)移动的向量长度,当其值为正值时,元素向 Y 轴下方向移动,反之其值为负值时,元素向 Y 轴上方向移动。

变形综合案例如下。

demo3-11/transform.html:

```
<!DOCTYPE html>
<html lang = "en">
    <head>
    <meta charset = "utf - 8">
    <title>transform</title>
    <style>
.box {
    background - color: #cccccc;
    width: 100px;
    height: 100px;
    transition: 2s ease;
    margin: 20px;
    display: inline - block;
}
/* 旋转,顺时针旋转一圈 */
#box:hover {
    transform: rotate(360deg);
}
/* 倾斜转换,沿着 X 轴倾斜 45° */
#box2:hover {
    transform: skew(45deg, 0deg);
}
/* 缩放,放大至 3 倍 */
#box3:hover {
    transform: scale(3, 3);
}
/* 移动,向 X 轴右方向移动 100px,向 Y 轴下方向移动 100px */
#box4:hover {
```

```
        transform: translateX(100px) translateY(100px);
    }
    </style>
    </head>
    <body>
    <div class="box" id="box"></div>
    <div class="box" id="box2"></div>
    <div class="box" id="box3"></div>
    <div class="box" id="box4"></div>
    </body>
    </html>
```

6）2D 转换矩阵 matrix(n,n,n,n,n,n)

matrix()方法把所有 2D 转换方法组合在一起。matrix()方法共需要六个参数，包含数学函数，允许旋转、缩放、移动以及倾斜元素。

demo3-10/matrix.html：

```
<!doctype html>
<html>
<head>
<meta charset="utf-8">
<title>2D 转换矩阵 matrix</title>
<style>
div {
    width: 100px;
    height: 75px;
    background-color: blue;
    border: 1px solid gray;
}
div#div2 {
    transform: matrix(0.9, 0.56, -0.6, 0.7, 0, 0);
    -ms-transform: matrix(0.9, 0.56, -0.6, 0.7, 0, 0);        /* IE 9 */
    -moz-transform: matrix(0.9, 0.56, -0.6, 0.7, 0, 0);       /* Firefox */
    -webkit-transform: matrix(0.9, 0.56, -0.6, 0.7, 0, 0);    /* Safari and Chrome */
    -o-transform: matrix(0.9, 0.56, -0.6, 0.7, 0, 0);         /* Opera */
}
</style>
</head>
<body>
<div>这是一个 div 元素。</div>
<div id="div2">这是一个 div 元素。</div>
</body>
</html>
```

3.2.5　知识点检测

3.2.6 项目实现

通过项目分析和 CSS 渐变、变形、动画、阴影等知识点学习,读者定能逐步理解并完成"图说我们盐城"页面(Picture. html)的代码编写。参考代码如下。

Picture. html:

```html
<!DOCTYPE html>
<html lang = "en">
<head>
<meta charset = "utf-8">
<link rel = "stylesheet" type = "text/CSS" href = "CSS/picture.CSS">
<title>图说盐城</title>
</head>
<body>
<header>
    <img src = "images/Picture_img_head.jpg">
</header>
<section class = "main">
  <article class = "culture red">
    <div class = "title">
        <img src = "images/Picture_img_title1.png">
        <span class = "more">更多>></span>
     </div>
    <div class = "pic1">
        <img src = "images/Picture_img_red1.jpg">
        <img src = "images/Picture_img_red3.jpg">
        <img src = "images/Picture_img_red2.jpg">
        <img src = "images/Picture_img_red4.jpg">
        <img src = "images/Picture_img_red5.jpg">
        <img src = "images/Picture_img_red6.jpg">
    </div>
  </article>
  <article class = "culture white">
    <div class = "title">
        <img src = "images/Picture_img_title2.png">
        <span class = "more">更多>></span>
    </div>
    <div class = "pic2">
        <img src = "images/Picture_img_white7.jpg">
        <img src = "images/Picture_img_white1.jpg">
        <img src = "images/Picture_img_white2.jpg">
        <img src = "images/Picture_img_white3.jpg">
        <img src = "images/Picture_img_white4.jpg">
        <img src = "images/Picture_img_white6.jpg">
    </div>
  </article>
  <article class = "culture green">
    <div class = "title">
        <img src = "images/Picture_img_title3.png">
        <span class = "more">更多>></span>
```

```
        </div>
        < div class = "item1">
          < div class = "lipic">
            < img src = "images/Picture_img_green1.jpg" alt = "">
        </div>
          < div class = "desc">
            < div class = "detail">大纵湖旅游景区</div>
          </div>
        </div>
        < div class = "item1">
          < div class = "lipic">
            < img src = "images/Picture_img_green2.jpg" alt = "">
        </div>
          < div class = "desc">
            < div class = "detail">大丰麋鹿园</div>
          </div>
        </div>
        < div class = "item1">
          < div class = "lipic">
            < img src = "images/Picture_img_green3.jpg" alt = "">
        </div>
          < div class = "desc">
            < div class = "detail">金沙湖旅游度假区</div>
          </div>
        </div>
        < div class = "item1">
          < div class = "lipic">
            < img src = "images/Picture_img_green4.jpg" alt = "">
        </div>
          < div class = "desc">
            < div class = "detail">大丰荷兰花海</div>
          </div>
        </div>
        < div class = "item1">
          < div class = "lipic">
            < img src = "images/Picture_img_green5.jpg" alt = "">
        </div>
          < div class = "desc">
            < div class = "detail">大洋湾生态运动公园</div>
          </div>
        </div>
        < div class = "item1">
          < div class = "lipic">
            < img src = "images/Picture_img_green6.jpg" alt = "">
        </div>
          < div class = "desc">
            < div class = "detail">大洋湾湿地公园</div>
          </div>
        </div>
        < div class = "item1">
          < div class = "lipic">
```

```
            < img src = "images/Picture_img_green7.jpg" alt = "">
      </div >
        < div class = "desc">
          < div class = "detail">大丰东方湿地公园</div >
        </div >
      </div >
      < div class = "item1">
        < div class = "lipic">
            < img src = "images/Picture_img_green8.jpg" alt = "">
      </div >
        < div class = "desc">
          < div class = "detail">盐渎公园</div >
        </div >
      </div >
</article >
< article class = "culture eat">
    < div class = "title">
        < img src = "images/Picture_img_title4.png">
        < span class = "more">更多>></span >
    </div >
    < div class = "item2">
     < img src = "images/Picture_img_eat11.jpg" alt = "">
        < div class = "hover">
          < h3 >建湖藕粉圆子</h3 >
          < p>是盐城非常著名的美食之一,经常被用作招待客人</p>
        </div >
    </div >
    < div class = "item2">
     < img src = "images/Picture_img_eat4.jpg" alt = "">
        < div class = "hover">
          < h3 >蟹黄包</h3 >
          < p>蟹黄和猪肉、面粉等做成的,其味鲜美</p>
        </div >
    </div >
    < div class = "item2">
     < img src = "images/Picture_img_eat5.jpg" alt = "">
        < div class = "hover">
          < h3 >大纵湖醉蟹</h3 >
          < p>蟹个大黄多,吃起来醉味浓郁</p>
        </div >
    </div >
    < div class = "item2">
     < img src = "images/Picture_img_eat6.jpg" alt = "">
        < div class = "hover">
          < h3 >伍佑醉螺</h3 >
          < p>选用海滩中的泥螺腌制而成</p>
        </div >
    </div >
    < div class = "item2">
     < img src = "images/Picture_img_eat7.jpg" alt = "">
        < div class = "hover">
```

```
            <h3>阜宁大糕</h3>
            <p>选用优质糯米、纯净白糖、精制油脂及高级蜜饯,按其比例加工而成</p>
          </div>
        </div>
        <div class="item2">
         <img src="images/Picture_img_eat8.jpg" alt="">
          <div class="hover">
            <h3>四鳃鲈鱼</h3>
            <p>肉质洁白似雪,肥嫩鲜美</p>
          </div>
        </div>
        <div class="item2">
         <img src="images/Picture_img_eat9.jpg" alt="">
          <div class="hover">
            <h3>东台鱼汤面</h3>
            <p>汤稠如乳,点滴成珠,面白细匀,鲜而不腻</p>
          </div>
        </div>
        <div class="item2">
         <img src="images/Picture_img_eat10.jpg" alt="">
          <div class="hover">
            <h3>建阳米饭饼</h3>
            <p>米饼外焦里嫩,绵软喷香,入口即化,食多不腻</p>
          </div>
        </div>
      </article>
  </section>
  <footer>
    <div class="services">关于我们 | 联系我们 | 网站地图</div>
  </footer>
</body>
</html>
```

对应的部分样式规则:

```
body {
    margin: 0;
    padding: 0;
    background: url(../images/Picture_img_bg.jpg);
    height: 100%;
}
header {
    text-align: center;
}
section {
    width: 1000px;
    margin: 0 auto;
}
.culture {
    width: 980px;
    border: 1px solid #ccc;
```

```css
        padding: 10px 10px;
        background: -webkit-linear-gradient(0deg, #ffffff,rgba(255, 255,255, 0.2));
                                            /* Safari 5.1 - 6.0 */
        background: -o-linear-gradient(0deg, #ffffff,rgba(255, 255,255, 0.2));
                                            /* Opera 11.1 - 12.0 */
        background: -moz-linear-gradient(0deg, #ffffff,rgba(255, 255,255, 0.2));
                                            /* Firefox 3.6 - 15 */
        background: linear-gradient(0deg, #ffffff,rgba(255, 255,255, 0.2));
                            /* 标准的语法(必须放在最后),设置线性渐变的背景 */
        margin: 10px;
    }
.culture .title {
        border-bottom: 1px solid #f8d361;
        height: 50px;
        line-height: 55px;
        overflow: hidden;                   /* 溢出时内容会被修剪,并且其余内容不可见 */
}
.more {
        float: right;
        margin: 5px;
        font-weight: normal;
        font-size: 14px;
}

.pic1 img,.pic2 img {
        width: 300px;
        margin: 10px;
}
.pic1 img{
        box-shadow: 5px 5px 5px #999999;
}
.pic2 img{
        border-radius: 8px;
}
.green,.eat{
        overflow: auto;
}
.item1{
        width: 215px;
        height: 145px;
        text-align: center;
        margin-left: 10px;
        margin-top: 10px;
        padding: 10px;
        background-color: #FFF;
        float: left;
        position: relative;
        top:5px;
        overflow: hidden;
        transition: all .5s; /* 过渡,all(默认值)指所有属性改变,整个转换过程在 0.5s 内完成。 */
        border-radius: 5px; /* 盒阴影:向下偏移 5px 模糊值 5px 颜色为 #41a8ff */
```

```
    }
    .item1 .lipic {
        margin: 0px;
    }
    .item1 .lipic img{
        width: 100%;
    }
    .item1 .desc {
        position: absolute;    /* 绝对定位 */
        bottom: -80px;
        width: 100%;          /* 宽度是父元素宽度的 100% */
        height: 80px;
        transition: all .5s;
        background-color:rgba(36,158,88,0.6);

    }
    /* 当鼠标悬停在该元素时,该元素绝对定位在父元素顶部 -5px 的位置,并且盒阴影为模糊度 15px
    的 #AAA 色 */
    .item1:hover {
        top: -5px;
        box-shadow: 0 0 15px #AAA;
    }
    /* 当鼠标悬停在类名为 item 的元素上时,该元素的类名为.desc 的子元素绝对定位,其底部与父元
    素底部对齐 */
    .item1:hover .desc {
        bottom: 0;
    }
    .item1 .detail{
        font-weight: bold;
        font-size: 20px;
        margin-top: 30px;
    }
    .item2 {
        width: 225px;
        overflow: hidden;
        position: relative;
        margin: 10px;
        float: left;
    }
    .item2 .hover {
        width: 225px;
        background: rgba(228,169,170,0.6);
        position: absolute;
        top: 0px;
        left: 0;
        text-align: center;
        color: #fff;
        transform: rotate(55deg);    /* 变形: 旋转 55° */
        -webkit-transform: rotate(55deg);
        transition: all 0.5s;/* 过渡: 所有属性都改变,时长 0.5s */
        -webkit-transition: all 0.5s;
```

```
        overflow: hidden;
        height: 0;
        z-index: 4000;            /* 设置元素的堆叠顺序,属性值越大,该元素层离用户越近 */
}
.item2 .hover h3 {
        color: #fff;
        border-bottom: 2px solid rgba(76, 179,77, 0.5);
        padding-bottom: 10px;
}
.item2:hover .hover {
        height: 200px;
        transform: rotate(0deg);
        -webkit-transform: rotate(0deg);
}

footer {
        clear: both;
        width: 880px;
        margin: 0 auto;
}
footer > p {
        font-family: 'STXingkai';
        font-size: 35px;
        color: #AAE6DA;
        line-height: 20px;
        padding: 20px;
        text-align: center;
}
.services {
        font-family: 'Microsoft Yahei';
        font-size: 15px;
        color: #374136;
        padding-bottom: 50px;
        text-align: center;
}
```

3.2.7 项目总结

项目实施过程中,主要是练习 CSS 渐变、阴影、过渡、变形、复合选择器的使用;要特别掌握综合使用 CSS 渐变、阴影、过渡、变形、复合选择器创建精美炫酷的动态效果;通过搜集、整理、分析、归纳文化(如盐城)特色,进而了解家乡文化、热爱家乡文化,培养家国情怀、建设家乡的责任感和使命感;同时通过对表现家乡文化图片的搜集、选取及优化处理,提升审美能力和艺术修养。

3.2.8 能力拓展

搜集、整理、分析、归纳网站的"红色文化"及"特色美食"两个模块的资源,并进行优化处理,参考 index. html 和 Picture. html 两个页面模仿设计 redculture. html 和 delicious. html 两个页面。

模块四　网页布局

问题提出：网页设计要讲究编排和布局。为了达到最佳的视觉表现效果，要反复推敲部分版块和整体页面布局的合理性，以带给浏览者流畅的视觉体验。而随着前端技术的发展，各式各样、层出不穷的页面布局也会让学习者们眼花缭乱，迷失方向。那网页布局从何学起呢？科学、合理的结构是网页布局学习的起点，本模块基于标准文档流、盒子模型、position 定位方式、float 浮动方式等基础知识点来设计多个经典的版块布局和整体页面布局，以期为学习者打下很好的网页布局基础。

核心概念：标准文档流，< div >标记，< span >标记，position 定位方式，float 浮动方式，盒子模型，CSS 排版，固定宽度且居中的版式，伪类，伪元素，多列布局，题图文混排布局，格子布局。

标准文档流：网页中的元素在没有使用特定的定位方式情况下默认的布局方式。

< div >标记：是一个区块容器标记，即< div >和</ div >之间相当于一个容器，可以容纳段落、标题、表格、图片乃至章节、摘要和备注等各种 HTML 元素。

< span >标记：是一个行内元素，在< span >与</ span >中间同样可以容纳各种 HTML 元素，从而形成独立的对象。

position 定位方式：定义元素的定位方式，值可为 static、absolute、relative、fixed。

float 浮动方式：浮动使元素脱离标准文档流，在水平方向上左右移动，值可为 left、right。

盒子模型：页面中的元素都可以看成是一个盒子，占据着一定的页面空间。每个盒子都包含内容(content)、内边距(padding)、边框(border)、外边距(margin)几个要素。

伪类：用于向某些选择器添加特殊的效果，包括结构性伪类和状态伪类。

伪元素：用于创建一些不在文档树中的元素，并为其添加样式。

学习目标：

- 理解< div >标记与< span >标记的区别与联系。
- 熟悉标准文档流的含义。
- 熟悉并掌握 float 浮动方式以及 position 定位方式的使用方法。
- 了解实际开发中遇到的和框模型相关的应用及问题。
- 学会 float 浮动方式以及 position 定位方式布局网页。
- 掌握页面语义化分块的理念。
- 熟悉用 CSS 定位各块的位置的方法。
- 掌握页面固定宽度且居中的方法。
- 理解伪类与伪元素的使用方法。

- 掌握多行多列布局方法。
- 巧妙设计题、图、文字组合布局。
- 了解格子布局的方法。
- 能灵活设计多样化的布局方式。
- 学习应用灵活多变的布局方式来设计网页,提升严谨治学、不懈探究、积极创新的能力。
- 网站项目实践中,搜集、整理、分析、归纳红色资源——铁军精神相关资源,能领会百折不挠、艰苦奋斗正是铁军精神的基石,缅怀革命先烈,牢记历史使命;学习铁军精神,结合自身学习与工作进行自我整改,为成为"有情怀、有自信、有胸襟、有毅力和有担当"的人不懈努力。

项目 4.1 "人民铁军"网站首页设计

4.1.1 项目描述

"人民铁军"网站主要包括铁军前身、战斗历程、铁军将帅、十个第一和铁军精神等几个模块。首页(index.html)效果如图 4-1 所示。

图 4-1 "人民铁军"网站首页效果

4.1.2 项目分析

1. 页面整体结构

"人民铁军"网站首页(index.html)页面由照片展示区域(4 幅铁军图片)、网站 Logo、网站导航、铁军介绍文字组成,如图 4-2 所示。

2. 具体实现细节

页面基于典型的 DIV+CSS 结构与布局,具体细节如下。

(1) 设置页面的整体背景,页面中所有元素居中对齐。

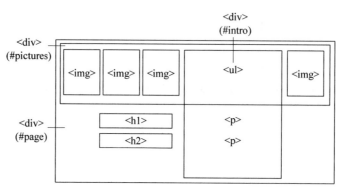

图 4-2 "人民铁军"网站首页页面结构

（2）设置页面上的照片展示区域，四幅图片设置左浮动，在一行中依次展示，第四幅相对于原来位置向右偏移，与第三幅图片形成一定的间距。

（3）网页标题文字<h1>和<h2>替换为网站 Logo 图像，并且绝对定位于左侧三幅图片的下方。

（4）网页导航与文字介绍放在一个区块中，这个区块绝对定位于第三、四幅图片中间，区块内的元素从上往下依次排列。

4.1.3 项目知识点分解

通过项目分析可知，此网页包含<div>和<span>标签，CSS浮动与定位效果，还有默认的标准文档，所以本项目涉及的知识点如图 4-3 所示。

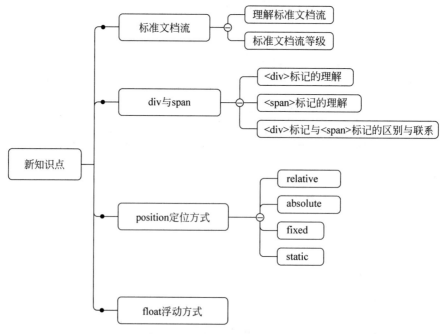

图 4-3 项目 4-1 知识点分解

4.1.4 知识点解析

1. 标准文档流

1) 理解标准文档流

标准文档流,是网页中的元素在没有使用特定的定位方式情况下默认的布局方式。它是一个"默认"状态。文档流指的是元素排版布局过程中,元素会自动按从左至右、从上至下的流式排列。在网页上自上而下分成一行行,并在每行中以从左至右的顺序排放元素。

在标准流中,如果没有指定宽度,盒子会在水平方向上自动伸展,直到顶端到两端,各个盒子会在竖直方向依次排列。

demo4-1/标准文档流.html:

```
<!doctype html>
<html>
<head>
<meta charset="utf-8">
<title>标准文档流</title>
<style type="text/CSS">
    h1{
        border: 2px solid red;
    }
    p{
        border: 2px dotted green;
    }
    li{
        border: 1px dashed blue;
    }
</style>
</head>
<body>
<h1>这是标题</h1>
<p>这是第一个文本段落</p>
<ul>
    <li>这是第一个列表项目</li>
    <li>这是第二个列表项目</li>
    <li>这是第三个列表项目</li>
    <li>这是第四个列表项目</li>
    <li>这是第五个列表项目</li>
</ul>
</body>
</html>
```

标准文档流页面效果如图 4-4 所示。

上面标准文档流的案例中,为了说明各个盒子的情况,添加了相应的边框。各个块级元素都遵循标准文档流的规则,水平方向自动伸展,竖直方向依次排列。

2) 标准文档流等级

标准文档流分为块级元素和行内元素两种等级,都是 HTML 规范中的概念。行内元素(inline element)又称内联元素,即元素一个挨着一个,在同一行按从左至右的顺序显示,

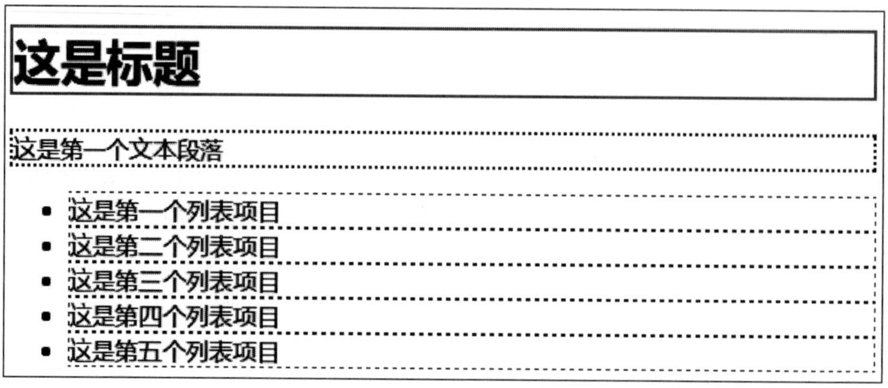

图 4-4　标准文档流页面效果

不单独占一行。而块元素(block element)独占一行,默认时宽度是其父级元素的 100%。

(1) 常见的块级元素和行内元素

常见的块级元素和行内元素如表 4-1 所示。

表 4-1　常见块级元素和行内元素

块 级 元 素	行 内 元 素
address——地址	a——锚点
blockquote——块引用	abbr——缩写
center——居中对齐块	b——粗体、i——斜体、u——下画线、strong——粗体强调
dir——目录列表、dl——定义列表	big——大字体文本、small——小字体文本
div——常用块级容器	cite——引用
fieldset——form 控制组	em——强调
form——交互表单	img——图片
h1~h6——标题文字	input——输入框
ol——有序列表	label——表格标签
p——段落	select——项目选择
pre——格式化文本	sub——下标、sup——上标
table——表格	span——常用内联容器
ul——无序列表	textarea——多行文本输入框

(2) 块级元素的特点

① 都是在新行上开始。

② 高度、行高、外边距和内边距都可以控制。

③ 宽度默认是它的容器的 100%,除非设定一个宽度。

④ 它可以容纳内联元素和其他块元素。

(3) 行内元素的特点。

① 和其他行内元素显示在一行上。

② 高、行高不可改变。

③ 内联元素只能容纳文本或其他内联元素。

demo4-1/块元素和行内元素.html:

```
<!doctype html>
<html>
<head>
<meta charset = "utf - 8">
<title>块元素和行内元素</title>
<style type = "text/CSS">
/*定义块元素 h2 的背景颜色、宽度、高度、文本水平对齐方式*/
h2 {
    background: #eeeeee;
    width: 300px;
    height: 50px;
    text - align: center;
}
/*定义块元素 p 的背景颜色*/
p {
    background: #cccccc;
}
/*定义行内元素 b 的背景颜色、宽度、高度、文本水平对齐方式*/
b {
    background: pink;
    width: 300px;
    height: 50px;                /*定义 b 的宽高度无效*/
    text - align: center;
}
/*定义 span 的背景颜色和文本颜色*/
span {
    background: blue;
    margin - top: 30px;          /*定义上外边距无效*/
    color: #ffffff;
}
</style>
</head>
<body>
<h2>标题标记</h2>
<p>段落标记</p>
<p><b>b 标记</b><span>span 标记</span></p>
</body>
</html>
```

页面效果如图 4-5 所示。

图 4-5　块元素和行内元素页面效果

从效果图可以看出,不同类型的元素在页面中所占的区域不同。块元素<h2>、<p>各自占据一个矩形的区域,虽然<h2>、<p>相邻,但它们不会排在同一行中,而是依次竖直排列。其中,设置了宽高和对齐属性的<h2>按设置的样式显示,未设置宽高和对齐属性的<p>则左右撑满页面。而行内元素<b>、<span>排列在同一行显示,虽然对<b>设置了宽高度、对<span>设置了上外边距,但是在实际的效果中并未生效。

注意,行内元素可以嵌套在块元素中使用,而块元素却不能嵌套在行内元素中。当行内元素嵌套在块元素中时,就会在块元素上占据一定的范围,成为块元素的一部分。

2. div 与 span

1)<div>标记的理解

<div>标记早在 HTML3.0 时代就已经出现,但那时并不常用,直到 CSS 出现,才逐渐发挥出它的优势。<div>简单而言是一个区块容器标记,即<div>和</div>之间相当于一个容器,可以容纳段落、标题、表格、图片乃至章节、摘要和备注等各种 HTML 元素。因此,可以把<div>和</div>中的内容视为一个独立的对象,用于 CSS 的控制。声明时只需对<div>进行相应的控制,其中的各标记元素都会因此而改变。

2)<span>标记的理解

<span>标记直到 HTML4.0 时才被引入,是专门针对样式表而设计的标记。<span>与<div>标记一样,作为容器标记而被广泛应用在 HTML 中。在<span>与</span>中间同样可以容纳多种 HTML 元素,从而形成独立的对象。可以说<div>与<span>这两个标记起到的作用都是独立出各个区块,在这个意义上二者没有太多的不同。

3)<div>标记与<span>标记的区别与联系

(1)<div>是一个块级元素,它包围的元素会自动换行;而<span>是一个行内元素,在它的前后不会换行。

(2)<span>没有结构上的意义,纯粹是应用样式,当其他行内元素都不适合时,就可以使用<span>元素。

(3)<span>标记可以包含于<div>标记之中,成为它的子元素,而<span>标记不能包含<div>标记。

注意,通常情况下,对于页面中大的区块使用<div>标记,而<span>标记仅用于需要单独设置样式风格的小元素,例如一个单词、一幅图片和一个超链接。

4)display 属性

块元素与行内元素具有一定的差异,而当加入了 CSS 控制以后,块元素和行内元素的这种属性差异就不成为差异了。可以把行内元素加上 display:block 属性转换为块元素,同样可以将块元素加上 display:inline 属性转换为行内元素。

display 属性值及其描述如表 4-2 所示。

表 4-2　display 属性值及其描述

属 性 值	描　　　　述
none	此元素不会显示
block	此元素将显示为块元素,此元素前后会带有换行符
inline	默认。此元素会显示为行内元素,元素前后没有换行符
inline-block	行内块元素

下面通过一个案例验证利用 display 属性改变区块的显示属性。

demo4-2/display.html：

```
<!DOCTYPE html>
<html>
<head>
<meta charset = "utf-8">
<title>元素的转换</title>
<style type = "text/CSS">
div {
    width: 200px;
    height: 300px;                  /* 设置元素的宽高 */
    display: inline-block;          /* 设置元素的显示属性,从默认的块状到行内块元素 */
    border: 5px solid red;          /* 设置元素的边框 */
}
span {
    width: 200px;
    height: 300px;                  /* 设置元素的宽高 */
    display: block;                 /* 设置元素的显示属性,从默认的行内元素到块状元素 */
    border: 5px dotted red;         /* 设置元素的边框 */
    margin-top: 10px;               /* 设置元素的上外边距 */
}
p {
    font-size: 20px;
}
.spring {
    background: url(spring.png);
}
.dragonboat {
 background:url(dragonboat.png);
}
.midautumn {
 background:url(midautumn.png);
}
.eve {
    background: url(eve.png);
}
</style>
</head>
<body>
<p>div 部分</p>
<div class = "spring"></div>
<div class = "dragonboat"></div>
<div class = "midautumn"></div>
<div class = "eve"></div>
<p>span 部分</p>
<span class = "spring"></span><span class = "dragonboat"></span><span class = "midautumn">
</span><span class = "eve"></span>
</body>
</html>
```

（本知识点有对应讲解视频）

课堂小实践

题目 1：归纳出＜div＞标记与＜span＞标记的区别与联系。

题目 2：运用＜div＞标记与＜span＞标记写出"人民铁军"网站首页面的初步结构。

3. position 定位方式

在 CSS 中，定位是通过 position 属性实现的，它规定了 4 种定位方式，如表 4-3 所示。

表 4-3　position 属性值及描述

属性值	描述
static	默认值。盒子按照标准流进行布局
absolute	生成绝对定位的元素，相对于 static 定位以外的第一个父元素进行定位
relative	生成相对定位的元素，相对于其正常位置进行定位
fixed	固定定位，与绝对定位类似，相对于浏览器窗口进行定位

1）relative

relative 是相对定位，使用相对定位的盒子的位置常以标准流的排版方式为基础，之后使盒子相对于它在原本的标准位置偏移指定的距离。相对定位的盒子仍在标准流中，它后面的盒子仍以标准流方式对待它。

demo4-3/position. html

```
< div id = "parent">
    < div id = "sub1"> sub1 </div >
    < div id = "sub2"> sub2 </div >
</div >
```

在上面的代码中，sub1 和 sub2 是同级关系，若设定 sub1 的 position 值为 relative，如以下 CSS 代码所示。

```
♯ sub1
{
    position: relative;
    padding: 10px;
    border: 2px solid ♯ccc;
    top: 10px;
    left: 10px;
}
```

上述代码中，若未设置 relative 属性值，sub1 的位置按照正常的文档流处理，它应该处于某个位置。但当设置 sub1 的 position 为 relative 后，将根据 top，right，bottom，left 的值按照它理应所在的位置进行偏移，relative 的"相对"的意思也正体现于此，一旦设置后就按照它理应在的位置进行偏移。

若将 sub2 的 position 也设置为 relative，会产生什么效果？此时 sub2 和 sub1 一样，按照它原来应有的位置进行偏移。注意：relative 的偏移是基于对象的 margin 的左上侧。

2）absolute

absolute 是绝对定位，盒子的位置以它的包含块为基准进行偏移。绝对定位的盒子从标准流中脱离,即对其后的兄弟盒子的定位没有影响,其他的盒子就好像这个盒子不存在一样。绝对定位的规则描述如下。

（1）使用绝对定义的盒子以离它"最近"的一个"已经定位"的"祖先元素"为基准进行偏移。如果没有已经定位的祖先元素,那么会以 body 元素为基准进行定位。偏移的距离通过 top、left、bottom 和 right 属性确定。

（2）绝对定位的盒子从标准流中脱离,这意味着它们对其后的兄弟盒子的定位没有影响,其他的盒子就好像这个盒子不存在一样。

"已经定位"元素的含义是它的 position 属性被设置,并且被设置为不是 static 的任意一种方式;而当元素存在嵌套关系时,就会产生元素的父子关系,从任意节点开始,从父亲一直走到根节点,经过的所有节点都是它的"祖先";"最近"是指在一个节点的所有祖先节点中,找出所有"已经定位"的元素,其中距离该节点最近的一个节点。例如,父亲比祖父近,以此类推,"最近"的就是要找的定位基准。

3）fixed

fixed 是特殊的 absolute,即 fixed 总是以浏览器的可视窗口进行定位。一定要注意,只是以浏览器窗口为基准进行定位,也就是当拖动浏览器窗口的滚动条时,依然保持对象位置不变。该属性常用来设计网站顶部菜单随着滚动条移动位置而固定的效果。

4）static

position 的默认值,一般在不设置 position 属性时,会按照正常的文档流进行排列。

课堂小实践

题目 1：在页面中添加一个 id 为 father 的 div,并为 father 添加三个子元素,id 分别为 son1、son2、son3,为 4 个 div 添加合适的 padding、margin、boder、background 等,比较 son2 分别以 body 为基准的绝对定位与以 father 为基准进行定位的不同。

题目 2：在页面中添加一个 id 为 father 的 div,并为 father 添加三个子元素,id 分别为 son1、son2、son3,为 4 个 div 添加合适的 padding、margin、boder、background 等,设定 son2 相对定位,并写出相对定位与绝对定位的不同点。

4. float 浮动方式

1）CSS 浮动的几种方式

在标准文档流中,块级元素在水平方向会自动伸展,直到包含它的元素的边界,而在竖直方向和兄弟元素依次排列,不能并排。而使用"浮动"方式后,块级元素就可以左右移动了。float 属性值及描述见表 4-4。

表 4-4　float 属性值及描述

属性值	描　　　述
none	默认值,即"不浮动",也就是在标准流中的通常情况
left	左浮动,向其父元素的左侧靠紧
right	右浮动,向其父元素的右侧靠紧

下面案例中定义了 4 个＜div＞块,其中有 1 个外层的＜div＞,也称为"父块";另外 3 个是嵌套在它的里边,称为"子块"。为了便于观察,将各个＜div＞都加上了边框以及背景颜色,并且让各个＜div＞有一定的 margin 和 padding 值。

demo4-4/float0.html：

```
<!doctype html>
<html>
<head>
<meta charset = "utf - 8">
<title> float - none </title>
<style type = "text/CSS">
    #father{
      padding:25px;
      background - color:#CCC;
    }
    #son - 1, #son - 2, #son - 3{
      background - color:#900;
      padding:10px;
      margin:10px;
      color:#FFF;
      border:dashed #FFCC66 1px;
    }
    #son - 4{
      background - color:#F3C;
      padding:10px;
      border:#FF6 1px dashed;
    }
</style>
</head>
<body>
<div id = "father">
    <div id = "son - 1"> son - 1 <br> son - 1 </div>
    <div id = "son - 2"> son - 2 </div>
    <div id = "son - 3"> son - 3 <br> son - 3 <br> son - 3 <br> son - 3 <br> son - 3 <br> son - 3 </div>
    <p id = "son - 4">如果 4 个子元素都没有设置任何浮动属性,它们就是标准流中的盒子状态,在父块的里面,4 个子块各自向右伸展,竖直方向依次排列。</p>
</div>
</body>
</html>
```

无浮动时页面效果如图 4-6 所示。

为第 1 个子块设置 CSS 浮动属性,代码如下。

```
#son - 1{
  float:left;
}
```

效果如图 4-7 所示。可以看到,标准流中的 son-2 的文字在围绕着 son-1 排列,而此时 son-1 的宽度不再伸展,而是能容纳下内容的最小宽度。

若将 son-2 的 float 属性也设置为 left,此时效果如图 4-8 所示,可以看到,son-2 也变为根据内容确定宽度,并使 son-3 的文字围绕 son-2 排列。

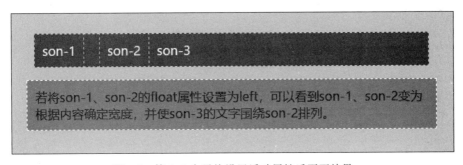

图 4-6　无浮动时页面效果

图 4-7　第 1 个子块设置浮动属性后页面效果

图 4-8　第 1、2 个子块设置浮动属性后页面效果

　　若将 son-3 也设置为向左浮动,效果如图 4-9 所示。可以看到,文字所在的 p 段落元素的范围,以及文字会围绕浮动的盒子排列。

　　前面将 3 个盒子都设置为向左浮动,而如果将 son-3 改为向右浮动,即属性值为 float: right,这时效果如图 4-10 所示。可以看到,son-3 移动到了最右端,文字段落盒子的范围没有改变,但文字变成了夹在 son-2 和 son-3 之间。

　　如果将 son-2 改为向右浮动,son-3 改为向左浮动,这时效果如图 4-11 所示。可以看到,布局没有改变,只是 son-2 和 son-3 交换了位置。

　　由此获得一个很有用的启示。通过使用 CSS 布局,可以在 HTML 不做任何改动的情况下调换盒子的显示位置。可以在写 HTML 的时候,通过 CSS 来确定内容的位置,而在

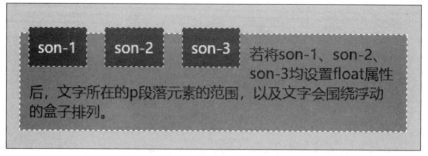

图 4-9 第 1、2、3 个子块设置浮动属性后页面效果

图 4-10 第 1、2 个子块左浮动,第 3 个子块右浮动页面效果

图 4-11 第 1、3 个子块左浮动,第 2 个子块右浮动页面效果

HTML 中确定内容的逻辑位置,可以把内容最重要的放在前面,相对次要的放在后面。这样在访问网页时,重要的内容就会先显示出来。

2) 去除浮动的方法

继续思考,3 个<div>子块依然都设置浮动属性,但增加了 son-2 和 son-3 的内容,此时效果如图 4-12 所示。若不希望后面的 p 元素受它们浮动的影响,该如何设置呢?

可以对文本段落增加一行对 clear 属性的设置,先将它设为左清除,也就是使这个段落的左侧不再围绕着浮动框排列,这时效果如图 4-13 所示,段落的上边界向下移动,直到文字不受左边的两个盒子影响为止,但它仍然受 son-2 右浮动的影响。

之后,再将 clear 属性设置为 right,效果如图 4-14 所示。由于 son-2 比较高,因此清除了右侧的影响,左侧自然也不会受影响了。

son-1
son-3
son-3
son-3
son-3
son-3
son-3
son-3
若将son-1、son-3设置为左浮动，将son-2改为右浮动，可以看到son-2移动到了最右端，文字段落盒子的范围没有改变，但文字变成了夹在son-1和son-3之间，增加了son-2、son-3的内容。
son-2
son-2
son-2
son-2
son-2
son-2
son-2
son-2
son-2

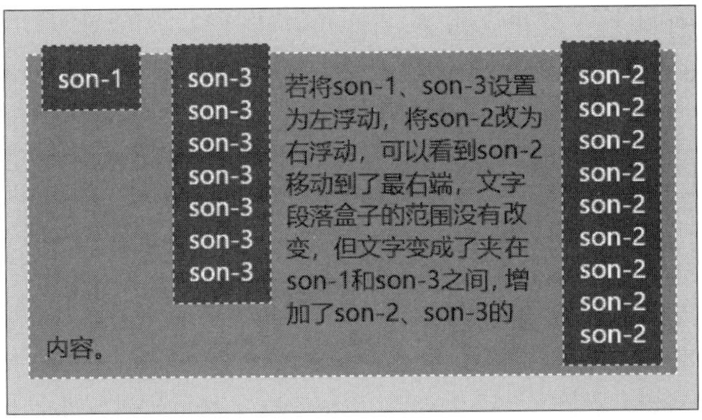

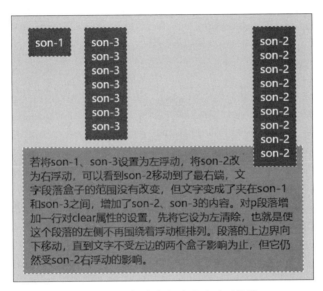

图 4-12　第 1、3 个子块左浮动，第 2 个子块右浮动，第 2、3 块内容增加后页面效果

son-1
son-3
son-3
son-3
son-3
son-3
son-3
son-3
son-2
son-2
son-2
son-2
son-2
son-2
son-2
son-2
son-2
若将son-1、son-3设置为左浮动，将son-2改为右浮动，可以看到son-2移动到了最右端，文字段落盒子的范围没有改变，但文字变成了夹在son-1和son-3之间，增加了son-2、son-3的内容。对p段落增加一行对clear属性的设置，先将它设为左清除，也就是使这个段落的左侧不再围绕着浮动框排列。段落的上边界向下移动，直到文字不受左边的两个盒子影响为止，但它仍然受son-2右浮动的影响。

图 4-13　添加清除左浮动后页面效果

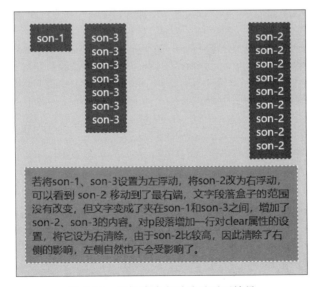

son-1
son-3
son-3
son-3
son-3
son-3
son-3
son-3
son-2
son-2
son-2
son-2
son-2
son-2
son-2
son-2
son-2
若将son-1、son-3设置为左浮动，将son-2改为右浮动，可以看到 son-2 移动到了最右端，文字段落盒子的范围没有改变，但文字变成了夹在son-1和son-3之间，增加了son-2、son-3的内容。对p段落增加一行对clear属性的设置，将它设为右清除，由于son-2比较高，因此清除了右侧的影响，左侧自然也不会受影响了。

图 4-14　添加清除右浮动后页面效果

关于 clear 属性有以下两点要说明。

（1）clear 属性除了可以设置为 left 或 right 之外，还可以设置为 both，表示同时消除左右两边的影响。

（2）对 clear 属性的设置要放到文字所在的盒子里（比如上例中在一个 p 段落的 CSS 设置中），而不要放到浮动盒子的设置里。

课堂小实践

在页面中添加一个 id 为 father 的＜div＞，并为 father 添加五个子元素，四个子＜div＞的 id 分别为 Box-1、Box-2、Box-3、Box-4，还有一个段落标记 id 为 Box-5，向段落标记中添加足够多的文字；为四个＜div＞和＜p＞添加合适的 padding、margin、boder、background 等，设计六个页面，分别体现标准流时，只有 Box-1 左浮动时，Box-1 和 Box-2 左浮动时，四个子 div 都左浮动时，Box-1 和 Box-2 左浮动、Box-3 和 Box-4 右浮动时，如何清除浮动对＜p＞标记的影响。

4.1.5 知识点检测

4.1.6 项目实现

通过项目分析和知识点学习，相信读者已能逐步完成"人民铁军"网站 index.html 页面的代码编写。参考代码如下。

HTML 部分：

```
< body >
< div id = "page">
  < ul id = "pictures">
    < li >< img src = "images/index_dunpai.jpg"/></li>
    < li >< img src = "images/index_yeting.jpg"/></li>
    < li >< img src = "images/index_heying.jpg"/></li>
    < li class = "last">< img src = "images/index_dazhang.jpg"/></li>
  </ul>
  < h1 >< span >人民铁军</span ></h1 >
  < h2 >朱德</h2 >
  < div id = "intro">
    < ul >
      < li >[< a href = "index.html">网 站 首 页</a>]</li>
      < li >[< a href = "origin.html">铁 军 由 来</a>]</li>
      < li >[< a href = "history.html">战 斗 历 程</a>]</li>
      < li >[< a href = "generals.html">铁 军 将 帅</a>]</li>
      < li >[< a href = "tenfisrt.html">十 个 第 一</a>]</li>
      < li >[< a href = "spirit.html">铁 军 精 神</a>]</li>
    </ul>
    < p >铁军是指中部战区 127 旅，是一支历史悠久、战功卓著的英雄部队，是中国共产党掌握的第一支武装力量，素有"铁军"之称。</p>
```

<p>听党指挥,忠于人民,坚贞不渝的铁的信念;不怕牺牲,敢于胜利,百折不挠的铁的意志;军民一致,官兵一致,牢不可破的铁的团结;令行禁止,执纪严明,秋毫无犯的铁的纪律;勇猛顽强,英勇善战,所向无敌的铁的作风。</p>
　　</div>
</div>
</body>

对应的 style. CSS 代码:

```
body {
    margin: 0;
    padding: 0;
    background - image: url(images/index_bg.jpg);
}
#page {
    width: 1260px;
    margin: 80px auto 0;            /* 左右外边距设置为 auto,水平居中 */
    position: relative;
    border:10px solid #6B080A;
    box - shadow: 5px 5px 3px #cccccc;
    padding: 15px;
    height: 570px;
}
#pictures {
    margin: 0;
    padding: 0;
    list - style - type: none;
}
#pictures li {
    float: left;
    padding: 4px;
}
/* 将最后一幅图像相对于原来位置向右偏移 300px */
#page .last {
    position: relative;
    left: 300px;
}
/* 将 h1 标题文字以图像显示,并基于 #page 绝对定位 */
#page h1 {
    background - image: url(images/index_logo.png);
    background - repeat: no - repeat;
    width: 500px;
    height: 176px;
    position: absolute;
    top: 280px;
    left: 180px;
}
/* 将 h1 标题文字、h2 标题文字隐藏 */
#page h1 span, #page h2 {
    display: none;
}
```

```
/ * 将 # intro 基于 # page 绝对定位 * /
# page # intro {
    width: 240px;
    position: absolute;
    left: 720px;
    top: 24px;
    font - size: 11px;
    font - family: Arial, Helvetica, sans - serif;
    line - height: 17px;
    text - align: center;
    z - index: 100;
}
# page # intro p {
    font - size: 1.5em;
    font - family: "微软雅黑";
    line - height: 28px;
    text - align: justify;
}
# page # intro ul {
    list - style - type: none;
    margin: 20px 0 0;
    padding: 0;
    font - size: 1.7em;
    font - family:"黑体;
}
# page # intro ul li a {
    text - decoration: none;
    color:#111111;
    font - weight:bolder;
    line - height: 28px;
    letter - spacing: 8px;
}
# page # intro ul li a:hover {
    color: #333;
}
```

4.1.7　项目总结

　　项目实施过程中,重点体会 div 和 span 在网页架构中的作用,理解 float 浮动方式带来的影响,熟练运用 position 定位方式中的 relative 定位和 absolute 定位;要特别注意 div 和 span 的不同点、position 值为 absolute 时如何确定定位的基准元素;对铁军精神有初步了解。

项目4.2　"人民铁军"网站"铁军由来"页面设计

4.2.1　项目描述

　　"人民铁军"网站"铁军由来"(origin.html)页面主要内容区域描述"铁军"称号的由来,侧边栏是两个铁军纪念馆的介绍,页面效果如图 4-15 所示。

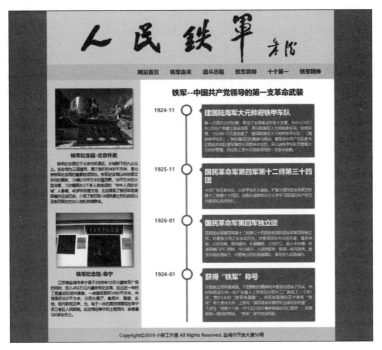

图 4-15 "人民铁军"网站"铁军由来"页面效果

4.2.2 项目分析

1. 页面整体结构

origin.html 页面结构是典型的固定宽度且居中的页面结构，如图 4-16 所示。

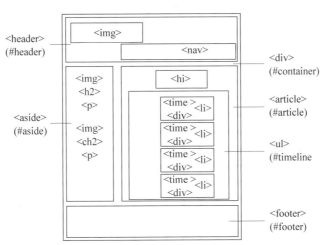

图 4-16 "人民铁军"网站"铁军由来"页面结构

2. 具体实现细节

页面< header >、< aside >、< article >和< footer >元素由< div >包裹起来，其中，< article >中的< ul >实现了铁军由来的时间线效果。具体细节如下。

（1）通过 div♯container 实现固定宽度且居中对齐的布局方式。

（2）ul♯timeline 代表了整个时间轴,每个 li 对应了时间轴上的每一个节点。li 元素包含事件的时间信息 time 和事件的标题和描述信息 div。

（3）整个 ul♯timeline 离左侧有一定的外边距,正好为时间点区域开辟空间。

（4）时间轴的时间点效果可以通过 li 元素的 before 伪元素实现。

（5）标题和描述信息的 div 左右的小三角形可以通过 div 元素的 after 伪元素实现。

（6）aside 区块由两个图、题、文元素组合组成。

4.2.3 项目知识点分解

由上述具体实现细节可知,该项目涉及的新知识点分解导图如图 4-17 所示。

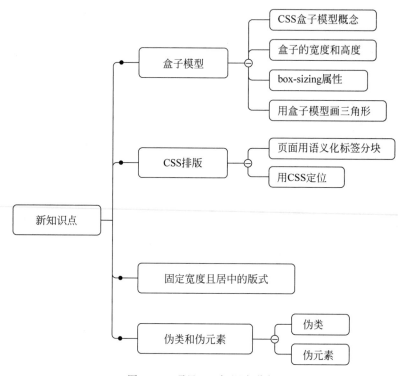

图 4-17　项目 4-2 知识点分解

4.2.4 知识点解析

1. 盒子模型

页面中的元素都可以看成是一个盒子,它占据着一定的页面空间。一般来说,这些被占据的空间往往都要比单纯的内容大,可以通过调整盒子的边框和距离等参数,来调节盒子的位置和大小。

一个页面由很多个盒子组成,这些盒子之间互相影响。掌握盒子模型需要从两方面来理解,一是理解一个孤立的盒子的内部结构,二是理解多个盒子之间的相互关系。

1) CSS 盒子模型概念

CSS 盒子模型又称框模型（Box Model）,包含元素内容（content）、内边距（padding）、边框（border）、外边距（margin）几个要素。元素框的最内部分是实际的内容,直接包围内容的是内边距。内边距呈现了元素的背景,内边距的边缘是边框。边框以外是外边距,外边距默认是透明的,因此不会遮挡其后的任何元素。背景应用于由内容和内边距、边框组成的区域,如图 4-18 所示。

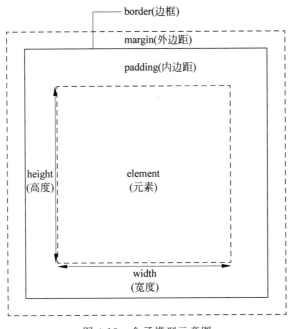

图 4-18　盒子模型示意图

其中:

margin,表示外边距,清除边框外的区域,外边距是透明的。

border,表示边框,围绕在内边距和内容外的边框。

padding,表示内边距,清除内容周围的区域,内边距是透明的。

content,表示盒子的内容,显示文本和图像。

2）盒子的宽度和高度

当指定一个 CSS 元素的宽度和高度属性时,仅是设置内容区域的宽度和高度。若要计算元素的完全大小,还必须添加填充、边框和边距,即:

元素框的总宽度＝元素(element)的 width＋padding 的左边距和右边距的值＋margin 的左边距和右边距的值＋border 的左右宽度

元素框的总高度＝元素(element)的 height＋padding 的上边距和下边距的值＋margin 的上边距和下边距的值＋border 的上下宽度

下面例子中的元素的总宽度为多少?

```
div {
    width: 300px;
    border: 25px solid green;
    padding: 25px;
    margin: 25px;
}
```

那么,总元素的宽度为:

300px(宽)+50px(左+右填充)+50px(左+右边框)+50px(左+右边距)=450px

盒子模型是 CSS 控制页面时一个非常重要的概念。只有很好地掌握盒子模型以及其中每个元素的用法,才能真正地控制好页面中的各个元素。

3) box-sizing 属性

box-sizing 属性允许以特定的方式定义匹配某个区域的特定元素。语法规则如下。

box-sizing : content-box|border-box|inherit;

(1) content-box:默认值,可以使设置的宽度和高度值应用到元素的内容框。盒子的 width 只包含内容。即总宽度＝margin+border+padding+width。

(2) border-box:设置的 width 值其实是除 margin 外的 border+padding+element 的总宽度。盒子的 width 包含 border+padding+内容。即总宽度＝margin+width。若一个 box 宽度为 100%,又想要两边有内间距,设置值为 border-box 很合适,第一符合直觉,第二可以省去一次又一次的加加减减,第三是让有边框的盒子正常使用百分比宽度。

(3) inherit:规定应从父元素继承 box-sizing 属性的值。

4) 用盒子模型画三角形

盒子模型分为四个模块:外边距(margin)、边框(border)、内边距(padding)和内容(content)。当内边距与内容宽和高都为 0 的时候,能显示的部分就只有边框。四个等腰直角三角形的案例代码如下。

demo4-5/four triangles. html:

```html
<!DOCTYPE html>
<html>
<head>
<title>four triangles</title>
<meta charset = "utf-8">
<style>
.triangle_four {
    width: 0;
    height: 0;
    border-width: 30px;
    border-style: solid;
    border-color: blue red green yellow;       /* 蓝 红 绿 黄 */
    margin: 40px auto;
}
</style>
</head>
<body>
<div class = "triangle_four"></div>
</body>
</html>
```

图 4-19　四个等腰直角三角形页面效果

此案例页面效果如图 4-19 所示。

这个案例中,内容、内外边距区域都为空,盒模型相当于被等宽的边框区域分成四个等腰直角三角形。此时,只需要将其他三个三角形都透明化,就可以显示出三角形的效果。

三角形的底边朝哪边就将那一个方向的 border-color 值设为想要的三角形颜色值；同时，三角形的尖朝哪个方向就把那个方向的 border-width 设为 0。下面的案例是生成朝上和朝左的两个红色三角形，代码如下。

```
<!DOCTYPE html >
< html >
< head >
< title > triangle </title >
< meta charset = "utf - 8">
< style >
.triangle_border_up {
    width: 0;
    height: 0;
    border - width: 0 30px 30px;
    border - style: solid;
    border - color: transparent transparent red;      /* 透明 透明 红 */
    margin: 40px auto;
    position: relative;
}
.triangle_border_left {
    width: 0;
    height: 0;
    border - width: 30px 30px 30px 0;
    border - style: solid;
    border - color: transparent red transparent transparent;      /* 透明 红 透明 透明 */
    margin: 40px auto;
    position: relative;
}
</style >
</head >
< body >
< div class = "triangle_border_up"></div >
< div class = "triangle_border_left"></div >
</body >
</html >
```

图 4-20 朝上和朝左两个红色三角形

此案例形成朝上和朝左两个三角形，页面效果如图 4-20 所示。

课堂小实践

画出朝右和朝下的两个绿色三角形。

2. CSS 排版

1）页面用语义化标签分块

CSS 排版需要设计者首先对页面有一个整体的框架规划，包括整个页面具体有哪些模块，各个模块之间的父子关系等。以最简单的框架为例，页面由 header、nav、aside、section、footer 组成，做最基本的背景和高度设置，对应代码如下。

demo4-6/CSS layout0：

```
<!doctype html >
< html >
```

```
< head >
< meta charset = "utf - 8">
< title >简单结构页面</title>
< style type = "text/CSS">
body {
    background: # ADA8A8;
    padding: 20px;
    text - align: center;
}
# header {
    background: # EFEBEB;
    height: 100px;
}
# navigation {
    background: # dddddd;
    height: 60px;
}
# sidebar {
    height: 250px;
    background: # eeeeee;
}
# main {
    background: # dddddd;
    height: 250px;
}
# footer {
    height: 80px;
    background: # EFEBEB;
}
</style >
</head >
< body >
< header id = "header"> header </header >
< nav id = "navigation"> navigation </nav >
< aside id = "sidebar"> sidebar </aside >
< section id = "main"> main </section >
< footer id = "footer"> footer </footer >
</body >
</html >
```

页面中所有元素在标准文档流中自上而下排放,效果如图 4-21 所示。

2) 用 CSS 定位

整理好页面的框架后便可以利用 CSS 对各个块进行定位,实现对页面的整体规划,再往各个模块中添加内容。适当调整 sidebar 与 section 的高度,改变 sidebar 与 section 的宽度为百分比数值,并利用 float 浮动方式将 sidebar 与 section 放在一行内,给 body 的每个子盒子增加 margin-bottom 与 padding,具体 CSS 代码如下。

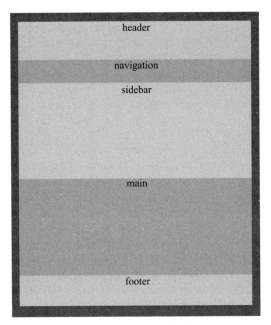

图 4-21　简单结构页面效果

demo4-6/CSS layout CSS 部分：

```css
< style type = "text/CSS">
body {
    background: #ADA8A8;
    padding: 20px;
    text - align: center;
}
#header {
    padding: 10px;
    background: #EFEBEB;
    height: 100px;
    margin - bottom: 10px;
}
#navigation {
    padding: 10px;
    background: #dddddd;
    height: 60px;
    margin - bottom: 10px;
}
#sidebar {
    width: 30%;
    height: 550px;
    float: left;
    background: #eeeeee;
    margin - bottom: 10px;
    padding: 10px;
}
#main {
    background: #dddddd;
    height: 550px;
```

```
        width: 65%;
        float: right;
        margin-bottom: 10px;
        padding: 10px;
    }
    #footer {
        clear: both;
        height: 70px;
        background: #E4E4E4;
        padding: 10px;
    }
</style>
```

页面效果图如图 4-22 所示。

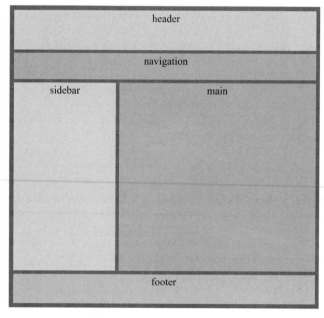

图 4-22　CSS 定位后页面效果

3. 固定宽度且居中的版式

宽度固定且居中是最经典的网页版式之一,可以通过以下两种方法来实现。

1) 方法一

首先,将所有页面内容用一个大的 div 包裹起来,以便整体统一控制。

demo4-7/Fixed-width and centered page layout. html HTML 部分:

```
<body>
<div id="container">
    <header id="header">header</header>
    <nav id="navigation">navigation</nav>
    <aside id="sidebar">sidebar</aside>
    <section id="main">main</section>
    <footer id="footer">footer</footer>
</div>
</body>
```

CSS 部分:

```
< style type = "text/CSS">
body {
    background: #ADA8A8;
    padding: 20px;
}
#container{
    width: 1200px;
    margin: 0 auto;        /* 该块与页面的上下边界距离为 0,左右自动调整,形成居中效果 */
    padding: 0;
    text - align: center;
    }
#header {
    padding: 10px;
    background: #EFEBEB;
    height: 100px;
    margin - bottom: 10px;
}
#navigation {
    padding: 10px;
    background: #dddddd;
    height: 60px;
    margin - bottom: 10px;
}
#sidebar {
    width: 340px;
    height: 550px;
    float: left;
    background: #eeeeee;
    margin - bottom: 10px;
    padding: 10px;
}
#main {
    background: #dddddd;
    height: 550px;
    width: 800px;
    float: right;
    margin - bottom: 10px;
    padding: 10px;
}
#footer {
    clear: both;
    height: 70px;
    background: #E4E4E4;
    padding: 10px;
}
</style>
```

首先,给#container 添加固定宽度值为 1200px;其次设置其 margin:0 auto;,margin 共有两个属性值,即第一个值"0"表示#container 与页面的上下边距为 0,第二个值"auto"

表示左右自动调整,在浏览器中水平居中;另外,♯sidebar 和 ♯main 的 width 和 padding-left、padding-right 都由上一个案例中的百分比值调整为具体的像素值,便于绝对控制宽度。

方法一的思路清晰明了,极易掌握。

2) 方法二

换一个思路思考固定宽度且居中的布局问题,对于 ♯container,设置完宽度和 padding 后,相对于自己向右移动到页面的 50%处,如图 4-23 所示;再用"margin-left:-600px;"即整个页面框架往回移动了一半的距离,如图 4-24 所示,从而实现了整体居中的页面效果。代码如下。

```
♯container{
    width: 1200px;
    padding: 0;
    position: relative;
    left: 50%;                          /* 该块相对于自己向右移动 50% */
    margin-left: -600px;                /* 该块往左拉回 600px */
    text-align: center;
}
```

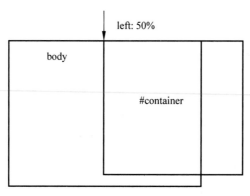

图 4-23　移动左边框至 50%处

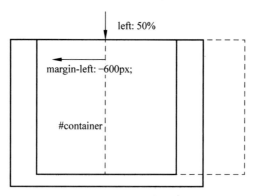

图 4-24　往回移动 ♯container 宽度的一半

4. 伪类和伪元素

前面学习的选择器,包括标记选择器、id 选择器、class 选择器、复合选择器、属性选择器等,都是直接从 HTML 文档的 DOM 树中获取元素。伪类和伪元素获取元素的途径不是基于 id、class 属性等基础的元素特征选择器,而是预定义的,且是独立于文档元素的,即是用来修饰不在文档树中的部分。正确地利用伪元素和伪类能够使 HTML 结构更清晰合理,也能在一定程度上减少 JS 对 DOM 的操作。

1) 伪类

伪类对元素进行分类是基于特征而不是它们的名字、属性或者内容;原则上,特征是不可以从文档树上推断得到的。伪类包括状态伪类和结构性伪类。

(1) 状态伪类

状态伪类是基于元素当前状态进行选择的。在与用户的交互过程中,元素的状态是动态变化的,因此该元素会根据其状态呈现不同的样式。当元素处于某状态时会呈现该样式,而进入另一状态后,该样式也会失去。在模块二的超链接知识点中讲解的伪类部分就属于状态伪类。

(2) 结构性伪类

结构性伪类是 CSS3 新增选择器,利用 DOM 树进行元素过滤,通过文档结构的互相关系来匹配元素,能够减少 class 和 id 属性的定义,使文档结构更简洁。常用的结构性伪类如表 4-5 所示。

表 4-5 常用的结构性伪类

伪 类 名	描　　述
:first-child	选择某个元素的第一个子元素
:last-child	选择某个元素的最后一个子元素
:nth-child()	选择某个元素的一个或多个特定的子元素
:nth-last-child()	选择某个元素的一个或多个特定的子元素,从该元素的最后一个子元素开始计算
:nth-of-type()	选择指定的元素
:nth-last-of-type()	选择指定的元素,从该元素的最后一个开始计算
:first-of-type	选择一个上级元素的第一个同类子元素
:last-of-type	选择一个上级元素的最后一个同类子元素
:only-child	选择的元素是它的父元素的唯一一个子元素
:only-of-type	选择一个元素的上级元素的唯一一个相同类型的子元素
:empty	选择的元素里面没有任何内容
:not	选择除某个元素之外的所有元素

下面通过两个案例说明 :first-child 与 :first-of-type 的区别。

demo4-8/first-child.html:

```html
<!doctype html>
<html>
<head>
<meta charset = "utf-8">
<title>first-child</title>
<style type = "text/CSS">
span:first-child {
    color: red;
}
p:first-child {
```

```
        color: red;
    }
    h1:first - child {
        color: red;
    }
    </style >
    </head >
    < body >
    < div >
       < span >第一个子元素</span >
       < p >第二个子元素</p >
       < h1 >第三个子元素</h1 >
       < p >第四个子元素</p >
    </div >
    </body >
    </html >
```

CSS 代码中,span:first-child 匹配到的是 span 元素,因为 span 元素是 div 的第一个子元素;而 p:first-child 匹配不到任何元素,因为这里两个 p 元素都不是 p 的第一个元素;h1:first-child 也匹配不到任何元素。所以,只有 span 中的文字呈现红色。页面效果如图 4-25 所示。

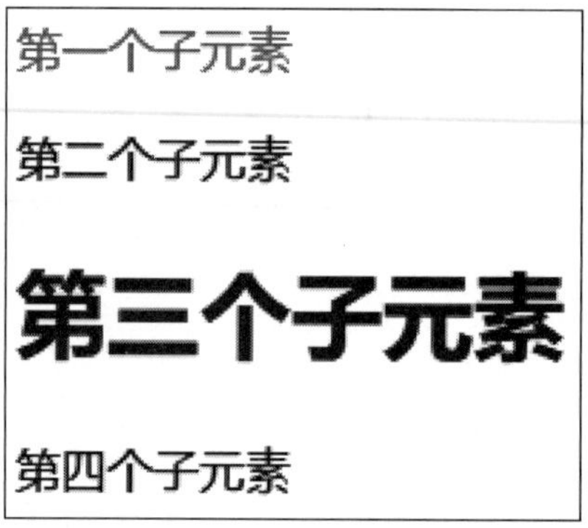

图 4-25 first-child. html 页面效果

demo4-8/first-of-type. html:

```
<!doctype html >
< html >
< head >
< meta charset = "utf - 8">
< title > first - of - type </title >
< style type = "text/CSS">
span:first - of - type {
    color: red;
}
p:first - of - type{
    color: red;
}
h1:first - of - type{
```

```
                color: red;
        }
    </style>
</head>
<body>
<div>
    <span>第一个子元素</span>
    <p>第二个子元素</p>
    <h1>第三个子元素</h1>
    <p>第四个子元素</p>
</div>
</body>
</html>
```

CSS 代码中, span: first-of-type 匹配到的是 span 元素, 因为 span 元素是 div 的所有类型为 span 的子元素的第一个; 而 p: first-of-type 匹配到的是第一个 p 元素, 因为这里的 p 元素是 div 的所有类型为 p 的子元素的第一个; h1: first-of-type 也匹配到的是 h1 元素。所以, 前三行的文字均呈现红色。页面效果如图 4-26 所示。

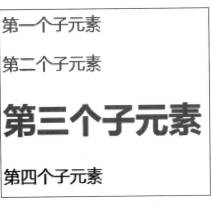

图 4-26　first-of-type.htm 页面效果

2) 伪元素

伪元素用于创建一些不在文档树中的元素, 并为其添加样式。它能选取某些元素前面或后面这种普通选择器无法完成的工作。控制的内容和元素是相同的, 但它本身是基于元素的抽象, 并不存在于文档结构中。常用的伪元素如表 4-6 所示。

表 4-6　常用伪元素

伪元素名	描　述	伪元素名	描　述
:first-letter	选择元素文本的第一个字(母)	:before	在元素内容的最前面添加新内容
:first-line	选择元素文本的第一行	:after	在元素内容的最后面添加新内容

伪元素其实也是一个行内元素, 完全可以把它们看成是一个行内元素的盒子, 使用伪元素必须添加 content: '' 属性。::before 和::after 这两个主要伪元素是用来给元素的前面或后面插入内容, 常和 content 配合使用, 可以实现很多效果, 下面仅列举其中两个。

(1) 清除浮动

如果父元素的所有子元素都是浮动的, 父元素的高度则无法撑开。可以通过对父元素添加 after 伪类撑开父元素高度,因为 after 就是其最后一个子元素,代码如下。

```
.clear:after {
    content: '';
    display: block;
    clear: both;
}
```

（2）画分割线

还可以实现分割线效果,代码如下。

```
<!doctype html >
< html >
  < head >
  < meta charset = "utf - 8">
  < title >分割线</title >
  < style type = "text/CSS">
* {
    padding: 0;
    margin: 0;
}
.spliter::before, .spliter::after {
    content: '';
    display: inline - block;
    border - top: 1px solid black;
    width: 200px;
    margin: 5px;
}
</style >
  </head >
  < body >
  < p class = "spliter">分割线</p >
</body >
</html >
```

课堂思考

分析概括伪类和伪元素各自的特点以及两者的不同点。

4.2.5 知识点检测

4.2.6 项目实现

通过项目分析和盒子模型、CSS 排版、固定宽度且居中布局以及伪类和伪元素等知识点学习,读者定能逐步理解并完成"人民铁军"网站"铁军由来"页面(origin. html)的代码编写。参考代码如下。

origin. html：

```html
<!DOCTYPE html>
<html>
<head>
<meta http-equiv="Content-Type" content="text/html; charset=utf-8"/>
<title>人民铁军-铁军由来</title>
<style>
body, html {
    margin: 0px;
    padding: 0px;
    text-align: center;
    background: rgba(131,128,128,.7);
    font-size: 16px;
}
#container {
    margin: 0px auto;                    /* 该块在页面中居中对齐 */
    padding: 0;
    width: 1040px;                       /* 该块固定宽度 */
    text-align: left;
    background: #e6eef8;
}
#header {
    margin: 0px;
    padding: 10px 0 0 0;
}
#nav {
    font-size: 1.2em;
    font-family: "微软雅黑";
    margin: 0;
    padding: 0px;
    background: rgba(131,128,128,.1);
    overflow: hidden;
}
#nav ul {
    list-style-type: none;
    padding: 0px;
    margin: 0px;
    width: 730px;
    float: right;                        /* 导航浮动在 #header 的右侧 */
}
#nav ul li {
    text-align: center;
    float: left;
    padding: 15px 20px;
}
#nav ul li a {
    text-decoration: none;
    color: rgba(5,79,209,.8);
    font-weight: bold;
}
#aside {
    text-align: center;
    font-size: 12px;
```

```
        width: 340px;
        float: left;                          /* 侧边栏向左浮动 */
        padding - top: 30px;
        margin: 0px;
    }
    #aside img {
        border: 0;
        box - shadow: 3px 3px 5px #999999;
    }
    #aside h2 {
        color: rgba(69,65,65,1.00);
        margin - top: 10px;
        margin - bottom: 0;
    }
    #aside p {
        margin - top: 0;
        margin - bottom: 20px;
        padding: 10px;
        text - indent: 26px;
        text - align: justify;
        font - size: 1.1em;
        line - height: 1.5em;
    }
    #article {
        font - size: 12px;
        float: left;                 /* 主要内容区域也向左浮动,与 #aside 在一行显示 */
        width: 700px;
        padding: 5px 0px 0px 0px;
        margin: 0px;
        background: #ffffff;
    }
    #article > h2 {                          /* #article 的子元素 h2 */
        text - align: center;
        color: rgba(69,65,65,1.00);
        font - size: 2.2em;
        margin - bottom: 25px;
    }
    /* 呈现为可视化的时间轴效果 */
    #article #timeline {
        margin - left: 23%;             /* #timeline 在 #article 左侧的 23% 处 */
        border - left: 6px solid rgba(131,128,128,.6);   /* 呈现为 6px 宽、浅蓝色的左侧边框,作为
时间轴的时间线 */
    }
    #article #timeline li {
        list - style: none;
        width: 85%;
        position: relative;
    }
    #article #timeline li::before {   /* 为每个 li 元素创建::before 伪元素,在其中绘制圆,圆的
填充色为白色,边框为淡蓝色 */
        content: '';
```

```css
    display: block;
    border - radius: 50 % ;
    background: #ffffff;
    width: 30px;
    height: 30px;
    border: 5px solid #85aadf;
    position: absolute;
    left: - 62px;
    top: 0;
}
#article #timeline li time {
    position: absolute;
    left: - 50 % ;                /* 具体的时间绝对定位于列表左侧 - 50 % 处 */
    top: 8px;
    width: 30 % ;
    font - size: 1.5em;
    color: #85aadf;
    font - weight: bold;
    text - align: right;
}
#article .timeline - content {
    margin: 0 0 20px 3 % ;
    background: #85aadf;
    color: #FFF;
    text - align: justify;
    font - size: 1.1em;
    line - height: 1.5em;
    padding: 5px 10px;
    border - radius: 4px;
    position: relative;
}
#article .timeline - content h3 {
    font - size: 1.8em;
    line - height: 1.2em;
    margin: 10px 0;
}
#article .timeline - content::after {   /* 为每个 div 元素创建::after 伪元素,在其中绘制淡蓝色三角形 */
    content: '';
    width: 0;
    height: 0;
    border - width: 10px;
    border - style: solid;
    border - color: transparent #85aadf transparent transparent;
    position: absolute;
    left: - 20px;
    top: 12px;
}
```

```css
#footer {
    clear: both;
    font - size: 1em;
    width: 100 % ;
    padding: 15px 0px;
    text - align: center;
    margin: 0px;
    background - color: rgba(131,128,128,.1);
}
</style>
</head>
<body>
<div id = "container">
    <header id = "header"><img src = "images/logo.png" ></header>
    <nav id = "nav">
        <ul>
            <li><a href = "index.html">网站首页</a></li>
            <li><a href = "origin.html">铁军由来</a></li>
            <li><a href = "history.html">战斗历程</a></li>
            <li><a href = "generals.html">铁军将帅</a></li>
            <li><a href = "tenfisrt.html">十个第一</a></li>
            <li><a href = "spirit.html">铁军精神</a></li>
        </ul>
    </nav>
    <aside id = "aside">
        <img src = "images/origin_jng - hr.jpg" class = "pic1">
        <h2>铁军纪念园 - 北京怀柔</h2>
        <p>铁军纪念园位于北京市怀柔区、长城脚下的九公山上。纪念馆为三层建筑,展厅面积约 400
平方米,是北京铁军纪念园的重要组成部分。铁军纪念馆以 66 块图文并茂的展板、10 幅 270 平方米
的屋顶图、50 平方米的大型油画、720 幅照片 2000 多人物组成的"华中人民的长城"人像墙、40 多件
珍贵文物,生动展现了新四军艰难辉煌的征战历史,介绍了新四军 18 场英勇壮烈的战役以及新四军
的杰出人物和英雄群体。</p>
        <img src = "images/origin_jng - fn.jpg" class = "pic1">
        <h2>铁军纪念馆 - 阜宁</h2>
        <p>江苏省盐城市阜宁县于 2008 年 10 月兴建铁军广场的同时,投入 450 万元兴建铁军纪念馆,
经过近一年的工程建设和资料搜集,一座建筑面积 1000 平方米、布馆面积 603 平方米,分四大展厅,
集照片、雕塑、实物、现代影视及声、光、电于一体的展览馆展现在阜宁百万老区人民面前。纪念馆在
阜宁烈士陵园内,安息着 500 多名烈士。</p>
    </aside>
    <article id = "article">
        <h2>铁军 -- 中国共产党领导的第一支革命武装</h2>
        <ul id = "timeline">
            <li>
                <time datetime = "1924 - 11">1924 - 11 </time>
                <div class = "timeline - content">
                    <h3>建国陆海军大元帅府铁甲车队</h3>
                    <p>第一次国共合作时期,推动了全国革命形势大发展。孙中山 1923 年 2 月在广州建立
革命政权,再任陆海军大元帅统率各军。经他同意,1924 年 11 月底组建了"建国陆海军大元帅府铁
```

甲车队"(简称铁甲车队),其所属成员的配备与调动,都是由中共广东区委书记陈延年和区委军事部长周恩来决定的,所以说铁甲车队尽管属大元帅府管辖,但实际上是中共直接领导的一支革命武装。</p>

```
            </div>
        </li>
        <li>
            <time datetime = "1925 - 11">1925 - 11</time>
            <div class = "timeline - content">
                <h3>国民革命军第四军第十二师第三十四团</h3>
                <p>中共广东区委决定,以铁甲车队为基础,扩编为国民革命军第四军第十二师第三十四
团,由刚从莫斯科东方大学学习回国的共产党员叶挺担任该团团长。</p>
            </div>
        </li>
        <li>
            <time datetime = "1926 - 01">1926 - 01</time>
            <div class = "timeline - content">
                <h3>国民革命军第四军独立团</h3>
                <p>国民革命军第四军第十二师第三十四团改称国民革命军第四军独立团,叶挺独立团
之名由此而生。叶挺率团作为北伐先锋,孤军突前,讨伐军阀,首战碌田,长驱醴陵,力克平江,直入中
伙铺,奇袭鄂南门户汀泗桥,夺占咸宁,大战贺胜桥,取得一系列战绩。直至兵临武昌城下,叶挺独立
团组成奋勇队,率先攻入武昌城内。</p>
            </div>
        </li>
        <li>
            <time datetime = "1926 - 01">1926 - 01</time>
            <div class = "timeline - content">
                <h3>获得"铁军"称号</h3>
                <p>叶挺独立团英勇顽强、不怕牺牲的精神和卓著战功感染了民众,当时旅居武汉的一些
广东籍人士特意在汉阳兵工厂铸造了一个高 1 米、宽 0.5 米的"铁军铁盾牌"。铁军铁盾牌的正中铸
有"铁军"两个隶书大字,上款写"国民革命军第四军全体同志作鉴",下款写"民国十六年一月十五日
武汉粤侨联谊社同仁敬贺";背面刻有一首四言赞词。"铁军"称号自此而起。</p>
            </div>
        </li>
    </ul>
</article>
```
<footer id = "footer">Copyright © 2019 小新工作室 All Rights Reserved. 盐城市开放大道50号</footer>
```
</div>
</body>
</html>
```

4.2.7　项目总结

项目实施过程中,主要掌握固定宽度且居中布局两种方式,以及时间线效果的实现方法;要特别注意时间轴中时间线的位置、时间的位置的实现方法,以及利用伪元素绘制圆和三角形的方法;搜集、整理铁军由来的相关素材,领会百折不挠、艰苦奋斗正是铁军精神的基石。

4.2.8　能力拓展

模仿如图 4-27 所示页面的布局方式,设计"课程学习汇报交流"网站首页。

图 4-27 "课程学习汇报交流"网站首页效果

项目 4.3 "人民铁军"网站"战斗历程"页面设计

4.3.1 项目描述

"人民铁军"网站"战斗历程"页面(history.html)主要内容区域主要从"长征途中""抗日战争"和"解放战争"三个阶段描述铁军的战斗历程,页面效果如图 4-28 所示。

4.3.2 项目分析

1. 页面整体结构

history.html 页面结构是上中下的页面结构,如图 4-29 所示。

2. 具体实现细节

页面由< header >、< article >和< footer >元素组成,其中,< article >由七个< section >组成。具体细节如下。

(1) 第一、四、六个< section >仅包含四个文字。

(2) 第二个< section >均分为三列,每列中都由一幅图像和一个标题文字组成。

(3) 第三个< section >包含两列,一列是将均分为三列的其中两列合并。

图 4-28 "人民铁军"网站"战斗历程"页面效果

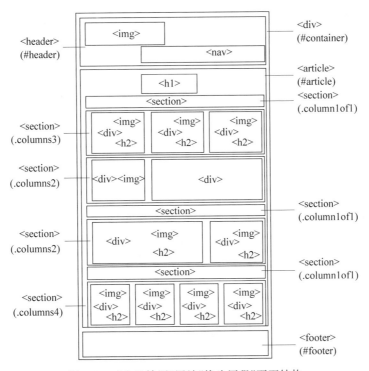

图 4-29 "人民铁军"网站"战斗历程"页面结构

（4）第五个＜section＞包含两列，一列是将均分为四列的其中三列合并而成。

（5）第七个＜section＞均分为四列，每列中都由一幅图像和一个标题文字组成。

4.3.3 项目知识点分解

由上述具体实现细节可知，该项目主要涉及的知识点就是多行多列的布局。考虑到在实际网页布局中还会碰到复杂的图像、标题和文字组合布局问题，本项目中还讲解了图题文布局以及格子布局。

本项目知识点导图如图 4-30 所示。

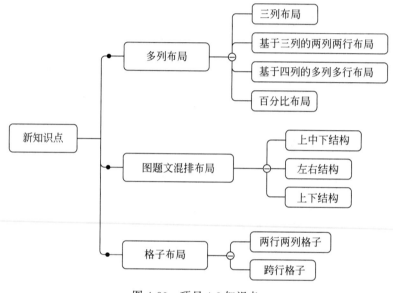

图 4-30　项目 4-3 知识点

4.3.4 知识点解析

1. 多列布局

两列布局是较为简单的布局方式，三列、四列、六列甚至更多列的布局如何实现？

1）三列布局

下面的案例中使用三列布局，页面中还包括＜header＞、＜nav＞和＜footer＞，如图 4-31 所示。

为了便于对页面元素进行控制，添加了两个用于包裹子元素的＜div＞，其中，HTML 部分代码如下。

```
< body >
< div id = "frame" >
  < div id = "page">
    < header id = "header"> header </header >
    < nav id = "navigation"> navigation </nav >
    < div class = "column1of3" > column 1 of 3 </div>
    < div class = "column2of3" > column 2 of 3 </div>
    < div class = "column3of3" > column 3 of 3 </div>
```

```
        < footer id = "footer"> footer </footer >
    </div >
</div >
</body >
</html >
```

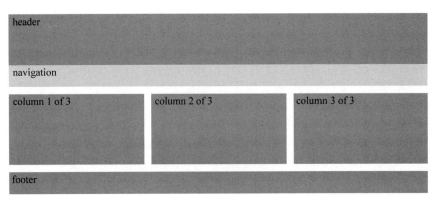

图 4-31　三列布局效果

首先编写< body >和两个< div >元素的样式规则,规定 div♯frame 的宽度及对齐方式,规定 div♯page 的内边距,代码如下。

```
body {
    margin: 0px;
    font - family: arial, verdana, sans - serif;
    text - align: center;
    font - size: 20px;
}
♯ frame {
    margin - left: auto;
    margin - right: auto;
    text - align: left;
    width: 1200px;
    background: ♯ 036;
}
♯ page {
    padding: 0px 10px 10px 10px;
    background - color: ♯ ffffff;
}
```

由于< header >、< nav >和< footer >占满 div♯page 的整个宽度,因此不需要为它们指定宽度(默认宽度值为 100%)。设置它们的 background-color、height 与 padding 属性,另外特别设置♯footer 的 clear 属性,确保其位于列的底部,以及使用 border 属性,在其顶部创建了和上面元素的间隔。代码如下。

```
♯ header {
    background - color: ♯ cccccc;
    height: 120px;
    padding: 10px;
```

```
}
# navigation {
    background - color: # efefef;
    height: 40px;
    padding: 10px;
}
# footer {
    background - color: # cccccc;
    height: 40px;
    padding: 10px;
    clear: both;
    border - top: 20px solid # ffffff;
}
```

最后,是处理页面中的三列。为了使这三列能完美呈现,首先运用了 float 属性,其次恰当地设置了三列的 width、padding 以及 margin-right 等属性。具体代码如下。

```
.column1of3, .column2of3, .column3of3 {
    float: left;
    background - color: # cccccc;
    padding: 10px;
    width: 360px;
    margin - top: 20px;
    height: 173px;
}
.column1of3, .column2of3 {
    margin - right: 20px;
}
```

此案例中,三列盒子的宽度计算方法如下。

(1200(总宽度)−10×2(#page 的左右 padding)−20×2(左侧两列盒子的右外边距)−20×3(三列盒子的左右 padding))/3=360px

在设置具体元素的 width、padding 和 margin 时应该取适当的值,使其总和等于 div#frame 的宽度。

2) 基于三列的两列两行布局

上面的案例是三列布局,还可以将其中的两列合并为一列,可以是左侧两列合并,也可以是右侧两列合并。页面效果如图 4-32 所示。

此案例与上一个案例类似,只需简单地修改代码。只使用两列时,每行使用两个 div 代表两列。未合并的那一列 width 和 padding 等相关属性未发生变化,合并后的那一列宽度应等于原来每列宽度的二倍、其中一列的左右 padding 及原其中一列 margin-right 的和。

HTML 部分代码如下。

```
< body >
< div id = "frame">
    < div id = "page">
        < header id = "header"> header </header >
        < nav id = "navigation"> navigation </nav >
        < div class = "columns1and2of3" > column 1 and 2 of 3 </div>
```

```
    < div class = "column3of3" > column 3 of 3 </div >
    < div class = "column1of3" > column 1 of 3 </div >
    < div class = "columns2and3of3" > columns 2 and 3 of 3 </div >
    < footer id = "footer" > footer </footer >
</div >
</div >
</body >
```

部分 CSS 关键代码如下。

```
.column1of3, .column3of3 {
    float: left;
    width:360px;
    background - color: #cccccc;
    padding: 10px;
    margin - top: 20px;
    height: 173px;
}
.columns1and2of3, .columns2and3of3 {
    float: left;
    width: 760px;
    background - color: #cccccc;
    padding: 10px;
    margin - top: 20px;
    height: 173px;
}
.column1of3,.columns1and2of3 {
    margin - right: 20px;
}
```

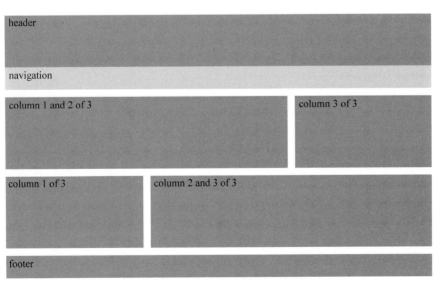

图 4-32　由三列衍生的两列两行布局效果

3）基于四列的多列多行布局

还可以设计四列布局，根据前面两个案例的计算方法，若 div # frame 的 width 仍为

1200px，则四列布局时每列的 width 为 260px；四列布局可以合并其中两列呈现为三列布局的效果；还可以合并其中三列呈现为两列布局效果，如图 4-33 所示。

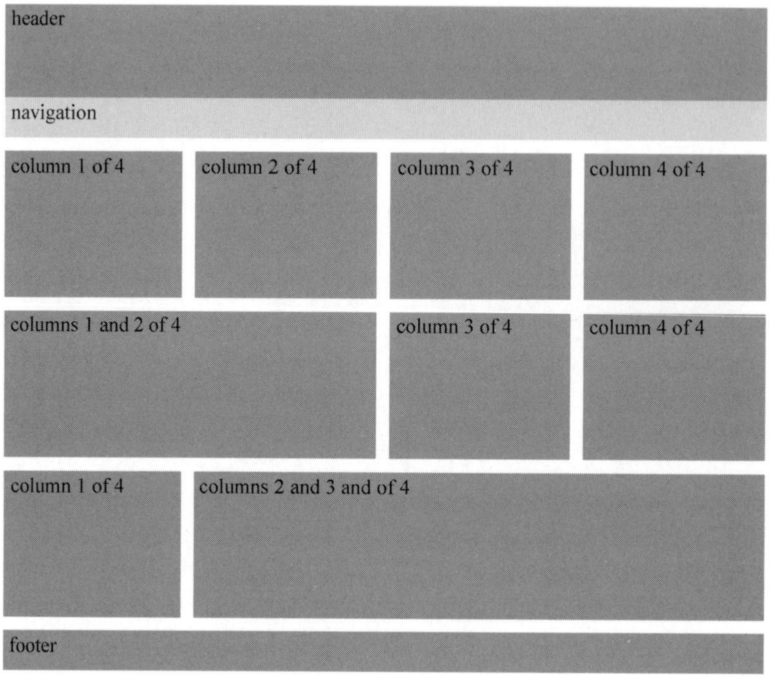

图 4-33　由四列衍生的多列多行布局效果

具体代码如下。

```
<!doctype html>
<html>
<head>
<meta charset = "utf-8">
<title>Forur-Column Layout</title>
<style type = "text/CSS">
body {
    margin: 0px;
    font-family: arial, verdana, sans-serif;
    text-align: center;
    font-size: 20px;
}
#frame {
    margin-left: auto;
    margin-right: auto;
    text-align: left;
    width: 1200px;
    background: #036;
}
#page {
    padding: 0px 10px 10px 10px;
    background-color: #ffffff;
}
```

```
# header {
    background - color: # cccccc;
    height: 120px;
    padding: 10px;
}
# navigation {
    background - color: # efefef;
    height: 40px;
    padding: 10px;
}
# footer {
    background - color: # cccccc;
    height: 40px;
    padding: 10px;
    clear: both;
    border - top: 20px solid # ffffff;
}
.column1of4, .column2of4, .column3of4, .column4of4 {
    float: left;
    width:260px;
    background - color: # cccccc;
    padding: 10px;
    margin - top: 20px;
    height: 200px;
}
.columns1and2of4 {
    float: left;
    width: 560px;
    background - color: # cccccc;
    padding: 10px;
    margin - top: 20px;
    height: 200px;
}
.columns2and3and4of4 {
    float: left;
    width: 860px;
    background - color: # cccccc;
    padding: 10px;
    margin - top: 20px;
    height: 200px;
}
.column1of4, .column2of4, .column3of4, .columns1and2of4 {
    margin - right: 20px;
}
</style>
</head>
< body >
< div id = "frame" >
  < div id = "page">
    < header id = "header"> header </header >
    < nav id = "navigation"> navigation </nav >
```

```
< div class = "column1of4"> column 1 of 4 </div >
< div class = "column2of4"> column 2 of 4 </div >
< div class = "column3of4"> column 3 of 4 </div >
< div class = "column4of4"> column 4 of 4 </div >
< div class = "columns1and2of4"> columns 1 and 2 of 4 </div >
< div class = "column3of4"> column 3 of 4 </div >
< div class = "column4of4"> column 4 of 4 </div >
< div class = "column1of4"> column 1 of 4 </div >
< div class = "columns2and3and4of4"> columns 2 and 3 and 4 of 4 </div >
< footer id = "footer"> footer </footer >
    </div >
</div >
</body >
</html >
```

当然，两列、三列、四列等布局中，还可以根据需求设置每一列的具体宽度以达到实际页面效果。

4）百分比布局

前面三个案例都是固定宽度的多列布局，还可以使用百分比来指定各列的宽度。下面案例中去除两个用来包裹的 div 元素，在 body 中直接包含< header >、< nav >和< footer >及三列，HTML 代码如下。

```
< body >
< header id = "header"> header </header >
< nav id = "navigation"> navigation </nav >
< div class = "column1of3"> column 1 of 3 </div >
< div class = "column2of3"> column 2 of 3 </div >
< div class = "column3of3"> column 3 of 3 </div >
< footer id = "footer"> footer </footer >
</body >
```

不需为< header >、< nav >和< footer >指定宽度，默认它将占据页面整个宽度，但可以为其设置 margin-left 和 margin-right，以使它们与页面两侧留有一定的空白。具体 CSS 代码如下。

```
# header {
    background - color: # cccccc;
    height: 120px;
    margin: 0 1% ;
}
# navigation {
    background - color: # efefef;
    height: 40px;
    margin: 0 1% ;
}
# footer {
    background - color: # cccccc;
    height: 40px;
    margin: 0 1% ;
    clear: both;
```

```
    border-top: 20px solid #ffffff;
}
```

下面是三列的 width、margin 等属性的设置。若将三列的 margin-left 与 margin-right 均设置为 1%，取消三列的 padding，则每一列的宽度是(1−2%×3)/3 约等于 31.3%。具体代码如下。

```
.column1of3, .column2of3, .column3of3 {
    float: left;
    width: 31.3%;
    background-color: #cccccc;
    margin: 20px 1% 0;
    height: 260px;
}
```

使用百分比布局的优点是，页面中的元素会随着浏览器宽度变化而等比例变化；但使用百分比布局的缺点是，因为用户可以自由伸缩布局框中的宽度，所以列中的文本可能会变得太长或太短以至于不能阅读；同时，如果框太小，任何固定宽度的元素（如图像）可能会超出框的范围。对于这个问题，可以使用 min-width 与 max-width 来控制其范围。但一旦指定了 min-width 属性，如果将页面宽度收缩得很小，可能会发现其中一列或两列被挤到下一行，可以将这三列放置到一个包含元素中，并为容器设置最小宽度，即足够容纳这包含列的最小宽度。

课堂小实践

设计由六列衍生的多行多列布局页面。

2. 图题文混排布局

几乎每一个网页中都有一个焦点区域，主要用于宣传或描述网页所要展现的主要内容、表达的主要精神，这一区域被称为主角单元(Hero Unit)，它们主要是由图、标题和说明文字混排构成。图题文混排主要有上中下、左右和上下三种结构。

1) 上中下结构

图、标题、文字对应的 HTML 代码如下。

```
<div class="description">
  <img src="railway.jpg" alt="第一条自主修建的铁路——京张铁路">
  <h1>第一条自主修建的铁路——京张铁路</h1>
  <p>京张铁路为詹天佑主持修建并负责的铁路,它连接北京丰台区,经八达岭、居庸关、沙城、宣化
等地至河北张家口,全长约 200 千米,1905 年 9 月开工修建,于 1909 年建成,是中国首条不使用外国
资金及人员,由中国人自行设计、投入营运的铁路。这条铁路工程艰巨。现称为京包铁路,以前的京
张段为北京至包头铁路线的首段。京张铁路是袁世凯在清政府排除英国、俄国等殖民主义者的阻
挠,委派詹天佑为京张铁路局总工程师(后兼任京张铁路局总办)修建的。2009 年是京张铁路一百年
纪念,现代京张铁路沿线围绕旅游主题开发,有关方面还将京张铁路申报为文物保护单位。2018 年 1
月,京张铁路入选第一批中国工业遗产保护名录。另外,京张铁路的姊妹铁路"京张高铁"已于 2019
年 12 月 30 日开通运营。</p>
</div>
```

再指定 div.description 的宽度、高度、背景色、外边距、内边距以及它内部子元素的对齐方式。

```
.description{
    width:1100px;
    height:480px;
    background: #2980B9;
    margin: 0 auto;
    padding:45px 60px;
    text-align: center;
box-sizing:border-box;
}
```

设置了内边距之后,它的宽度和高度都超过了原来所设置的大小,其解决方法是设置 div.description 的 box-sizing 属性为 border-box,即把它的 borders 和 padding 全都包含在定义的宽高里面,而不会改变其大小。

接着,为图、标题和文字做细节优化,代码如下。

```
h1{
    color:#fff;
    margin:15px auto;
}
img{
    box-shadow: 3px 3px 3px #eeeeee;
}
p{
    color:rgba(255,255,255,.7);        /* 文字为带有 70% 透明度的白色 */
    line-height: 24px;
    text-align: left;
}
```

页面效果如图 4-34 所示。

图 4-34　上中下结构页面效果

2) 左右结构

若需将上中下的布局变成左图右文布局,并使得图和所有文字在垂直方向上都居中,如图 4-35 所示,设计方法如下。

图 4-35　左图右文结构页面效果

首先,将图片和文字分为两大区块,即用一个 div 将 h1 和 p 包裹起来,代码如下。

```
< div class = "description" >< img src = "railway. jpg" alt = "第一条自主修建的铁路——京张
铁路">
  < div class = "content">
    < h1 >第一条自主修建的铁路——京张铁路</h1 >
    < p >京张铁路为詹天佑主持修建并负责的铁路,它连接北京丰台区…</p >
  </div >
</div >
```

其次,要实现期望的效果,比较便捷的方式是利用绝对定位。而要设置子元素绝对定位,需先将其父元素的 position 属性值设为 relative。代码如下。

```
.description {
    / * 其他代码 * /
    position: relative;
}
```

第三,设置图片和文字两大区块垂直居中。可以先将其 top 属性设置为 50%,即垂直方向上位于中点,再通过 transform 属性在 y 方向上向上偏移 50%,即向上移动到其高度的一半,进而实现垂直方向上的居中对齐;再分别设置它们水平方向的位置。全部 CSS 代码如下。

```
body {
    margin: 50px;
    font - family: sans - serif;
}
.description {
    width: 1100px;
    height: 480px;
    background: ♯2980B9;
    margin: 0 auto;
    padding: 45px 60px;
    box - sizing: border - box;
    position: relative;
}
```

172

```
img,.content {
    position: absolute;
    top: 50%;
    transform: translateY( - 50%);
}
.content {
    left: 35%;
    width: 55%;
}
.content h1 {
    color: #fff;
    margin: 15px auto;
}
img {
    box - shadow: 3px 3px 3px #eeeeee;
    left:5%;
}
.content p {
    color: rgba(255,255,255,.7);     /*文字为带有70%透明度的白色*/
    line - height: 24px;
    text - align: justify;
}
```

此时,只需改变图、文两大区块的 left 属性值,就可以很方便地将图片切换到文字右侧显示,代码如下。

```
.content {
    left: 5%;
    /*其他代码*/
}
img {
    /*其他代码*/
    left:65%;
}
```

此时页面效果如图 4-36 所示。

图 4-36　左文右图结构页面效果

3）上下结构

使用绝对定位,还可以方便地制作出更个性化的布局方式。如图 4-36 所示的上下结构,即标题显示在上方,图表和说明文字显示在下方并左右排列,可采用多种方法实现,下面仅提供其中一种 CSS 代码。

```
< style type = "text/CSS">
body {
    margin: 50px;
    font - family: sans - serif;
}
.description {
    width: 1100px;
    height: 480px;
    background: #2980B9;
    margin: 0 auto;
    padding: 45px 60px;
    box - sizing: border - box;
    position: relative;
}
img{
    position: absolute;
    top: 50%;
    transform: translateY( - 50%);
}
.content {
    left: 5%;
    width: 80%;
}
.content h1 {
    color: #fff;
}
img {
    box - shadow: 3px 3px 3px #eeeeee;
    left:5%;
}
.content p {
    color: rgba(255,255,255,.7);       /* 文字为带有 70% 透明度的白色 */
    line - height: 26px;
    position: absolute;
    left: 32%;
    width: 60%;
    text - align: justify;
}
```

此案例的页面效果如图 4-37 所示。

课堂小实践

设计上下结构的图题文布局,其中,下边左侧为说明文字,右侧为图像。

图 4-37　上下结构页面效果

3. 格子布局

在页面中使用格子布局,可将多组图文元素简洁而有序地排版,这种布局方式颇受各网站的青睐。

1) 两行两列格子

如何制作一个格子布局页面呢?

先准备 HTML 部分:

```html
<section>
  <article>
    <h3>大纵湖大闸蟹</h3>
    <p>蟹个体硕大,壳青肚白,肉质细嫩,唇口留香。</p>
    <img src = "Picture_img_eat1.jpg" alt = "image of Crab">
  </article>
  <article>
    <h3>伍佑醉螺</h3>
    <p>酒香浓郁、咸甜适宜、清脆爽口、细嫩鲜美</p>
    <img src = "Picture_img_eat2.jpg" alt = "image of Snail">
  </article>
  <article>
    <h3>建湖藕粉圆</h3>
    <p>形似鸽蛋,色泽棕红,质地软糯,入口甜爽。</p>
    <img src = "Picture_img_eat3.jpg" alt = "image of Lotus">
  </article>
  <article>
    <h3>蟹黄包</h3>
    <p>皮薄、鲜香,汤到口中,不咸不淡,味道适中。</p>
    <img src = "Picture_img_eat4.jpg" alt = "image of Bun">
  </article>
</section>
```

以上代码包含一个 section 元素,在其中包含四个 article 元素,分别对应四个格子。每个格子里均包含 h3、p 和 img 三种元素,分别对应美食的标题、说明文字和对应图片。

要将四个 article 呈现为两行两列的格子布局,首先为所有格子设定各自的宽度,同时设置格子中的图像样式,图像代码如下。

```
section{
    width:600px;
}
article{
    box - sizing:border - box;
    width:300px;
    height:300px;
    padding:20px;
    text - align:center;
    float:left;
}
article img{
    width:75 % ;
    border - radius: 50 % ;
    border: 7px solid rgba(0,0,0,.1);
}
```

此时,格子布局大体完工,只剩下格子框线的设计。但是若设置所有格子框线为 1px 粗细,在两个格子的相交处框线会变为 2px,影响格子的美观。可以先为每个格子增加右侧和下侧的边框,代码如下。

```
article{
    border - bottom:1px solid rgba(0,0,0,.4);
    border - right:1px solid rgba(0,0,0,.4);
}
```

这时,整个格子的左侧和顶部还没有框线,左侧框线可以通过为奇数列的格子设置左边框来实现,代码如下。

```
article:nth - child(odd){
    border - left: 1px solid rgba(0,0,0,0.4);
}
```

目前,整个格子区域没有顶部的边框,可以设置第一个和第二个格子的顶边框来实现,代码如下。

```
article:nth - child(1){
    border - top:1px solid rgba(0,0,0,0.4);
}
article:nth - child(2){
    border - top:1px solid rgba(0,0,0,0.4);
}
```

最后,设置 h3 和 p 的细节,代码如下。

```
article h3{
    font - size:32px;
    margin:10px 0;
    color:♯666;
}
```

```
article p{
    font - size:15px;
    margin - bottom:0 0 10px;
    color:♯999;
}
```

最终,页面效果如图 4-38 所示。

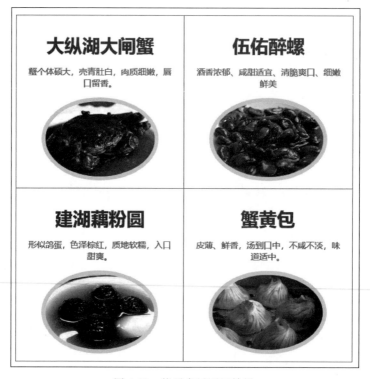

图 4-38　格子布局页面效果

上面的格子是基于固定宽度的,还可以将其变为百分比定位,可分别将 section 与 article 设置为 100％与 50％,并删除 article 的高度;同时为了避免当浏览器窗口缩到很小时造成的格子布局的错乱,需要为 section 设置一个最小宽度。需要修改的代码如下。

```
section{
    width:100 % ;
    min - width: 600px;
}
article{
    width:50 % ;
}
```

2) 跨行格子

两行两列格子设计好后,若需实现第二个格子纵跨两行的效果。首先删除原来最后一个格子,并为第二个格子设置相对于原来二倍的高度,发现第三个格子因第二个格子高度太高而导致被推出去的现象,如图 4-39 所示。

此时,可以借助于 margin 往回拉,代码如下。

```
article:nth-child(3){
    margin-top: -300px;
}
```

最后，为第二个格子增加一些顶部内边距，使其能够垂直居中对齐，页面效果如图 4-40 所示，代码如下。

```
article:nth-child(2){
    padding-top: 200px;
}
```

（本知识点有对应讲解视频）

课堂小实践

如图 4-41 所示，实现第三个格子跨两列效果。

图 4-39　第三个格子被推出的效果

4.3.5　项目实现

通过多行多列布局、图题文布局以及格子布局的学习，进一步了解了常用布局的规范和技巧，下面来完成"人民铁军"网站"战斗历程"页面（history.html）的设计。参考代码如下。

大纵湖大闸蟹

蟹个体硕大，壳青肚白，肉质细嫩，唇口留香。

伍佑醉螺

酒香浓郁、咸甜适宜、清脆爽口、细嫩鲜美

建湖藕粉圆

形似鸽蛋，色泽棕红，质地软糯，入口甜爽。

图 4-40　跨行格子页面效果

大纵湖大闸蟹

蟹个体硕大，壳青肚白，肉质细嫩，唇口留香。

伍佑醉螺

酒香浓郁、咸甜适宜、清脆爽口、细嫩鲜美

建湖藕粉圆

形似鸽蛋，色泽棕红，质地软糯，入口甜爽。

图 4-41　跨列格子页面效果

```
<!DOCTYPE html>
<html>
<head>
<meta http-equiv = "Content-Type" content = "text/html; charset = utf-8"/>
<title>人民铁军-战斗历程</title>
<style>
<!--
body, html {
    margin: 0px;
    padding: 0px;
    text-align: center;
    background: rgba(131,128,128,.7);
    font-size: 16px;
}
#container {
    margin: 0px auto;
    padding: 0;
    width: 1040px;
    text-align: left;
    background: #e6eef8;
}
#header {
    margin: 0px;
    padding: 10px 0 0 0;
}
#nav {
    font-size: 1.2em;
    font-family: "微软雅黑";
    margin: 0;
    padding: 0px;
    background: rgba(131,128,128,.1);
    overflow: hidden;
}
#nav ul {
    list-style-type: none;
    padding: 0px;
    margin: 0px;
    width: 730px;
    float: right;
}
#nav ul li {
    text-align: center;
    float: left;
    padding: 15px 20px;
}
#nav ul li a {
    text-decoration: none;
    color: rgba(5,79,209,.8);
    font-weight: bold;
}
#article {
```

```
        font - size: 12px;
        margin: 0px;
        padding: 0px 10px 10px 10px;
        color: #444444;
    }
    #article > h1 {
        text - align: center;
        color: rgba(69,65,65,1.00);
        font - size: 2.2em;
        margin - bottom: 10px;
    }
    #article .column1of1 {
        font - size: 1.8em;
        font - weight: bold;
        padding - left: 10px;
        margin - top: 10px;
    }
    #article .column1of3, #article .column2of3, #article .column3of3 {
        float: left;
        width: 320px;
        background - color: #ffffff;
        padding: 10px;
        margin - top: 10px;
        margin - bottom: 10px;
        height: 265px;
    }
    #article .columns2 .column1of3 {
        height: 230px;
    }
    #article .column2and3of3 {
        float: left;
        width: 660px;
        background - color: #dddddd;
        padding: 10px;
        margin - top: 10px;
        margin - bottom: 10px;
        height: 230px;
        font - size: 1.2em;
        line - height: 1.5em;
        text - indent: 26px;
    }
    #article h3 {
        margin - top: 10px;
        text - align: center;
    }
    #article .column1and2and3of4 {
        float: left;
        width: 745px;
        background - color: #ffffff;
        padding: 10px;
        margin - top: 10px;
```

```
        margin - bottom: 10px;
        height: 255px;
    }
    #article .columns2 .column4of4 {
        float: left;
        width: 235px;
        background - color: #ffffff;
        padding: 10px;
        margin - top: 10px;
        margin - bottom: 10px;
        height: 255px;
    }
    #article .columns4 .column1of4, #article .columns4 .column2of4, #article .columns4 .
    column3of4, #article .columns4 .column4of4 {
        float: left;
        width: 235px;
        background - color: #ffffff;
        padding: 10px;
        margin - top: 10px;
        margin - bottom: 10px;
        height: 255px;
    }
    #footer {
        clear: both;
        font - size: 1em;
        width: 100%;
        padding: 15px 0px;
        text - align: center;
        margin: 0px;
        background - color: rgba(131,128,128,.1);
    }
    </style>
    </head>
    <body>
    <div id = "container">
      <header id = "header"><img src = "images/logo.png"></header>
      <nav id = "nav">
        <ul>
          <li><a href = "index.html">网站首页</a></li>
          <li><a href = "origin.html">铁军前身</a></li>
          <li><a href = "history.html">战斗历程</a></li>
          <li><a href = "generals.html">铁军将帅</a></li>
          <li><a href = "tenfisrt.html">十个第一</a></li>
          <li><a href = "spirit.html">铁军精神</a></li>
        </ul>
      </nav>
      <article id = "article">
        <h1>战斗历程</h1>
        <section class = "column1of1">长征途中</section>
        <section class = "columns3">
          <div class = "column1of3"><img src = "images/history_changzheng1.png">
```

```html
                <h3>突破乌江</h3>
            </div>
            <div class = "column2of3"><img src = "images/history_changzheng2.png">
                <h3>四渡赤水</h3>
            </div>
            <div class = "column3of3"><img src = "images/history_changzheng3.png">
                <h3>飞夺泸定桥</h3>
            </div>
        </section>
        <section class = "columns2">
            <div class = "column1of3"><img src = "images/history_changzheng2.png"></div>
            <div class = "column2and3of3">
                <p>四渡赤水战役是遵义会议之后，中央红军在长征途中，处于国民党几十万重兵围追堵截
的艰险条件下，进行的一次决定性运动战战役。在毛泽东主席、周、朱等指挥下，中央红军采取高度机
动的运动战方针，纵横驰骋于川黔滇边境广大地区，积极寻找战机，有效地调动和歼灭敌人，彻底粉
碎了蒋介石等反动派企图围歼红军于川黔滇边境的狂妄计划，红军取得了战略转移中具有决定意义
的胜利。</p>
                <p>此时，"铁军"被改编为红一方面军第一军团第二师，红军四渡赤水时，担任中央红军开
路先锋，保证红军顺利四渡赤水，取得了战略性的胜利。</p>
            </div>
        </section>
        <section class = "column1of1">抗日战争</section>
        <section class = "columns2">
            <div class = "column1and2and3of4"><img src = "images/history_kangri1.png">
                <h3>平型关战役</h3>
            </div>
            <div class = "column4of4"><img src = "images/history_kangri2.png">
                <h3>血战刘老庄</h3>
            </div>
        </section>
        <section class = "column1of1">解放战争</section>
        <section class = "columns4">
            <div class = "column1of4"><img src = "images/history_jiefang1.png">
                <h3>辽沈战役</h3>
            </div>
            <div class = "column2of4"><img src = "images/history_jiefang2.png">
                <h3>平津战役</h3>
            </div>
            <div class = "column3of4"><img src = "images/history_jiefang3.png">
                <h3>进军两广</h3>
            </div>
            <div class = "column4of4"><img src = "images/history_jiefang4.png">
                <h3>解放海南</h3>
            </div>
        </section>
    </article>
    <footer id = "footer">Copyright © 2019 小新工作室 All Rights Reserved. 盐城市开放大道 50
号</footer>
</div>
</body>
</html>
```

4.3.6 项目总结

项目实施过程中,主要是练习多行多列布局的方法;要特别注意如何计算盒子宽度,如何根据父盒子的宽度、内边距、子盒子的内外边距计算子盒子的宽度;了解铁军的多次浴血奋战,学习铁军精神,结合自身学习与工作进行自我整改,为成为"有情怀、有自信、有胸襟、有毅力和有担当"的人不懈努力。

4.3.7 能力拓展

搜集、整理、分析、归纳"人民铁军"网站的"铁军将帅"及"十个第一"以及"铁军精神"三个模块的资源,并进行优化处理,参考 index. html、origin. html 和 history. html 三个页面模仿设计。

模块五　表单页面

　　问题提出：网页不仅可以向用户展示丰富多彩的文字、图片、音视频等内容，还能通过表单与用户进行交互。通过表单可以采集用户的信息，如姓名、性别、年龄、职业、爱好、联系方式等，还可以制作问卷调查、在线订购、留言本等，配合各类服务端程序从而获取数据以满足各种需求。表单在页面中有着非常重要的作用，那如何设计表单呢？本模块基于表单及其属性、表单元素及其属性以及表单验证等知识点来完成"登录"表单和"联系页"表单两个项目，全面学习表单的设计。

　　核心概念：表单，< fieldset >标签，< input >标签，< select >标签，< label >标签，< textarea >标签，< datalist >标签，< output >标签。

　　表单：表单是网页上的一个特定区域，由一对< form >标签定义，用来搜集用户的相关信息，有效实现用户和网站的互动。

　　< fieldset >标签：可将表单内容的一部分打包，生成一组相关表单的字段。

　　< input >标签：用于搜集用户信息。根据不同的 type 属性值，输入字段拥有很多种形式。输入字段可以是文本字段、复选框、掩码后的文本控件、单选按钮、按钮等。

　　< select >标签：允许访问者从选项列表中选择一项或几项，作用相当于单选框（单选时）或复选框（多选时）。

　　< label >标签：用于为表单 input 元素定义标签，用户单击这个标签后，可以实现将光标聚焦到对应的 input 元素上。

　　< textarea >标签：用来创建多行文本区域。

　　< datalist >标签：用于定义选项列表。与 input 元素配合使用，可以制作出输入值的下拉列表。

　　< output >标签：用于定义不同类型的输出，该标签必须从属于某个表单。

　　学习目标：

- 了解表单的功能与安全性问题。
- 熟悉表单的属性。
- 掌握表单< input >输入标签的多种形式以及各自的属性。
- 熟悉< select >标签、< label >标签、< textarea >标签、< datalist >标签、< output >标签的属性及使用方法。
- 理解 HTML5 的验证方法。
- 了解正则表达式。
- 能设计简洁、美观、实用的表单页面。
- 分析、归纳关于如何优化表单设计的方法，培养学生具有批判性的思维能力、缜密的逻辑推理能力以及团结协作的能力，进一步提升自身的职业素养。

项目 5.1 "走进 Web 前端开发"网站 "登录"表单设计

5.1.1 项目描述

"走进 Web 前端开发"网站"登录"表单主要包括"用户输入用户名和密码"区域、"下次自动登录"区域以及"登录"按钮、"忘记密码?"和"注册"区域,效果如图 5-1 所示。

图 5-1 "走进 Web 前端开发"网站"登录"表单效果

5.1.2 项目分析

1. "登录"表单结构

"登录"表单在页面侧边栏的最上方,其基本结构如图 5-2 所示。

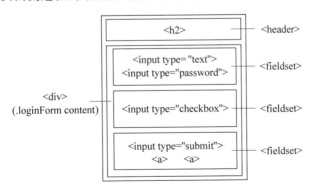

图 5-2 "走进 Web 前端开发"网站"登录"表单结构

2. 具体实现细节

表单由< header >和< div >组成,其中,< div >中包含三个< fieldset >区块。

（1）＜header＞中包含一个＜h2＞标题文字。

（2）所有＜fieldset＞无边框。

（3）第一个＜fieldset＞区块中包含单行文本输入框和密码框,两者边框都为 1px 的灰色实线。

（4）第二个＜fieldset＞区块中包含一个垂直居中的复选框。

（5）第三个＜fieldset＞区块中包含一个"登录"按钮及两个超链接,"登录"按钮背景是渐变色,鼠标指针悬停其上时背景发生变化。

5.1.3 项目知识点分解

通过项目分析得知,完成此表单需首先掌握创建表单、创建单行文本框、密码框、复选框、"登录"按钮等表单元素以及创建＜fieldset＞等知识点。

项目 5-1 知识点分解导图如图 5-3 所示。

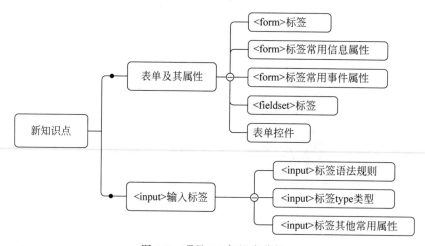

图 5-3 项目 5-1 知识点分解

5.1.4 知识点解析

1. 表单及其属性

1）＜form＞标签

表单是网页上的一个特定区域,由一对＜form＞标签定义。＜form＞标签一方面可以限定表单的范围,即定义一个区域,表单各元素都要在这个区域内,单击"提交"按钮时,提交的也是这个区域内的数据;另一方面,还携带表单的相关信息,如处理表单的程序、提交表单的方法等。其基本语法如下。

```
＜form name = "表单名称" action = "url" method = "提交方式"＞
    各种表单控件
＜/form＞
```

2）＜form＞标签常用信息属性

＜form＞标签的常用属性除了 name、action 和 method,还包括 enctype、novalidate、autocomplete、target 等信息属性,如表 5-1 所示。

表 5-1　＜form＞标签常用信息属性及其描述

属　　性	描　　述
name	定义表单名称,用于脚本引用
method	定义表单数据从客户端传送到服务器的方法。 get:默认方法,是将表单内容附加到 URL 地址后面,所以对提交信息的长度进行了限制,如信息太长,会被截去;同时不具有保密性,不能传送非 ASCII 码的字符。执行搜索操作时建议使用 get 方法。 post:将用户在表单中填写的数据包含在表单的主体中,一起传送给服务器上的处理程序,无字符个数和字符类型的限制;传送的数据不会显示在浏览器的地址栏中。 当所传送的数据用于执行插入或更新数据库操作时,建议使用 post 方法
action	指定处理表单的服务端程序
enctype	规定在发送到服务器之前应该如何对表单数据进行编码。默认地,表单数据会编码为"application/x-www-form-urlencoded"。也就是说,在发送到服务器之前,所有字符都会进行编码(空格转换为"＋",特殊符号转换为 ASCII HEX 值)
target	规定在何处打开 action URL。可取的值和超链接＜a＞的 target 属性完全一样,包括_blank、_parent、_top 和 framename
novalidate	指定在提交表单时取消对表单进行有效的检查。为表单设置该属性时,可以关闭整个表单的验证,这样可以使 form 内的所有表单控件不被验证
autocomplete	指定表单是否有自动完成功能。"自动完成"是指将表单控件输入的内容记录下来,当再次输入时,会将输入的历史记录显示在一个下拉列表里,以实现自动完成输入。 on:表单有自动完成功能,默认值。 off:表单无自动完成功能

3)＜form＞标签常用事件属性

＜form＞标签常用事件属性如表 5-2 所示。

表 5-2　＜form＞标签常用事件属性及其描述

属　　性	描　　述
onchange	在元素值被改变时运行的脚本
oncontextmenu	当上下文菜单被触发时运行的脚本
onfocus	当元素获得焦点时运行的脚本
onformchange	在表单改变时运行的脚本
onforminput	当表单获得用户输入时运行的脚本
oninput	当元素获得用户输入时运行的脚本
oninvalid	当元素无效时运行的脚本
onselect	在元素中文本被选中后触发
onsubmit	在提交表单时触发

4)＜fieldset＞标签

fieldset 元素可将表单内的相关元素分组。即利用＜fieldset＞标签可将表单内容的一部分打包,生成一组相关表单的字段。当一组表单元素放到＜fieldset＞标签内时,浏览器会以特殊方式来显示它们,它们可能有特殊的边界、3D 效果,或者甚至可创建一个子表单来处理这些元素。

<fieldset>标签没有必须的或唯一的属性。<legend>标签可以为 fieldset 元素定义标题。

具体使用方法参考下面的案例。

filedset.html：

```
<!doctype html>
<html>
<head>
<meta charset = "utf - 8">
<title>fieldset 标签实例</title>
</head>
<body>
<form>
  <fieldset>
    <legend>注册</legend><!-- 为 fieldset 元素定义标题 -->
    姓名：<input type = "text">
    <br>
    密码：<input type = "password">
    <br>
  </fieldset>
</form>
</body>
</html>
```

filedset.html 页面效果如图 5-4 所示。

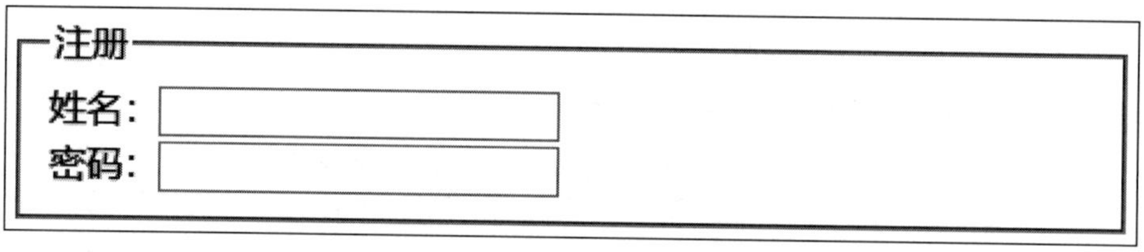

图 5-4　fieldset 标签实例效果

5）表单控件

只有一个表单是无法实现其功能的，需要通过表单的各种控件，用户才可以输入信息、从选项中选择和提交信息等。HTML5 常用的表单控件有 input、select、textarea、label、datalist 等。

所有的表单控件对象都具有一个 name 属性，JavaScript 脚本通过 name 属性的值来引用特定的表单控件元素，同时这也是表单提交到服务器时，每个表单控件元素的值 value 所对应的 key 值；绝大部分对象都具有 value 属性，该属性返回当前表单控件的值；所有的表单控件对象都具有一个 form 属性，该属性返回包含当前控件的 Form 对象。对于一个通用的表单数据检查程序来说，用这个属性来标明哪些控件属于哪个表单；所有的表单元素对象都具有 focus() 和 blur() 方法，同时所有的表单元素对象还具有 onfocus 和 onblur 事件处理器。

2.＜input＞输入控件

1）＜input＞标签语法规则

大部分的表单控件元素都是由＜input＞标签创建的,基本语法如下。

＜input type＝"控件输入类型"/＞

其中,type 的属性值指定输入类型,即表单控件的类型。

2）＜input＞标签 type 类型

常见的＜input＞标签 type 属性值如表 5-3 所示。

表 5-3　＜input＞标签 type 属性值及描述

type 属性值	描　　述	type 属性值	描　　述
text	单行文本框	url	URL 地址的输入域
password	密码输入框	number	数值的输入域
file	文件域	range	一定范围内数字值的输入域
hidden	隐藏域		
radio	单选按钮	date pickers(date、month、week、time、datetime、datetime-local)	日期和时间的输入类型
checkbox	复选框		
button	普通按钮		
submit	提交按钮	search	搜索域
reset	重置按钮	color	颜色输入类型
image	图像按钮	tel	电话号码输入类型
email	E-mail 地址的输入域		

3）＜input＞标签其他常用属性

＜input＞标签除 type 属性外,还可以定义很多其他属性,如表 5-4 所示。

表 5-4　＜input＞标签常用属性及描述

属　　性	描　　述
name	控件的名称
value	input 元素设定值
size	input 控件在页面中的显示宽度
placeholder	为 input 类型的输入框提供一种提示
required	规定输入框填写的内容不能为空
checked	定义选择控件默认被选中的项
maxlength	控件允许输入的最多字符数
autocomplete	设定是否自动完成表单字段的内容
autofocus	设定页面加载后是否自动获取焦点
readonly	该控件为只读
disabled	第一次加载页面时禁用控件
multiple	指定输入框是否可以选择多个值
min、max、step	指定输入框允许的最大值、最小值及间隔
pattern	验证输入内容是否与定义的正则表达式匹配
form	设定字段隶属于哪一个或多个表单
list	指定字段的候选数据值列表

下面通过一个案例来演示<input>标签的具体使用,代码如下。

```
<!DOCTYPE html>
<html>
<head lang="en">
<meta charset="utf-8">
<title>常用 input 控件</title>
</head>
<body>
<h2>"前端课堂"新用户注册</h2>
<form action="#" method="post">
    <!-- text 单行文本输入框 -->
    用户名:<input type="text" value="请输入用户名" maxlength="20">
    <br/>
    <br/>
    <!-- password 密码输入框 -->
    登录密码:<input type="password" size="20">
    <br/>
    <br/>
    确认密码:<input type="password" size="20">
    <br/>
    <br/>
    <!-- radio 单选按钮 -->
    性别:<input type="radio" name="sex" checked="checked"/>男
    <input type="radio" name="sex"/>女<br/>
    <br/>
    <!-- 日期输入域 -->
    出生年月日:<input type="datetime-local">
    <br/>
    <br/>
    <!-- 颜色选择域 -->
    喜欢的颜色:<input type="color" value="#ff0000"/>
    <br/>
    <br/>
    <!-- checkbox 复选框 -->
    喜爱的课程:
    <input type="checkbox"/>数据库原理
    <input type="checkbox"/>前端开发
    <input type="checkbox"/>操作系统
    <br/>
    <br/>
    <!-- file 文件域 -->
    照片:<input type="file"/>
    <br/>
    <br/>
    <!-- 专门用于搜索关键词的文本框 -->
    座右铭:<input type="search"/>
    <br/>
    <br/>
    <!-- 一定范围内的数值输入域 -->
    你觉得本课程的难易程度:<input type="range" min="1" max="10"/>
```

```
        < br/>
        < br/>
        <! -- reset 重置按钮 -->
        < input type = "reset" value = "重置"/>
        <! -- submit 提交按钮 -->
        < input type = "submit" value = "提交"/>
</form >
</body >
</html >
```

在上面的注册表单中,可输入用户名、登录密码、确认密码、座右铭,还可以选择性别、出生年月日、喜欢的颜色、喜爱的课程、自己的照片、课程的难易程度等,页面效果如图 5-5 所示。

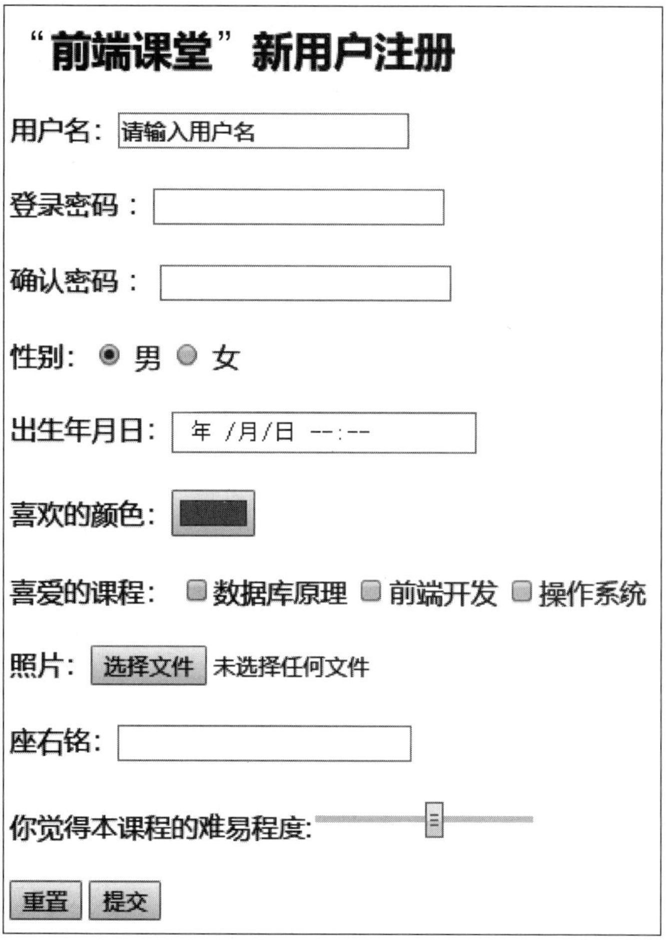

图 5-5　注册表单页面效果

课堂小实践

运用已学习的创建表单和创建< input >控件的方法,设计一个在线商城的用户注册表单。

5.1.5 知识点检测

5.1.6 项目实现

通过项目分析和知识点学习,相信读者已能逐步完成"走进 Web 前端课堂"网站"登录"表单代码的编写。参考代码如下。

HTML 部分:

```html
<article class = "loginForm">
  <form action = "♯" method = "post">
    <header>
      <h2>登录</h2>
    </header>
    <div class = "loginForm_content">
      <fieldset>
        <!-- <fieldset>标记用来组合表单中的相关元素 -->
        <input type = "text" name = "userName" placeholder = "邮箱/会员账号/手机号"
autofocus required>
        <input type = "password" name = "password" placeholder = "请输入密码" required>
      </fieldset>
      <fieldset>
        <input type = "checkbox" checked = "checked">
        下次自动登录
      </fieldset>
      <fieldset>
        <input type = "submit" value = "登录">
        <a href = "♯">忘记密码?</a><a href = "♯">注册</a>
      </fieldset>
    </div>
  </form>
</article>
```

对应的 style.CSS 代码:

```css
.loginForm {
    width: 96 % ;
    border-bottom: 1px solid ♯cccccc;
    margin-bottom: 20px;
}
.loginForm h2 {
    text-align: center;
    color: ♯666;
    line-height: 3em;
    margin: 16px 0 10px 0;
    letter-spacing: 4px;
    font: normal 24px/1 Microsoft YaHei, sans-serif;
}
.loginForm_content {
    margin-bottom: 20px;
```

```css
}
fieldset {
    border: none;
    padding: 10px 10px 0;
    font - size: 12px;
}
/* 文本输入框和密码输入框的样式设计 */
fieldset input[type = text], fieldset input[type = password] {
    line - height: 2em;
    font - size: 12px;
    height: 24px;
    padding: 3px 8px;
    width: 90%;
    border - radius: 3px;
    border: 1px solid #CCC;
    margin: 10px 10px 0;
}
/* 提交按钮的样式设计 */
fieldset input[type = submit] {
    text - align: center;
    padding: 2px 20px;
    line - height: 2em;
    border: 1px solid #cccccc;
    border - radius: 3px;
    background: - webkit - gradient(linear, left top, left 28, from(#EF5356), color - stop
(0%, #FF0000), to(#EF5356));
    background: - moz - linear - gradient(top, #EF5356, #FF0000 0, #EF5356 28px);
    background: - o - linear - gradient(top, #EF5356, #FF0000 0, #EF5356 28px);
    background: linear - gradient(top, #EF5356, #FF0000 0, #EF5356 28px);
    height: 35px;
    cursor: pointer;
    letter - spacing: 6px;
    margin - left: 10px;
    color: #FFF;
    font - weight: bold;
    font - size:14px;
}
fieldset input[type = submit]:hover {
    background: - webkit - gradient(linear, left top, left 28, from(#FF0000), color - stop
(0%, #EF5356), to(#FF0000));
    background: - moz - linear - gradient(top, #FF0000, #FF6900 0, #FF0000 28px);
    background: - o - linear - gradient(top, #FF0000, #FF6900 0, #FF0000 28px);
    background: linear - gradient(top, #FF0000, #FF6900 0, #FF0000 28px);
}
/* 复选框的样式设计 */
fieldset input[type = checkbox] {
    margin - left: 10px;
    vertical - align: middle;
}
fieldset a {
    font - size: 12px;
    margin: 6px 0 0 28px;
    text - decoration: none;
}
```

5.1.7 项目总结

项目实施过程中,主要是练习< form >表单、< fieldset > 标签与< input >标签的使用方法;要特别注意表单的提交方式及复选框的语法规则;搜集、分析、归纳登录表单的设计方法,培养批判性的思维能力、缜密的逻辑推理能力,进一步提升自身的职业素养。

项目 5.2 "走进 Web 前端开发"网站
"联系我们"表单设计

5.2.1 项目描述

"走进 Web 前端开发"网站"联系页"页面(linkus. html)"联系我们"表单主要是学习者填写姓名、所学专业、电子邮件、手机号码、学习历程简介、感兴趣的前端技术,单击"立即联系"按钮后可以将信息提交到服务器;若信息未填写或填写错误不能提交,出现错误提示。表单效果如图 5-6 所示。

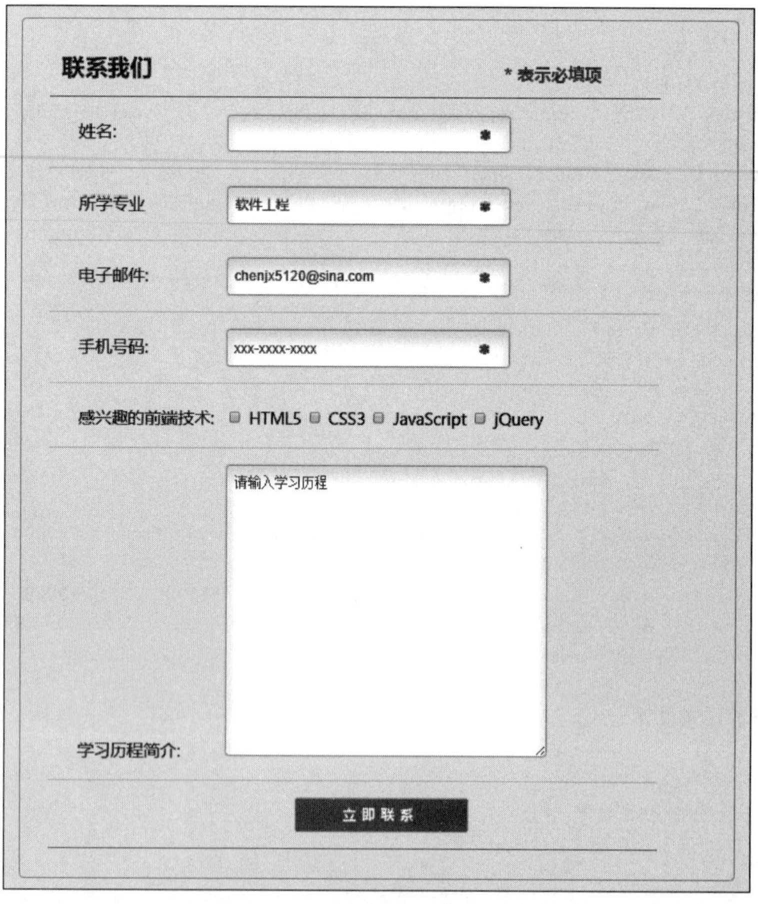

图 5-6 "联系我们"表单结构效果

5.2.2　项目分析

1. 表单结构

"走进 Web 前端开发"网站"联系页"页面"联系我们"表单结构如图 5-7 所示。

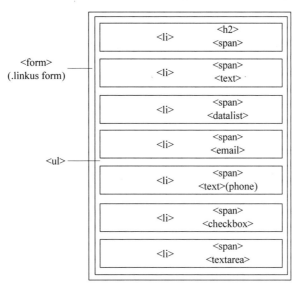

图 5-7　"联系我们"表单结构

2. 具体实现细节

表单简洁、美观、实用,具体细节如下。

（1）< form >表单嵌套< ul >,< ul >中又嵌套了< span >,以便于表单控件能整齐排列。

（2）"感兴趣的前端技术"复选框运用了< label >标签定义标注,单击文字时选择按钮便被选中。

（3）表单中所有输入框设置为统一的样式,同时设置了输入框获取焦点、填写内容有效时和填写内容无效时样式的变化。

（4）表单中的"提交"按钮也进行了美化。

5.2.3　项目知识点分解

由上述具体实现细节,该项目涉及的新知识点导图如图 5-8 所示。

5.2.4　知识点解析

1. 表单其他控件

除了< input >标签外,HTML 其他常用的表单控件还有< select >、< label >、< textarea >、< datalist >和< output >等。

1）< select >标签

选择列表标签允许访问者从选项列表中选择一项或几项,作用相当于单选框（单选时）或复选框（多选时）。在选项较多的情况下,相对于单选框和多选框来说,选择列表可节约很大的空间。

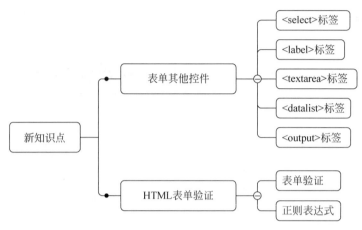

图 5-8　项目 5-2 知识点分解

创建选择列表标签需要使用< select >和< option >标签。< select >标签用于声明选择列表,需由它确定选择列表是否可以多选,以及一次可以显示的选项数;<option>标签用于设置各选项的值以及是否为默认选项。常用属性如表 5-5 所示。

表 5-5　< select >标签常用属性及其描述

标　　签	属　　性	描　　述
select	name	指定列表的名称
	size	定义能同时显示的列表项个数(默认为 1),取值大于或等于 1
	multiple	定义列表中的选项可多选,没有该属性时只能选择一个选项
option	value	设置选项值
	selected	设置默认选项,可对一到多个列表选项进行属性的设置

按照列表一次可被选择和显示的个数,可分为多项选择列表和下拉列表两种形式。

(1) 多项选择列表

多项选择列表是指一次可以选择多列选项,且一次可以显示一个以上选项的选择列表,下面通过一个案例来演示多项列表的使用方法。

select1.html:

```
<!doctype html >
< html >
< head >
< meta charset = "utf - 8">
< title>多项选择列表</title >
</head >
< body >
< h3 >喜欢的城市</h3 >
< select name = "city" size = "4" multiple >
  < option value = "yancheng">盐城</option >
  < option value = "suzhou">苏州</option >
  < option value = "wuxi" selected = "selected">无锡</option >
  < option value = "nanjing">南京</option >
```

```html
</select>
</body>
</html>
```

页面效果如图 5-9 所示。

（2）下拉列表

下拉列表是指一次只能选择一个列表选项，且一次只能显示一个选项的选择列表。下面通过一个案例来演示下拉列表的使用方法。

select2.html：

```html
<!doctype html>
<html>
<head>
<meta charset = "utf-8">
<title>下拉列表</title>
</head>
<body>
<h3>周一第一节课</h3>
<select name = "lesson">
    <option value = "daishu">高等代数</option>
    <option value = "yingyu">大学英语</option>
    <option value = "chengxu" selected = "selected">程序设计</option>
    <option value = "tiyu">体育</option>
</select>
</body>
</html>
```

页面效果如图 5-10 所示。

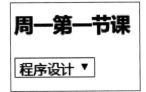

图 5-9 select1.html 页面效果   图 5-10 select2.html 页面效果

2）<label>标签

<label>标签用于为表单 input 元素定义标签，用户单击这个标签后，可以实现将光标聚焦到对应的 input 元素上。label 元素不会向用户呈现任何特殊的样式，但若用户单击 label 元素内的文本，会切换到控件本身，改善了可用性。下面通过一个案例来演示<label>标签的使用方法。

label.html：

```html
<!DOCTYPE HTML>
```

```
< html >
< head >
< meta charset = "utf - 8">
< title >< label >标签的使用</title >
</head >
< body >
< form >
    < label for = "male">男生</label >
    < input type = "radio" name = "sex" id = "male"/>
    < br/>
    女生
    < input type = "radio" name = "sex" id = "female"/>
</form >
</body >
</html >
```

上述 HTML 代码中,创建了"男生"和"女生"两个单选按钮,其中,"男生"单选按钮中添加了 id 属性,同时添加了< label >标签,给其添加 for 属性,并设置其属性值等于控件的 id 值,这样通过 id 值就建立了< label >和控件的联系。单击进行选择,要选中"男生"选项,除了单击单选框外还可以通过单击文本"男生"来选中;但是未给"女生"设置< label >标签和控件的联系,仅能通过单击单选框选中"女生"选项。

3) < textarea >标签

< textarea >标签用来创建多行文本区域,其常用属性如表 5-6 所示。

表 5-6 < textarea >标签常用属性

属　　性	值	描　　述
autofocus	autofocus	规定在页面加载后文本区域自动获得焦点
disabled	disabled	规定禁用该文本区域
form	form_id	规定文本区域所属的一个或多个表单
maxlength	number	规定文本区域的最大字符数
name	name_of_textarea	规定文本区域的名称
placeholder	text	规定描述文本区域预期值的简短提示
readonly	readonly	规定文本区域为只读
required	required	规定文本区域是必填的
rows	number	规定文本区域内的可见宽度
cols	number	规定文本区域内的可见行数
wrap	soft	默认值为 soft,表单提交时,textarea 中的文本不换行
	hard	取值为 hard 时,表单提交时,textarea 中文本换行,同时必须规定 cols 属性值

下面通过一个案例来演示< textarea >标签的使用方法。

textarea. html:

```
<! DOCTYPE html >
< html >
< head >
< meta charset = "utf - 8">
```

```
<title>多行文本框</title>
</head>
<body>
<textarea rows = "10" cols = "30">
我是一个多行文本框。
</textarea>
</body>
</html>
```

上述代码中,rows 属性用于设置可见行数,当文本内容超出这个值时将显示垂直滚动条;cols 属性用于设置一行可输入多少个字符。当然,rows 和 cols 属性都可以不设置,而通过 CSS 的 width 和 height 属性设置。

4)<datalist>标签

<datalist>标签用于定义选项列表。与 input 元素配合使用,可以制作出输入值的下拉列表。当在 input 内输入时就会有自动完成(autocomplete)的功能,用户将会看见一个下拉列表供其选择。列表通过<datalist>标签嵌套<option>标签进行创建,下面通过一个案例来演示<datalist>标签的使用方法。

datalist. html:

```
<!DOCTYPE html>
<html>
<head>
<meta charset = "utf - 8">
<title>datalist 的使用</title>
</head>
<body>
<h3>浏览器版本:</h3>
<input list = "type"/>
<datalist id = "type">
        <option value = "Internet Explorer">
        <option value = "Firefox">
        <option value = "Chrome">
        <option value = "Safari">
        <option value = "Sogou">
        <option value = "Maxthon">
</datalist>
</body>
</html>
```

在浏览器中打开该页面,当鼠标指针悬停到文本框上时,右侧会出现一个下拉列表的按钮,单击其可显示列表进行选择,此时效果如图 5-11 所示。

5)<output>标签

<output>标签用于定义不同类型的输出。该标签必须从属于某个表单。标签要么写在表单内部,要么对它添加 form 属性。一般用其显示计算的结果或脚本的其他结果。下面通过一个案例来演示<output>标签的使用方法,在页面上通过 number 输入类型输入两个加数,使用 output 标签显示两个数的和。

图 5-11　选项列表"显示列表进行选择时"效果

output. html：

```
<! DOCTYPE html >
< html >
< head >
< meta charset = "utf - 8">
< title > output </title >
</head >
< body >
< form oninput = "sum. value = parseInt(a. value) + parseInt(b. value)">
  < input type = "number" name = "a" value = "50">
   +
  < input type = "number" name = "b" value = "1">
   =
  < output name = "sum" for = "a b">
</form >
</body >
</html >
```

上述代码中，先添加两个输入框，并用< output >标签显示结果，当改变输入值时，在< output >标签上显示计算的结果，这需要添加 oninput 事件属性。当元素获得用户输入时运行此脚本进行计算并设置 output 的 value 值。在文本框中输入 51 和 1 后，结果 52 显示在"="号之后，如图 5-12 所示。

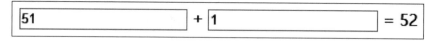

图 5-12　output. html 页面效果

2. HTML 表单验证

1）表单验证

在页面表单中输入信息时，都避免不了输入错误的或无效的数据，如果这些错误信息直接发送到服务器端进行处理，就会浪费很多系统资源。可否在客户终端信息提交到服务器之前保证所录入的信息在形式上是正确的？这样服务器端就只负责处理业务逻辑。

HTML5 中提供的表单验证功能,可以帮助解决这个问题。HTML5 自带表单验证功能有以下两种。

(1) 通过 required 属性校验输入框填写内容不能为空,如果为空将弹出提示框,并阻止表单提交。

(2) 通过 pattern 属性规定用于验证 input 域的模式,它接受一个正则表达式。表单提交时这个正则表达式会被用于验证表单内非空的值,如果控件的值不匹配,就会弹出提示框,并阻止这个正则表达式提交。注意:只有非空的表单才会使用正则验证,如果什么都不输入,pattern 不会被使用,所以还需要 required 协助。

2)正则表达式

正则表达式,又称规则表达式,是计算机科学中的一个概念,通常被用来检索、替换那些符合某个模式(规则)的文本。形式上用事先定义好的一些特定字符及这些特定字符的组合,组成一个"规则字符串",这个"规则字符串"用来表达对字符串的一种过滤逻辑。常用的正则表达式如表 5-7 所示。

表 5-7　常用的正则表达式

正则表达式	功　　能
^[0-9] * $	数字
^\d{n} $	n 位的数字
^\d{n,} $	至少 n 位的数字
^[A-Za-z]+ $	由 26 个英文字母组成的字符串
^[A-Za-z0-9]+ $	由数字和 26 个英文字母组成的字符串
^[a-zA-Z]\w{5,17} $	由字母开头,长度为 6～18,只能包含字母、数字和下画线
^([0-9]){7,18}(x|X)? $	身份证号码
^(13[0-9]|14[5|7]|15[0|1|2|3|5|6|7|8|9]|18[0|1|2|3|5|6|7|8|9])\d{8} $	手机号码

下面通过一个案例来演示表单验证的方法。

form-validatior. html:

```
<!DOCTYPE html >
< html lang = "en">
< head >
< meta charset = "utf - 8">
< title > Document </title >
</head >
< body >
< form name = "register1" id = "register1">
  < label for = "username">申请人姓名:</label>
  < input id = "username" name = "username" type = "text" placeholder = "First and last name"
required autofocus/>
  < br/>< br/>
  < label for = "phone">手机号码:</label>
  < input id = "phone" name = "phone" type = "text" pattern = "\d{3} - \d{4} - \d{4}" placeholder =
"xxx - xxxx - xxxx" required/>
    < br/>< br/>
```

```
< label for = "emailaddress">电子邮件:</label>
  < input id = " emailaddress"  name = " emailaddress"  type = " email" placeholder = " For
confirmation only" required/>
   < br/>< br/>
   < label for = "userurl">个人网站:</label>
  < input id = "userurl" name = "userurl" type = "url" required/>
   < br/>< br/>
  < input type = "submit" name = "register" value = "提交" onclick = " checkForm()"/>
</form>
</body>
</html>
```

上述案例中,因为邮箱和 URL 都是 HTML5 内置的正则校验,所以会进行详细的提示。手机号码是自定义的正则表达式,所以只提示"请匹配要求的格式"(火狐浏览器)。

课堂小实践

运用已学习的 HTML5 验证表单方法,完善在线商城的用户注册表单的制作。

5.2.5 知识点检测

5.2.6 项目实现

通过项目分析和表单< label >标签、< textarea >标签,< datalist >标签及表单验证等知识点学习,大家定能逐步理解并完成"走进 Web 前端开发"网站"联系页"页面< linkus. html >"联系我们"表单设计的代码编写。参考代码如下。

HTML 部分:

```
< form class = "linkus_form" action = "#" method = "post" name = "linkus_form">
  < ul >
   < li >
    < h2 >联系我们</h2>
    < span class = "required_notification">* 表示必填项</span></li>
   < li class = "normal"><span>姓名:</span>
    < input type = "text" id = "name" name = "name" required/>
   </li>
   < li class = "normal"><span>所学专业</span>
    < input type = "text" list = "major" placeholder = "软件工程">
         < datalist id = "major">
            < option value = "软件工程"></option>
            < option value = "数字媒体技术"></option>
            < option value = "计算机科学与技术"></option>
            < option value = "网络工程"></option>
         </datalist>
   </li>
   < li class = "normal"><span>电子邮件:</span>
    < input type = "email" name = "email" placeholder = "chenjx5120@sina.com" required/>
```

```
        </li>
        <li class="normal"><span>手机号码:</span>
          <input id="phone" name="phone" type="text" pattern="^[1][3,4,5,7,8][0-9]{9}
$" required/>
        </li>
        <li class="special"><span>感兴趣的前端技术:</span>
          <input type="checkbox" id="HTML5" name="interest"/>
          <label for="HTML5">HTML5</label>
          <input type="checkbox" id="CSS3" name="interest"/>
          <label for="CSS3">CSS3</label>
          <input type="checkbox" id="JavaScript" name="interest"/>
          <label for="JavaScript">JavaScript</label>
          <input type="checkbox" id="jQuery" name="interest"/>
          <label for="jQuery">jQuery</label>
        </li>
        <li class="normal"><span>学习历程简介:</span>
          <textarea name="process" placeholder="请输入学习历程"></textarea>
        </li>
        <li>
          <button class="submit" type="submit">立即联系</button>
        </li>
      </ul>
  </form>
```

CSS 部分:

```
.linkus_form h2 {
    display: inline;
    margin: 0;
    font-family: "微软雅黑", "华文行楷";
}
.required_notification {
    color: #F30307;
    margin: 5px 0 0 0;
    display: inline;
    float: right;
    font-weight: bold;
}
/*表单所有控件获得焦点时,不出现虚线框(或高亮框)*/
*:focus {
    outline: none;
}
.linkus_form {
    width: 90%;
}
.linkus_form li {
    padding: 16px 12px;
    border-bottom: 1px solid #ddd;
    position: relative;
}
/*给类名为 linkus_form 的元素的第一个子元素 li 和最后一个子元素 li 加底部边框*/
.linkus_form li:first-child, .linkus_form li:last-child {
    border-bottom: 1px solid #888;
```

```
    }
    .linkus_form span {
        width: 150px;
        margin: 3px 0 0 15px;
        display: inline - block;            /* 把块元素强制转换为行内块元素 */
        padding: 3px;
        font - family: "微软雅黑", "华文行楷";
        font - size: 1.1em;
    }
    .normal input {
        height: 20px;
        width: 280px;
        padding: 8px 8px;
        background: #fff url(../images/attention.png) no - repeat 93% center;
    }
    .linkus_form textarea {
        padding: 8px;
        width: 320px;
        height: 280px;
    }
    .linkus_form button {
        margin - left: 156px;
    }
    .normal input, .normal textarea{
        border: 1px solid #bbb;
        box - shadow: 0px 0px 3px #ddd, 0 10px 15px #eee inset;
        border - radius: 4px;
        transition: padding .35s;
    }

    /* 当前元素获得焦点时, 设置背景颜色和背景图片、边框、外阴影和右内边距 */
    .normal input:focus, .normal textarea:focus {
        background: #fff;
        border: 1px solid #555;
        box - shadow: 0 0 3px #aaa;
        padding - right: 70px;
    }
    /* 当该元素获得焦点填写内容无效时, 设置背景颜色、背景图片、盒阴影及边框颜色 */
    .normal input:focus:invalid, .normal textarea:focus:invalid {
    background: #fff url(../images/warn.png) no - repeat 93% center;
    box - shadow: 0 0 8px red;
    border - color:orangered;
    }
    /* 当该元素获取有效的填写内容时, 设置背景颜色、背景图片、盒阴影及边框颜色 */
    .normal input:required:valid, .normal textarea:required:valid {
    background: #fff url(../images/right.png) no - repeat 98% center;
    box - shadow: 0 0 8px green;
    border - color: limegreen;
    }
button.submit {
        padding: 2px 50px;
        line - height: 2em;
        border: 1px solid #cccccc;
        border - radius: 3px;
```

```
    background: - webkit - gradient(linear, left top, left 28, from( #EF5356), color - stop
(0%, #FF0000), to( #EF5356));
    background: - moz - linear - gradient(top, #EF5356, #FF0000 0, #EF5356 28px);
    background: - o - linear - gradient(top, #EF5356, #FF0000 0, #EF5356 28px);
    height: 35px;
    cursor: pointer;
    letter - spacing: 6px;
    margin - left: 250px;
    color: #FFF;
    font - weight: bold;
    font - size: 14px;
}
/* 当鼠标指针悬停在"提交"按钮上时,该按钮背景颜色透明度为85% */
button.submit:hover {
    opacity: .85;
}
```

5.2.7 项目总结

项目实施过程中,主要是练习< form >表单元素的使用及验证方法;要特别注意表单元素获得焦点填写内容无效时样式的变化;搜集、分析、归纳联系页表单的多种设计方法,培养批判性的思维能力、缜密的逻辑推理能力、团结协作能力,进一步提升自身的职业素养。

5.2.8 能力拓展

(1)小组协作搜集、分析、归纳注册、登录、联系页、问卷调查、在线订购、留言本等多种表单的设计方及验证方式。

(2)模拟设计如图 5-13 所示的注册表单。

图 5-13　注册表单效果图

模块六　音视频页面

问题提出：音频和视频是网页的重要组成部分，HTML5 规范为音视频提供了通用、完整、可脚本化控制的 API，前端开发者不需要使用插件就能播放音频和视频，浏览器厂商也可以选择自己希望支持的格式。那如何在页面中插入音频或视频呢？如何来有效地控制音视频的播放呢？还得借助于 JavaScript 实现。

核心概念：< audio >，< video >，JavaScript，JavaScript 变量，JavaScript 数据类型，JavaScript 运算符，JavaScript 流程结构，JavaScript 函数，JavaScript 事件。

< audio >：< audio >标签定义声音，比如音乐或其他音频流。

< video >：< video >标签定义视频，比如电影片段或其他视频流。

JavaScript：一种属于网络的脚本语言，已经被广泛用于 Web 应用开发，常用来为网页添加各式各样的动态功能，为用户提供更流畅美观的浏览效果。通常 JavaScript 脚本是通过嵌入在 HTML 中来实现自身的功能的。

JavaScript 变量：用于保存值或表达式。

JavaScript 数据类型：JavaScript 变量能够保存多种数据类型，如数值、字符串值、数组、对象等。

JavaScript 运算符：用于赋值、比较值、执行算术运算等。

JavaScript 流程结构：JavaScript 提供了 3 种流程结构，即顺序、选择和循环。

JavaScript 函数：JavaScript 函数是被设计为执行特定任务的代码块，会在某代码调用它时被执行。

JavaScript 事件：一些可以通过脚本响应的页面动作。

学习目标：

- 掌握< audio >标签的常用属性。
- 了解 audio 对象的方法和事件。
- 掌握 JavaScript 的基础知识。
- 掌握 JavaScript 函数的调用与定义。
- 掌握< video >标签的常用属性。
- 了解 video 对象的方法和事件。
- 熟悉 JavaScript 的事件。
- 学会运用 JavaScript 控制视频与音频播放。
- 搜集、整理江苏戏剧的相关视频、音频，强化学生对优秀中华传统文化的认同和坚持，培养其具有人文素养、正确的世界观、价值观和人生观等。

项目 6.1 "中国淮剧"网站"流派艺术"页面设计

6.1.1 项目描述

"中国淮剧"网站"流派艺术"页面(genre.html)主要展现优秀淮剧音频作品以及四大淮剧流派的艺术特色,效果如图 6-1 所示。

图 6-1 "中国淮剧"网站"流派艺术"页面效果

6.1.2 项目分析

1. 页面结构

"流派艺术"页面依然属于典型的上中下结构,其基本结构如图 6-2 所示。

2. 具体实现细节

前面模块已经学习过该页面的头部和导航的设计思路,这里重点描述如何实现 Tab 切换以及音频的插入方法。

(1)Tab 切换组件包含两个部分:导航部分和内容部分。项目中应用 ul 元素作为导航,使用另一个 section 元素作为内容,其中包含四个 article 元素。

(2)ul 元素中的所有列表元素水平排列,背景色为暗红色。

(3)切换组件的内容展示区域背景为浅灰色,有一固定高度和内边距。

(4)列表链接的单击事件由 JavaScript 控制,使其显示对应的 article 内容。又添加了一个专门的类"active",用来区分链接的单击状态,如列表的背景色由暗红色变为浅灰色。

(5)在音频展示部分,基于列表依次插入了六个 h4 标题文字和六个 mp3 格式的音频。

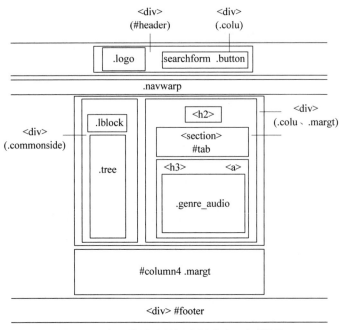

图 6-2 "中国淮剧"网站"流派艺术"页面结构

6.1.3 项目知识点分解

通过项目分析得知,完成此页面需首先掌握< audio >标签、JavaScript 基础知识、JavaScript 函数等知识点。

项目 6-1 知识点分解导图如图 6-3 所示。

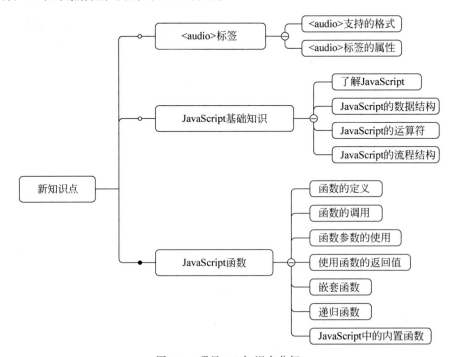

图 6-3 项目 6-1 知识点分解

6.1.4 知识点解析

1. ＜audio＞标签

到目前为止，网页上播放音频的标准依然不统一。大多数音频是通过插件（比如 Flash）来播放的。当然，并非所有浏览器都拥有同样的插件。HTML5 规定了在网页上嵌入音频元素的标准，即使用＜audio＞标签。

1) ＜audio＞支持的格式

＜audio＞标签的语法规则如下。

```
< audio src = "音频文件路径" controls >您的浏览器不支持 audio 标签。</audio>
```

controls 属性供添加播放、暂停和音量的控件使用。在＜audio＞与＜/audio＞之间可以插入浏览器不支持的＜audio＞元素的提示文本，这样老的浏览器就可以显示出不支持该标签的信息。

＜audio＞元素允许使用多个 ＜source＞ 标签，浏览器将使用第一个支持的音频文件。目前，＜audio＞元素支持三种音频格式文件，分别为 MP3、Wav 和 Ogg。各浏览器对三种音频格式的支持情况如表 6-1 所示。

表 6-1 浏览器对三种音频格式的支持情况

浏 览 器	MP3	Wav	Ogg
Internet Explorer 9＋	是	否	否
Chrome 6＋	是	是	是
Firefox 3.6＋	是	是	是
Safari 5＋	是	是	否
Opera 10＋	是	是	是

多个音频源使用＜source＞标签的语法规则如下。

```
< audio controls >
    < source src = "音频文件名.ogg" type = "audio/ogg">
    < source src = "a 音频文件名.mp3" type = "audio/mpeg">
您的浏览器不支持 audio 元素。
</audio>
```

下面通过案例来说明其使用方法。

demo6-1.html：

```
<!doctype html >
< html >
< head >
< meta charset = "utf-8">
< title > audio </title>
</head>
< body >
< h2 >时间都去哪了</h2>
< audio controls >
    < source src = "where are all the time.mp3" type = "audio/mpeg">
```

```
    < source src = "where are all the time.ogg" type = "audio/ogg">
    您的浏览器不支持该音频格式。
</audio >
</body >
</html >
```

2) <audio>标签的属性

<audio>标签中包含许多控制音频播放的属性,常用的属性如表 6-2 所示。

表 6-2　常用的<audio>标签属性

属　　性	值	描　　　述
autoplay	autoplay	如果出现该属性,则音频在就绪后马上播放
controls	controls	如果出现该属性,则向用户显示控件,比如"播放"按钮
loop	loop	如果出现该属性,则每当音频结束时重新开始播放
muted	muted	规定视频输出时应该被静音
preload	preload	如果出现该属性,则音频在页面加载时进行加载,并预备播放。如果使用 autoplay,则忽略该属性
src	url	要播放的音频的 URL

2. JavaScript 基础知识

1) 了解 JavaScript

JavaScript 是 Web 的编程语言。HTML 定义了网页的内容,CSS 描述了网页的布局,而 JavaScript 是网页的行为,主要用来为网页添加各式各样的动态功能,为用户提供更流畅美观的浏览效果。通常,JavaScript 脚本是通过嵌入在 HTML 中来实现自身的功能的。

2) JavaScript 的数据结构

JavaScript 脚本语言同其他语言一样,有它自身的基本数据类型、表达式、算术运算符及程序的基本程序框架。JavaScript 提供了四种基本的数据类型和两种特殊数据类型用来处理数据和文字,变量是提供存放信息的地方,表达式则可以完成较复杂的信息处理。

(1) 标识符

标识符(identifier),就是一个名称。在 JavaScript 中,标识符用来命名变量和函数,或者用作 JavaScript 代码中某些循环的标签。在 JavaScript 中,合法的标识符命名规则和 Java 以及其他许多语言的命名规则相同,第一个字符必须是字母、下画线或美元符号($),其后的字符可以是字母、数字或下画线、美元符号。

注意:数字不允许作为首字符出现,这样 JavaScript 可以轻易地区别开标识符和数字。例如,下面是合法的标识符。

```
i
my_name
_name
$ str
n1
```

(2) 关键字

JavaScript 关键字(Reserved Words)是指在 JavaScript 语言中有特定含义,成为 JavaScript 语法中一部分的那些字。JavaScript 关键字是不能作为变量名和函数名使用的。

使用 JavaScript 关键字作为变量名或函数名，会使 JavaScript 在载入过程中出现编译错误。与其他编程语言一样，JavaScript 中也有许多关键字，不能被用作标识符（函数名、变量名等），如 break、case、catch、continue、default、delete、do、else、finally、for、function、if、in、instanceof、new、return、switch、this、throw、try、typeof、var、void、while、with 等。

（3）常量

当程序运行时，值不能改变的量为常量（Constant）。常量主要用于为程序提供固定的和精确的值（包括数值和字符串），比如数字、逻辑值真（true）、逻辑值假（false）等都是常量。常量使用 const 来进行声明，语法规则如下。

```
const 常量名：数据类型 = 值；
```

常量在程序中定义后便会在计算机中一定的位置存储下来，在该程序没有结束之前，它是不发生变化的。如果在程序中过多地使用常量，会降低程序的可读性和可维护性，当一个常量在程序内被多次引用时，可以考虑在程序开始处将它设置为变量，然后再引用，当此值需要修改时，则只需更改其变量的值就可以了，既减少了出错的机会，又可以提高工作效率。

（4）变量

① 变量的命名

JavaScript 变量的命名规则如下。

- 必须以字母或下画线开头，中间可以是数字、字母或下画线。
- 变量名不能包含空格或加号、减号等符号。
- 不能使用 JavaScript 中的关键字。
- JavaScript 的变量名是严格区分大小写的。例如，UserName 与 username 代表两个不同的变量。

② 变量的声明与赋值

在 JavaScript 中，使用变量前需要先声明变量，所有的 JavaScript 变量都由关键字 var 声明，语法格式如下。

```
var variable;
```

在声明变量的同时也可以对变量进行赋值。

```
var variable = 11;
```

声明变量时所遵循的规则如下。

- 可以使用一个关键字 var 同时声明多个变量，例如：

```
var a,b,c                      //同时声明 a、b 和 c 三个变量
```

- 可以在声明变量的同时对其赋值，即初始化，例如：

```
var i = 1;j = 2;k = 3;          //同时声明 i、j 和 k 三个变量，并分别对其进行初始化
```

- 如果只是声明了变量，并未对其赋值，则其值默认为 undefined。
- var 语句可以用作 for 循环和 for/in 循环的一部分，这样就使循环变量的声明成为循环语法自身的一部分，使用起来比较方便。

- 也可以使用 var 语句多次声明同一个变量,如果重复声明的变量已经有一个初始值,那么此时的声明就相当于对变量重新赋值。

③ 变量的作用域

变量的作用域(scope)是指某变量在程序中的有效范围,也就是程序中定义这个变量的区域。在 JavaScript 中变量根据作用域可以分为两种:全局变量和局部变量。全局变量是定义在所有函数之外,作用于整个脚本代码的变量;局部变量是定义在函数体内,只作用于函数体的变量,函数的参数也是局部性的,只在函数内部起作用。例如,下面的程序代码说明了变量的作用域作用于不同的有效范围。

```
< script language = "javascript">
    var a;                    //该变量在函数外声明,作用于整个脚本代码
    function send()
      {
       a = "JavaScript"
       var b = "语言基础"      //该变量在函数内声明,只作用于该函数体
       alert(a + b);
      }
</script>
```

④ 变量的生存期

变量的生存期是指变量在计算机中存在的有效时间。从编程的角度来说,可以简单地理解为该变量所赋的值在程序中的有效范围。JavaScript 中变量的生存期有两种:全局变量和局部变量。

全局变量在主程序中定义,其有效范围从其定义开始,一直到本程序结束为止。局部变量在程序的函数中定义,其有效范围只在该函数之中;当函数结束后,局部变量生存期也就结束了。

(5) 数据类型

① 整型数据

在 JavaScript 程序中,十进制的整数是一个数字序列。例如:

```
0
7
-8
1000
```

JavaScript 的数字格式允许精确地表示 $-900\,719\,925\,474\,092(-2^{53})\sim900\,719\,925\,474\,092$ (2^{53}) 的所有整数(包括 $-900\,719\,925\,474\,092(-2^{53})$ 和 $900\,719\,925\,474\,092(2^{53})$)。但是使用超过这个范围的整数时,就会失去尾数的精确性。需要注意的是,JavaScript 中的某些整数运算是对 32 位整数执行的,它们的范围为 $-2\,147\,483\,648(-2^{31})\sim2\,147\,483\,647(2^{31}-1)$。

② 十六进制和八进制

JavaScript 不但能够处理十进制的整型数据,还能识别十六进制(以 16 为基数)的数据。十六进制数据,是以"0X"和"0x"开头,其后跟随十六进制数字串的直接量。十六进制的数字可以是 0～9 中的某个数字,也可以是 a(A)～f(F)中的某个字母,它们用来表示 0～15(包括 0 和 15)的某个值。下面是十六进制整型数据的例子。

```
0xff                        //15 * 16 + 15 = 225(基数为 10)
0xCAFE911
```

尽管 ECMAScript 标准不支持八进制数据,但是 JavaScript 的某些实现却允许采用八进制(基数为 8)格式的整型数据。八进制数据以数字 0 开头,其后跟随一个数字序列,这个序列中的每个数字都在 0 和 7 之间(包括 0 和 7),例如:

```
0377                        //3 * 64 + 7 * 8 + 7 = 255(基数为 10)
```

由于某些 JavaScript 实现支持八进制数据,而有些则不支持,所以最好不要使用以 0 开头的整型数据,因为不知道某个 JavaScript 的实现是将其解释为十进制,还是解释为八进制。

③ 浮点型数据

浮点型数据可以具有小数点,它们采用的是传统科学记数法的语法。一个实数值可以被表示为整数部分后加小数点和小数部分。

此外,还可以使用指数法表示浮点型数据,即实数后跟随字母 e 或 E,后面加上正负号,其后再加一个整型指数。这种记数法表示的数值等于前面的实数乘以 10 的指数次幂。

语法规则如下。

```
[digits] [.digits] [(E|e[( + | − )])]
```

例如:

```
1.2
.33333333
3.12e11                     //3.12 × 10^{11}
1.234E − 12                 //1.234 × 10^{−12}
```

(6) 字符串

字符串(string)是由 Unicode 字符、数字、标点符号等组成的序列,它是 JavaScript 用来表示文本的数据类型。程序中的字符串型数据是包含在单引号或双引号中的,由单引号定界的字符串中可以含有双引号,由双引号定界的字符串中也可以含有单引号。

(7) 布尔型

数值数据类型和字符串数据类型的值都无穷多,但是布尔数据类型只有两个值,这两个合法的值分别由"true"和"false"表示,它说明了某个事物是真还是假。

布尔值通常在 JavaScript 程序中用来比较所得的结果。例如:

```
n == 1
```

这行代码测试了变量 n 的值是否和数值 1 相等。如果相等,比较的结果就是布尔值 true,否则结果就是 false。

布尔值通常用于 JavaScript 的控制结构。例如,JavaScript 中的 if…else 语句就是在布尔值为 true 时执行一个动作,而在布尔值为 false 时执行另一个动作。通常将一个创建布尔值的表达式作为条件语句的表达式,例如:

```
if (n == 1)
  m = n + 1;
else
```

213

```
n = n + 1;
```

本段代码检测了 n 是否等于 1。如果相等,就给 m 加 1,否则给 n 加 1。

有时候可以把两个可能的布尔值看作"on(true)"和"off(false)",或者看作"yes(true)"和"no(false)",这样比将它们看作"true"和"false"更为直观。有时候把它们看作 1(true)和 0(false)会更加有用(实际上 JavaScript 确实是这样做的,在必要时会将 true 转换成 1,将 false 转换成 0)。

(8) 特殊数据型

① 转义字符

以反斜杠开头的不可显示的特殊字符通常称为控制字符,也被称为转义字符。通过转义字符可以在字符串中添加不可显示的特殊字符,或者防止引号匹配混乱的问题。JavaScript 常用的转义字符如表 6-3 所示。

表 6-3　常用的转义字符

转义字符	描　　述	转义字符	描　　述
\b	退格	\v	跳格(Tab,水平)
\n	回车换行	\r	换行
\t	Tab 符号	\\	反斜杠
\f	换页	\OOO	八进制证书,范围为 000~777
\'	单引号	\XHH	十六进制整数,范围为 00~77
\"	双引号	\uhhhh	十六进制编码的 Unicode 字符

② 未定义值

未定义类型的变量是 undefined,表示变量还没有赋值(如 var a;),或者赋予一个不存在的属性值(如 var a=String.notProperty;)。

此外,JavaScript 中有一种特殊类型的数字常量 NaN,即"非数字"。当在程序中由于某种原因发生计算错误后,将产生一个没有意义的数字,此时 JavaScript 返回的数字值就是 NaN。

③ 空值(null)

JavaScript 中的关键字 null 是一个特殊的值,它表示空值,用于定义空的或不存在的引用。如果试图引用一个没有定义的变量,则返回一个 null 值。这里必须要注意的是:null 不等同于空的字符串("")或 0。

由此可见,null 与 undefined 的区别是,null 表示一个变量被赋予了一个空值,而 undefined 则表示该变量尚未被赋值。

3) JavaScript 的运算符

算术运算符用于对数字执行算术运算,如表 6-4 所示。

表 6-4　算术运算符

运　算　符	描　　述	运　算　符	描　　述
+	加法	%	余数
—	减法	++	递加
*	乘法	——	递减
/	除法		

赋值运算符用于向 JavaScript 变量赋值,如表 6-5 所示。

表 6-5　赋值运算符

运　算　符	例　子	等　同　于
＝	x＝y	x＝y
＋＝	x＋＝y	x＝x＋y
－＝	x－＝y	x＝x－y
＊＝	x＊＝y	x＝x＊y
/＝	x/＝y	x＝x/y
％＝	x％＝y	x＝x％y

另外,"＋"运算符也可用于对字符串进行相加(concatenate,级联),"＋＝"运算符也可用于相加(级联)字符串、相加两个数字,将返回和,但对一个数字和一个字符串相加将返回一个字符串。

JavaScript 比较运算符如表 6-6 所示。

表 6-6　比较运算符

运　算　符	描　述	运　算　符	描　述
＝＝	等于	<	小于
＝＝＝	等值等型	>=	大于或等于
!=	不相等	<=	小于或等于
!==	不等值或不等型	?	三元运算符
>	大于		

逻辑运算符如表 6-7 所示。

表 6-7　逻辑运算符

运　算　符	描　述	运　算　符	描　述
&&	逻辑与	!	逻辑非
||	逻辑或		

4)JavaScript 流程结构

(1)赋值语句

赋值语句是 JavaScript 程序中最常用的语句。在程序中,往往需要大量的变量来存储程序中用到的数据,所以用来对变量进行赋值的赋值语句也会在程序中大量出现。赋值语句的语法格式如下。

变量名 = 表达式;

当使用关键字 var 声明变量时,可以同时使用赋值语句对声明的变量进行赋值。

例如,声明一些变量,并分别给这些变量赋值,代码如下。

```
var varible = 40
var varible = "模块六 音视频页面!"
var bue = true
```

在 JavaScript 中,变量可以不先声明,而在使用时再根据变量的实际作用来确定其所属的数据类型。但建议在使用变量前就对其声明,因为声明变量的最大好处就是能及时发现代码中的错误。由于 JavaScript 是采用动态编译的,而动态编译是不易于发现代码中错误的,特别是变量命名方面的错误。

（2）条件判断语句

① if 语句

if 条件判断语句是最基本、最常用的流程控制语句,可以根据条件表达式的值执行相应的处理。if 语句的语法格式如下。

```
if(expression){
    statement 1
}
```

参数说明：

- expression：必选项,用于指定条件表达式,可以使用逻辑运算符。
- statement 1：用于指定要执行的语句序列。当 expression 的值为 true 时,执行该语句序列。

② if…else 语句

if…else 语句是 if 语句的标准形式,在 if 语句简单形式的基础之上增加一个 else 从句,当 expression 的值是 false 时则执行 else 从句中的内容。

```
if(expression){
    statement 1
}else{
    statement 2
}
```

在 if 语句的标准形式中,首先对 expression 的值进行判断,如果它的值是 true,则执行 statement 1 语句块中的内容,否则执行 statement 2 语句块中的内容。

例如,根据变量的值不同,输出不同的内容。

```
var f = 0;                    //定义一个变量,值为 0
if(f == 1){                   //判断变量的值是否为 1
    alert("f == 1");          //如果变量的值为 1,则弹出 f == 1
}else{                        //使用 else 从句
    alert("f!= 1");           //如果变量的值不为 1,则弹出 f!= 1
}
```

运行结果：f!=1。

③ if…else if 语句

if 语句是一种使用灵活的语句,除了可以使用 if…else 语句的形式,还可以使用 if…else if 语句的形式。if…else if 语句的语法格式如下。

```
if (expression 1){
    statement 1
}else if(expression 2){
    statement 2
```

```
    }
    …
else if(expression n){
    statement n
}else{
    statement n + 1
}
```

案例如下。

demo6-2.html:

```
<!doctype html>
<html>
<head>
<meta charset = "utf – 8">
<title> if..else if … else if..else</title>
</head>
<body>
<script language = "javascript" type = "text/javascript">
    var now = new Date();                      //定义变量获取当前时间
    var hour = now.getHours();                 //定义变量获取当前时间的小时值
    if ((hour > 5)&&(hour < = 7))
        alert("早上好! 美好的一天开始到了!");    //如果当前时间在 5～7 时之间,则输出
                                               //"早上好! 美好的一天开始了!"
    else if ((hour > 7)&&(hour < = 11))
        alert("上午好!");                       //如果时间在 7～11 时,则输出"上午好!"
    else if ((hour > 11)&&(hour < = 13))
        alert("中午好!");                       //如果时间在 11～13 时,则输出"中午好!"
    else if ((hour > 13)&&(hour < = 17))
        alert("下午好!");                       //如果时间在 13～17 时,则输出"下午好!"
    else if ((hour > 17)&&(hour < = 21))
        alert("晚上好!");                       //如果时间在 17～21 时,则输出"晚上好!"
    else if ((hour > 21)&&(hour < = 23))
        alert("夜深了,注意身体哦");              //如果时间在 21～23 时之间,则输出"夜深了,
                                               //注意身体哦"
    else alert("凌晨了! 该休息了!");            //如果时间不符合上述条件,则输出"凌晨了!
                                               //该休息了!"
</script>
</body>
</html>
```

④ if 语句的嵌套

if 语句不但可以单独使用,而且可以嵌套应用,即在 if 语句的从句部分嵌套另外一个完整的 if 语句。在 if 语句中嵌套使用 if 语句,其外层 if 语句的从句部分的大括号{}可以省略。但是,在使用嵌套的 if 语句时,最好是使用大括号{}来确定相互之间的层次关系。否则,由于大括号{}使用位置的不同,可能导致程序代码的含义完全不同,从而输出不同的内容。例如,在下面两个示例中由于大括号{}的位置不同,结果导致程序的输出结果完全不同。

在外层 if 语句中应用大括号{},首先判断外层 if 语句 m 的值是否小于 1,如果 m 小于

1,则执行下面的内容；然后判断当外层 if 语句 m 的值大于 10 时,则执行如下内容,程序关键代码如下。

```
var m = 12;n = 2;                          //m、n 值分别初始化为 12 和 2
if(m < 10){ //首先判断外层 if 语句 m 的值是否小于 10,如果 m 小于 10 则执行下面的内容
if(n == 1)                                 //在 m 小于 10 时,判断嵌套的 if 语句中 n 的值
                                           //是否等于 1,如果 n 等于 1 则输出下面的内容
        alert("判断 m 小于 1,n 等于 1");
    else                                   //如果 n 的值不等于 1 则输出下面的内容
        alert("判断 m 小于 1,n 不等于 1");
}else if(m > 10){                          //判断外层 if 语句 m 的值是否大于 10,如果 m
                                           //满足条件,则执行下面的语句
    if(n == 1)                             //如果 n 等于 1,则执行下面的语句
        alert("判断 m 大于 10,n 等于 1");
    else                                   //n 不等于 1,则执行下面的语句
        alert("判断 m 大于 10,n 不等于 1");
}
```

运行结果：判断 m 大于 10,n 不等于 1。

⑤ switch 语句

switch 是典型的多路分支语句,其作用与嵌套使用 if 语句基本相同,但 switch 语句比 if 语句更具有可读性,而且 switch 语句允许在找不到一个匹配条件的情况下执行默认的一组语句。switch 语句的语法格式如下。

```
switch (expression){
    case judgement 1:
        statement 1;
        break;
    case judgement 2:
        statement 2;
        break;
…
    case judgement n:
        statement n;
        break;
    default:
        statement n + 1;
        break;
}
```

参数说明：

- expression：任意的表达式或变量。
- judgement：任意的常数表达式。当 expression 的值与某个 judgement 的值相等时,就执行此 case 后的 statement 语句；如果 expression 的值与所有的 judgement 的值都不相等,则执行 default 后面的 statement 语句。
- break：用于结束 switch 语句,从而使 JavaScript 只执行匹配的分支。如果没有了 break 语句,则该 switch 语句的所有分支都将被执行,switch 语句也就失去了使用的意义。

（3）循环控制语句

① for 循环

for 循环语句也称为计次循环语句，一般用于循环次数已知的情况，在 JavaScript 中应用比较广泛。for 循环语句的语法格式如下。

```
for(initialize;test;increment){
    statement
}
```

参数说明：

- initialize：初始化语句，用来对循环变量进行初始化赋值。
- test：循环条件，一个包含比较运算符的表达式，用来限定循环变量的边限。如果循环变量超过了该边限，则停止该循环语句的执行。
- increment：用来指定循环变量的步幅。
- statement：用来指定循环体，在循环条件的结果为 true 时，重复执行。

下面用案例来演示 for 循环的使用方法。

demo6-3.html：

```
<!DOCTYPE html>
<html lang = "ch">
<head>
<meta charset = "utf-8">
<title>计算 1+2+3+…+98+99+100 的值</title>
</head>
<body>
<script language = "JavaScript" type = "text/javascript">
var total = 0;
var i = 1;
for(i=1;i<=100;i++)          //i 初值为 1,终值为 100,每循环一次将 i 自增 1,且将 i 的值累加
                             //到 total 中
    total += i;
alert(total);
</script>
</body>
</html>
```

② while 语句

与 for 语句一样，while 语句也可以实现循环操作。while 循环语句也称为前测试循环语句，它是利用一个条件来控制是否要继续重复执行这个语句。while 循环语句与 for 循环语句相比，无论是语法还是执行的流程，都较为简明易懂。while 循环语句的语法格式如下。

```
while(expression){
    statement
}
```

参数说明：

- expression：一个包含比较运算符的条件表达式，用来指定循环条件。

- statement：用来指定循环体，当循环条件的结果为 true 时，重复执行。

下面用案例来演示 while 循环的使用方法。

demo6-4.html：

```html
<!DOCTYPE html>
<html lang = "ch">
<head>
<meta charset = "utf - 8">
<title>计算 1 + 2 + 3 + … + 98 + 99 + 100 的值</title>
</head>
<body>
<script language = "JavaScript" type = "text/javascript">
var total = 0;
var i = 1;
while(i <= 100){ //先判断条件,当 i <= 100 时,执行循环体,每执行一次循环体均将 i 当前的值累
                 //加至 total 中,i 自增 1
    total += i;
    i++;
}
alert(total);
</script>
</body>
</html>
```

③ do…while 语句

do…while 循环是 while 循环的变体。该循环在检查条件是否为真之前，会执行一次代码块，然后如果条件为真，就会重复这个循环。do…while 循环语句的语法格式如下。

```
do{
    statement
} while(expression);
```

下面用案例来演示 do…while 循环的使用方法。

demo6-5.html：

```html
<!DOCTYPE html>
<html lang = "ch">
<head>
<meta charset = "utf - 8">
<title>计算 1 + 2 + 3 + … + 98 + 99 + 100 的值</title>
</head>
<body>
<script language = "JavaScript" type = "text/javascript">
var total = 0;
var i = 1;
do{
    total += i;
    i++;
}while(i <= 100);        //先执行循环体,将 i 当前的值累加至 total 中,i 自增 1,再判断条件表达
                         //式,即 i 是否小于 100,条件表达式里再执行下一次循环
```

```
alert(total);
</script>
</body>
</html>
```

（4）跳转语句

① continue 语句

continue 语句用于中止本次循环，并开始下一次循环。其语法格式如下。

```
continue;
```

例如，在 for 语句中通过 continue 语句计算金额大于或等于 1000 的数据的和的代码如下。

```
var total = 0;
var sum = new Array(1000,1200,100,600,736,1107,1205);     //声明一个一维数组
for ( i = 0;i < sum.length;i++) {
    if (sum[i]< 1000) continue;                           //不计算金额小于 1000 的数据
    total += sum[i];
}
document.write("累加和为: " + total);                      //输出计算结果
```

运行结果为："累加和为：4512"。

② break 语句

break 语句用于退出包含在最内层的循环或者退出一个 switch 语句。break 语句的语法格式如下。

```
break;
```

例如，在 for 语句中通过 break 语句中断循环的代码如下。

```
var sum = 0;
for ( i = 0;i < 100;i++) {
    sum += i;
    if (sum > 10) break;                                 //如果 sum > 10 就会立即跳出循环
}
document.write("0 至" + i + "(包括" + i + ")之间自然数的累加和为: " + sum);
```

运行结果为："0 至 5(包括 5)之间自然数的累加和为：15"。

课堂小实践

题目 1：定义两个数值型变量，分别为 a＝1000，b＝300，然后使用 if 语句判断，如果 a＜b，就弹出"true"，否则弹出"false"。

题目 2：分别使用 for 循环和 while 循环输出 0～30 的数。

3. JavaScript 函数

1）函数的定义

在 JavaScript 中，函数的定义是由关键字 function、函数名加一组参数以及置于大括号中需要执行的一段代码定义的。定义函数的基本语法如下。

```
function functionName([parameter 1, parameter 2, …]){
```

221

模块
六

音视频页面

```
    statements;
    [return expression;]
}
```

参数说明：

- functionName：必选，用于指定函数名。在同一个页面中，函数名必须是唯一的，并且区分大小写。
- parameter：可选，用于指定参数列表。当使用多个参数时，参数间使用逗号进行分隔。一个函数最多可以有 255 个参数。
- statements：必选，函数体，是用于实现函数功能的语句。
- expression：可选，用于返回函数值。expression 为任意的表达式、变量或常量。

例如，定义一个用于计算房子价格的函数 account()，该函数有两个参数，用于指定每平方米的价格和房子大小，返回值为计算后的金额。具体代码如下。

```
function account(price, size){
    var sum = price * size;          //计算金额
    return sum;                      //返回计算后的金额
}
```

2）函数的调用

（1）函数的简单调用

函数的定义语句通常被放在 HTML 文件的< head >段中，而函数的调用语句通常被放在< body >段中，如果在函数定义之前调用函数，执行将会出错。

函数的定义及调用语法如下。

```
< html >
< head >
< script type = "text/javascript">
function functionName(parameters){            //定义函数
    some statements;
}
</script >
</head >
< body >
    functionName(parameters);                 //调用函数
</body >
</html >
```

参数说明：

- functionName：函数名称。
- parameters：参数名称。

（2）在事件响应中调用函数

当用户单击某个按钮或某个复选框时都将触发事件，通过编写程序对事件做出反应的行为称为响应事件，在 JavaScript 语言中，将函数与事件相关联就完成了响应事件的过程。比如当用户单击某个按钮时执行相应的函数，可以使用如下代码实现该功能。

```
< script language = "javascript">
```

```
function f(){                                          //定义函数
    alert("test");
}
</script>
</head>
< body >
< form action = "" method = "post" name = "form1">
< input type = "button" value = "提交" onClick = "f();">//在按钮事件触发时调用自定义函数
</form>
</body>
```

从上述代码中可以看出,首先定义一个名为 f() 的函数,函数体比较简单,使用 alert()
语句返回一个字符串,然后在按钮 onClick 事件中调用 f() 函数。当用户单击"提交"按钮后
将弹出相应对话框。

（3）通过链接调用函数

函数除了可以在响应事件中被调用之外,还可以在链接中被调用,在< a >标签中的 href
标记中使用"javascript:关键字"格式来调用函数,当用户单击这个链接时,相关函数将被执
行,下面的代码实现了通过链接调用函数。

```
< script language = "javascript">
function f(){                                          //定义函数
    alert("我喜欢 JavaScript");
}
</script>
</head>
< body >
< a href = "javascript:f();"> test </a>                //在链接中调用自定义函数
</body>
```

3）函数参数的使用

在 JavaScript 中定义函数的完整格式如下。

```
function 自定义函数名(形参 1,形参 2, … )
{
    函数体
}
</script>
```

定义函数时,在函数名后面的圆括号内可以指定一个或多个参数（参数之间用逗号分
隔）。指定参数的作用在于,当调用函数时,可以为被调用的函数传递一个或多个值。

定义函数时指定的参数称为形式参数,简称形参；调用函数时实际传递的值称为实际
参数,简称实参。

如果定义的函数有参数,那么调用该函数的语法格式如下。

函数名(实参 1,实参 2, …)

通常在定义函数时使用了多少个形参,在函数调用时也必须给出多少个实参（这里需要
注意的是,实参之间也必须用逗号分隔）。

音视频页面

4）使用函数的返回值

有时需要在函数中返回一个数值在其他函数中使用，为了能够返回给变量一个值，可以在函数中添加 return 语句，将需要返回的值赋予变量，最后将此变量返回。语法规则如下。

```
< script type = "text/javascript">
function functionName(parameters){
    var results = somestaments;
    return results;
}
</script>
```

5）嵌套函数

嵌套函数即在函数内部再定义一个函数，这样定义的优点在于可以使内部函数轻松获得外部函数的参数以及函数的全局变量等。

```
< script type = "text/javascript">
var outter = 10;
function functionName(parameters1,parameters2){        //定义外部函数
    function InnerFunction(){                          //定义内部函数
        somestatements;
    }
}
</script>
```

参数说明：

- functionName：外部函数名称。
- InnerFunction：嵌套函数名称。

6）递归函数

递归函数就是函数在自身的函数体内调用自身，使用递归函数时一定要当心，处理不当将会使程序进入死循环，递归函数只在特定的情况下使用，比如处理阶乘问题。

语法：

```
< script type = "text/javascript">
var outter = 10;
function functionName(parameters1){
    functionName(parameters2);
}
</script>
```

参数说明：

functionName：递归函数名称。

7）JavaScript 中的内置函数

使用 JavaScript 语言时，除了可以自定义函数之外，还可以使用 JavaScript 的内置函数，这些内置函数是由 JavaScript 语言自身提供的。

JavaScript 中的内置函数如表 6-8 所示。

表 6-8　JavaScript 内置函数

函　数　名	描　　述
eval()	求字符串中表达式的值
isFinite()	判断一个数值是否为无穷大
isNaN()	判断一个数值是否为 NaN
parseInt()	将字符串型转换为整型
parseFloat()	将字符串型转换为浮点型
encodeURI()	将字符串转换为有效的 URL
encodeURIComponent()	将字符串转换为有效的 URL 组件
decodeURI()	对 encodeURI()编码的文本进行解码
decodeURIComponent()	对 encodeURIComponent()编码的文本进行解码

8) Function 构造函数与函数直接量

除了使用基本的 function 语句之外,还可使用另外两种方式来定义函数,即使用构造函数 Function()和使用函数直接量。这两者之间存在很重要的差别,主要如下。

(1) 构造函数 Function()允许在运行时动态创建和编译 JavaScript 代码,而函数直接量却是程序结构的一个静态部分,就像函数语句一样。

(2) 每次调用构造函数 Function()时都会解析函数体,并且创建一个新的函数对象。如果对构造函数的调用出现在一个循环中,或者出现在一个经常被调用的函数中,这种方法的效率将非常低。而函数直接量不论出现在循环体中还是出现在嵌套函数中,既不会在每次调用时都被重新编译,也不会在每次遇到时都创建一个新的函数对象。

(3) 使用 Function()创建的函数使用的不是静态作用域,相反地,该函数总是被当作顶级函数来编译。

6.1.5　知识点检测

6.1.6　项目实现

通过项目分析和知识点学习,相信读者已能逐步完成"中国淮剧"网站"流派艺术"页面代码的编写。参考代码如下。

HTML+JavaScript 部分:

```
<body>
<div id = "header">
  <div class = "colu">
    <div class = "logo"><img src = "images/logo1.png"/></div>
    <div class = "header_right">
      <div class = "searchBar">
        <form name = "searchform" method = "post" action = "index.php">
          <input type = "text" maxlength = "40" id = "keyword" name = "keyboard" class =
```

```
"keyWord" value = "请输入搜索关键字" >
            < i class = "fa fa - search"></i>
            < input type = "button" value = " 登 录" class = "btn">
            < input type = "button" value = " 注 册" class = "btn">
        </form>
    </div>
  </div>
</div>
</div>
< div id = "navwarp">
  < div class = "nav">
    < ul id = "nav_ul">
      < li class = "li1"><a href = "index.html">网站首页</a></li>
      < li class = "li1"><a href = "#">历史沿革</a></li>
      < li class = "li1"><a href = "genre.html">流派艺术</a></li>
      < li class = "li1"><a href = "opera.html">经典剧目</a></li>
      < li class = "li1"><a href = "#">品味淮剧</a></li>
      < li class = "li1"><a href = "#">剧团一览</a></li>
      < li class = "li1"><a href = "#">群英荟萃</a></li>
      < li class = "li1"><a href = "#">戏曲台词</a></li>
      < li class = "li1"><a href = "#">戏迷论坛</a></li>
    </ul>
  </div>
</div>
< div class = "colu margt">
  < div class = "common_side">
    < div class = "lblock">
      < h3 ><a href = "#"><i class = "fa fa - star"></i>八大流派</a></h3>
      < a class = "more" href = "#">更多>>></a></div>
    < ol class = "tree">
      < li>
        < label for = "folder1"><i class = "fa fa - arrow - right"></i>筱派旦腔</label>
        < input type = "checkbox" id = "folder1" checked = "checked"/>
        < ol>
          < li class = "file"><a href = "#"><i class = "fa fa - circle - thin"></i>《白蛇传》
</a></li>
          < li class = "file"><a href = "#"><i class = "fa fa - circle - thin"></i>《秦香莲》
</a></li>
          < li class = "file"><a href = "#"><i class = "fa fa - circle - thin"></i>《党的女
儿》</a></li>
          < li class = "file"><a href = "#"><i class = "fa fa - circle - thin"></i>《三女抢
板》</a></li>
          < li class = "file"><a href = "#"><i class = "fa fa - circle - thin"></i>《海港的早
晨》</a></li>
          < li class = "file"><a href = "#"><i class = "fa fa - circle - thin"></i>《李素萍》
</a></li>
          < li class = "file"><a href = "#"><i class = "fa fa - circle - thin"></i>《走上新
路》</a></li>
        </ol>
      </li>
      < li>
```

```html
< label for = "folder2">< i class = "fa fa - arrow - right"></i>何派生腔</label>
< input type = "checkbox" id = "folder2"/>
< ol >
    < li class = "file">< a href = "">< i class = "fa fa - circle - thin"></i>《千里送京娘》</a></li>
    < li class = "file">< a href = "">< i class = "fa fa - circle - thin"></i>《铡包勉》</a></li>
    < li class = "file">< a href = "">< i class = "fa fa - circle - thin"></i>《五台山》</a></li>
    < li class = "file">< a href = "">< i class = "fa fa - circle - thin"></i>《美人计》</a></li>
</ol >
</li >
< li >
    < label for = "folder3">< i class = "fa fa - arrow - right"></i>李派旦腔</label>
    < input type = "checkbox" id = "folder3"/>
    < ol >
        < li class = "file">< a href = "">< i class = "fa fa - circle - thin"></i>《赵五娘》</a></li>
        < li class = "file">< a href = "">< i class = "fa fa - circle - thin"></i>《李翠莲》</a></li>
    </ol >
</li >
< li >
    < label for = "folder4">< i class = "fa fa - arrow - right"></i>马派自由调</label>
    < input type = "checkbox" id = "folder4"/>
    < ol >
        < li class = "file">< a href = "">< i class = "fa fa - circle - thin"></i>《岳飞》</a></li>
        < li class = "file">< a href = "">< i class = "fa fa - circle - thin"></i>《杨家将》</a></li>
        < li class = "file">< a href = "">< i class = "fa fa - circle - thin"></i>《白虎堂》</a></li>
    </ol >
</li >
< li >
    < label for = "folder5">< i class = "fa fa - arrow - right"></i>徐派老旦</label>
    < input type = "checkbox" id = "folder5"/>
    < ol >
        < li class = "file">< a href = "">< i class = "fa fa - circle - thin"></i>《杨八姐游春》</a></li>
        < li class = "file">< a href = "">< i class = "fa fa - circle - thin"></i>《机房教子》</a></li>
        < li class = "file">< a href = "">< i class = "fa fa - circle - thin"></i>《隔墙相会》</a></li>
        < li class = "file">< a href = "">< i class = "fa fa - circle - thin"></i>《对舌》</a></li>
    </ol >
</li >
< li >
    < label for = "folder6">< i class = "fa fa - arrow - right"></i>周派生腔</label>
```

```
                       < input type = "checkbox" id = "folder6"/>
                       < ol >
                         < li class = "file"><a href = ""><i class = "fa fa - circle - thin"></i>《红楼梦》</a>
</li>
                         < li class = "file"><a href = ""><i class = "fa fa - circle - thin"></i>《红娘子》</a>
</li>
                         < li class = "file"><a href = ""><i class = "fa fa - circle - thin"></i>《珍珠塔》</a>
</li>
                       </ol >
                     </li>
                     < li >
                       < label for = "folder7"><i class = "fa fa - arrow - right"></i>杨派生腔</label>
                       < input type = "checkbox" id = "folder7"/>
                       < ol >
                         < li class = "file"><a href = ""><i class = "fa fa - circle - thin"></i>《蓝桥会》</a>
</li>
                         < li class = "file"><a href = ""><i class = "fa fa - circle - thin"></i>《白蛇传》</a>
</li>
                       </ol >
                     </li>
                     < li >
                       < label for = "folder8"><i class = "fa fa - arrow - right"></i>李派生腔</label>
                       < input type = "checkbox" id = "folder8"/>
                       < ol >
                         < li class = "file"><a href = ""><i class = "fa fa - circle - thin"></i>《二度梅》</a>
</li>
                         < li class = "file"><a href = ""><i class = "fa fa - circle - thin"></i>《舍妻审妻》
</a></li>
                       </ol >
                     </li>
                  </ol >
               </div >
               < div id = "column5">
                 < h2 >流派艺术之美</h2 >
                 < section id = "tab">
                   < ul id = "tab - nav">
                     < li ><a href = "♯tab1" id = "nav - tab1">筱派旦腔细柔动听</a></li>
                     < li ><a href = "♯tab2" id = "nav - tab2">何派生腔流畅舒展</a></li>
                     < li ><a href = "♯tab3" id = "nav - tab3">李派旦腔亲和力强</a></li>
                     < li ><a href = "♯tab4" id = "nav - tab4">马派自由调跌宕有致</a></li>
                   </ul >
                   < section id = "tab - content">
                     < article id = "tab1">
                       < p >著名表演艺术家筱文艳女士创立。筱派唱腔细腻柔美、爽朗动听,追求发声时气息的
流畅,运用口腔、鼻腔、胸腔和脑腔共鸣,注重发挥中低音区厚实、柔润的特点,给人一种感情真挚的艺
术效果!它可以根据不同的人物性格,灵活地加以运用,大大地增强了淮剧表现力。</p >
                     </article >
                     < article id = "tab2">
                       < p >著名表演艺术家何叫天先生创立。该唱腔流派讲究演唱的技巧性和艺术性,吐字清
晰,音韵纯正,嗓音洪亮,用气深沉,给人以流畅、苍劲、舒展的艺术美感。善于运用颤音,极富情感特
色,并注重运用真假嗓,造成音色的强烈对比。其创作的“自由调连环句”更是开创了淮剧生腔艺术的
```

新局面。何派生腔艺术在大江南北广为流传。</p>
  </article>
  < article id = "tab3">
   < p>第一代淮剧女演员之一的李玉花女士创立。该流派要求演员有清脆的好嗓子,演唱重喷口,口齿清楚,擅长大段的清唱。唱词通俗,字音清晰,注重吐字,句急而气不乱,腔紧而字不糊。大段唱分层次,注意起伏安排,紧紧抓住观众情绪,演唱引人入胜,句与句之间连接天衣无缝,演唱极具亲和力。</p>
  </article>
  < article id = "tab4">
   < p>著名表演艺术家马麟童先生创立。武生出身的马麟童,嗓音沙哑,演唱大段唱腔有难度。经过长期的研究和艺术实践,他设计出一种符合自己行当的唱法。注意音句中小过门的运用,解决了做工戏和武打戏时气息较短的矛盾,能在每句中获得三次换气的机会,又形成了分明的艺术节奏,产生跌宕有致的舞台艺术效果。他的演唱气质豪放,胸腔共鸣饱满,刚劲有力。在唱腔中常常有大幅度的上下滑音。</p>
  </article>
 </section>
 </section>
 < div class = "genre_title">
  <h3>品味名曲</h3>
  < a href = "#">更多>>></a></div>
 < div class = "genre_audio">
  < ul >
   < h4 >《走上新路》片段</h4 >
   < li >
    < audio controls >
     < source src = "audio/genre_zsxl.mp3">
    </audio >
   </li >
   < h4 >《女 审》片段</h4 >
   < li >
    < audio controls >
     < source src = "audio/genre_ns.mp3">
    </audio >
   </li >
   < h4 >《白蛇传》片段</h4 >
   < li >
    < audio controls >
     < source src = "audio/genre_bsz.mp3">
    </audio >
   </li >
  </ul >
  < ul id = "audio_partwo">
   < h4 >《党的女儿》片段</h4 >
   < li >
    < audio controls >
     < source src = "audio/genre_ddne.mp3">
    </audio >
   </li >
   < h4 >《三女抢板》片段</h4 >
   < li >
    < audio controls >

```
            < source src = "audio/genre_snqf.mp3">
          </audio >
        </li >
      < h4 >《牙痕记》片段</h4 >
      < li >
        < audio controls >
          < source src = "audio/genre_yhj.mp3">
        </audio >
      </li >
    </ul >
  </div >
</div >
</div >
< div id = "column4" class = "margt">
  < div class = "colunm_l">
    < div class = "lblock">
      < h3 >< a href = "#">< i class = "fa fa - hand - o - right"></i >友情链接</a ></h3 >
    </div >
    < div class = "vblock">
      < li >< a href = "http://www.hahjw.com/" target = "_blank">淮安淮剧网</a ></li >
      < li class = "spe">|</li >
      < li >< a href = "http://huaiju.0517114.net/" target = "_blank">淮剧艺术网</a ></li >
      < li class = "spe">|</li >
      < li >< a href = "#" target = "_blank">泰州市淮剧团</a ></li >
      < li class = "spe">|</li >
      < li >< a href = "http://www.ychjt.cn/" target = "_blank">盐城市淮剧团</a ></li >
    </div >
  </div >
</div >
< div class = "footer">
  < div >< a href = "#">联系我们</a >|< a href = "#">法律声明</a > | < a href = "#">网站地图
</a >|< a href = "javascript:SetHome('/')">设为首页</a ></div >
  < div >版权所有: 小新工作室　地址: 盐城市开放大道 50 号信息工程学院</div >
</div >
< script type = "text/javascript">
//获取对象
var nav_tab1 = document.getElementById("nav - tab1");
var nav_tab2 = document.getElementById("nav - tab2");
var nav_tab3 = document.getElementById("nav - tab3");
var nav_tab4 = document.getElementById("nav - tab4");
var tab1 = document.getElementById("tab1");
var tab2 = document.getElementById("tab2");
var tab3 = document.getElementById("tab3");
var tab4 = document.getElementById("tab4");
//设置 tab2、tab3、tab4 初始状态不显示
tab2.style.display = "none";
tab3.style.display = "none";
tab4.style.display = "none";
//设置 nav_tab1 初始状态为被单击效果
nav_tab1.className = "active";
nav_tab1.onclick = function(){
```

```
        hideAll();
        tab1.style.display = "block";
        nav_tab1.className = "active";
    }
    nav_tab2.onclick = function(){
        hideAll();
        tab2.style.display = "block";
        nav_tab2.className = "active";
    }
    nav_tab3.onclick = function(){
        hideAll();
        tab3.style.display = "block";
        nav_tab3.className = "active";
    }
    nav_tab4.onclick = function(){
        hideAll();
        tab4.style.display = "block";
        nav_tab4.className = "active";
    }
    //将所有内容都设置为隐藏,所有链接的样式类都清除
    function hideAll(){
        tab1.style.display = "none";
        tab2.style.display = "none";
        tab3.style.display = "none";
        tab4.style.display = "none";
        nav_tab1.className = "";
        nav_tab2.className = "";
        nav_tab3.className = "";
        nav_tab4.className = "";
    }
</script>
</body>
```

CSS 部分:

```
<link href = "CSS/font - awesome.min.css" rel = "stylesheet" type = "text/css">
<style type = "text/css">
/* CSS Document */
body, div, dl, dt, dd, ul, ol, li, h1, h2, h3, h4, h5, h6, pre, form, fieldset, input, textarea,
p, blockquote, th, td, img {
    padding: 0;
    margin: 0;
}
img {
    border: 0;
}
ol, ul, li {
    list - style: none;
}
h1, h2, h3, h4, h5, h6 {
    font - weight: normal;
```

```css
        font - size: 100 % ;
    }
    / * Public * /
    html {
        width: 100 % ;
        height: 100 % ;
    }
    body {
        width: 100 % ;
        height: 100 % ;
        color: ♯333;
        font: 14px/20px "微软雅黑";
        - webkit - text - size - adjust: none;
        background: url(images/noise.png);
    }
    a {
        color: ♯333333;
        text - decoration: none;
        outline: none;
    }
    a:hover {
        text - decoration: none;
        color: ♯eeeeee;
    }
    .margt {
        margin - top: 20px;
    }
    .colu {
        width: 1200px;
        margin: 0 auto;
        overflow: hidden;
    }
    .more {
        float: right;
    }
    / * header * /
    / * header logo * /
    ♯header .logo {
        padding - top: 8px;
        float: left;
        overflow: hidden;
    }
    / * header 搜索 注册 登录 * /
    .header_right {
        float: right;
        width: 34 % ;
        padding: 85px 20px 0 0;
    }
    .searchBar {
        float: left;
    }
```

```
.searchBar .keyWord {
    float: left;
    width: 208px;
    height: 35px;
    line-height: 30px;
    padding-left: 12px;
    color: #666;
    font-family: "微软雅黑";
    border-radius: 8px;
    border: 1px solid #b72526;
}
.searchBar .keyWord:focus {
    border: none;
}
.searchBar .fa-search {
    float: left;
    margin: 10px 5px 5px -25px;
    font-size: 18px;
}
.searchBar .btn {
    display: block;
    float: left;
    width: 52px;
    height: 35px;
    background: #b72526;
    margin: 0 5px;
    border-radius: 5px;
    color: #fff;
}
/* header nav */
#navwarp {
    width: 100%;
    background: #b72526;
}
#navwarp .nav {
    width: 1200px;
    margin: 0 auto;
    background: #b72526;
    height: 50px;
}
#navwarp .nav ul li {
    float: left;
    width: 11%;
    text-align: center;
    background: url(../images/zsdq_sx.png) no-repeat left 19px;
    position: relative;
    z-index: 9;
    font-weight: bold;
    font: bold 17px/50px "微软雅黑";
}
#navwarp .nav ul li a {
```

```css
        color: #ffffff;
    }
    /* content colunmside tree CSS */
    .common_side {
        float: left;
        width: 272px;
        background: #fff;
        padding: 20px 10px 0;
        height: 800px;
    }
    .common_side .lblock {
        position: relative;
        line-height: 20px;
        padding: 0 10px 10px 10px;
        border-bottom: 2px solid #b72526;
        margin: 18px 0 18px 0;
    }
    .common_side .lblock h3 {
        color: #d41a1a;
        font: bold 18px/32px "微软雅黑";
    }
    .common_side .lblock h3 a {
        color: #d41a1a;
    }
    .common_side .lblock h3 i {
        padding: 0 10px 0 0;
    }
    .common_side .lblock .more {
        margin-top: 6px;
        font-size: 14px;
        position: absolute;
        right: 0;
        top: 0px;
    }
    .tree {
        padding: 0 0 0 10px;
        width: 260px;
        height: 628px;
        color: #fff;
        font-size: 1.2em;
    }
    .tree > li {
        position: relative;
        list-style: none;
        line-height: 45px;
        background: #d41a1a;
        border-bottom: 1px solid #fff;
    }
    .tree > li i {
        padding: 0 10px 0 0;
    }
```

```css
.tree li.file a {
    color: #fff;
    text-decoration: none;
    display: block;
}
.tree li input {
    position: absolute;
    left: 0;
    top: 0;
    margin-left: 0;
    opacity: 0;
    z-index: 2;
    cursor: pointer;
    height: 1em;
    width: 1em;
}
input + ol {
    display: none;
}
input + ol > li {
    height: 0;
    overflow: hidden;
    padding-left: 15px;
    line-height: 30px;
    font-size: 0.9em;
}
.tree li label {
    cursor: pointer;
    display: block;
    padding-left: 17px;
    font-size: 1.1em;
}
.tree input:checked + ol {
    margin: -22px 0 0 -44px;
    padding: 27px 0 0 80px;
    height: auto;
    display: block;
}
input:checked + ol > li {
    height: auto;
}
/* content colunm1 colunm1_right */
#column5 {
    width: 850px;
    height: 800px;
    float: right;
    padding: 20px 20px 0;
    border: 1px solid #eeead9;
    background: #fff;
    overflow: hidden;
    margin-bottom: 15px;
```

```
    }
    #column5 h2 {
        text-align: center;
        color: #b72526;
        font-family: "微软雅黑";
        font-size: 24px;
        font-weight: bold;
        margin: 20px 0;
    }
    /* tab 切换 */
    #tab {
        width: 660px;
        margin: 0 auto;
        background: #eeeeee;
        box-shadow: 5px 5px 5px #cccccc;
    }
    #tab-content {
        background: #eeeeee;
        height: 140px;
        padding: 25px;
    }
    #tab-nav {
        background: #b72526;
        margin: 0;
        padding: 0;
    }
    #tab-nav li {
        display: inline-block;
        list-style: none;
        width: 150px;
        height: 50px;
        line-height: 50px;
        text-align: center;
    }
    #tab-nav li a {
        display: block;
        color: #FFF;
        text-decoration: none;
    }
    #tab-nav li a.active {
        color: #7F7979;
        background: #eeeeee;
    }
    #tab-content p {
        font-size: 14px;
        text-indent: 24px;
        line-height: 1.5em;
        text-align: justify;
    }
    /* 品味名曲-音频部分 */
    .genre_title {
```

```css
        border - bottom: 2px solid #b72526;
        margin - top: 10px;
        margin - bottom: 18px;
    }
    .genre_title h3 {
        color: #d41a1a;
        font: bold 18px/45px "微软雅黑";
        margin: 0 5px;
    }
    .genre_title a {
        text - decoration: none;
        color: black;
        float: right;
        position: relative;
        top: - 30px;
    }
    .genre_title a:hover {
        color: #d41a1a;
    }
    .genre_audio ul {
        display: inline;
        float: left;
        margin - right: 80px;
    }
    .genre_audio li {
        margin - top: 12px;
        margin - left: 40px;
    }
    .genre_audio h4 {
        margin - left: 80px;
        font: bold 15px/48px "微软雅黑";
    }
    /* column4 友情链接 */
    #column4 {
        clear: both;
        margin: 10px auto;
        width: 1200px;
        overflow: hidden;
        background: #fff;
    }
    #column4 .colunm_l {
        width: 1160px;
        height: auto;
        margin: 25px 1.8% 8px;
        height: 120px;
        float: left;
        border - top: 2px solid #ce1b1b;
        padding - top: 16px;
        overflow: hidden;
        float: left;
    }
    #column4 .lblock {
        overflow: hidden;
        border - bottom: 1px solid #e9e9e9;
```

```
        padding - bottom: 16px;
        position: relative;
    }
    # column4 .lblock h3 {
        float: left;
        width: 150px;
        height: 31px;
        font: bold 18px/32px "微软雅黑";
    }
    # column4 .lblock h3 a {
        width: 150px;
        height: 31px;
        display: block;
        color: # ce1b1b;
    }
    # column4 .lblock h3 a {
        color: # ce1b1b;
    }
    # column4 .lblock h3 a i {
        padding: 10px;
    }
    # column4 .lblock .more {
        margin - top: 6px;
        font - size: 14px;
        font - weight: normal;
        position: absolute;
        right: 0;
        top: 0;
    }
    # column4 .vblock {
        padding - top: 10px;
        font - size: 13px;
        text - align: center;
        overflow: hidden;
        height: 40px;
    }
    # column4 .vblock li {
        float: left;
        padding: 4px;
        min - width: 40px;
    }
    / * footer * /
    .footer {
        clear: left;
        width: 100 % ;
        background: # 333333;
        text - align: center;
        padding - top: 30px;
        color: # 676767;
        padding: 15px 10px 30px 10px;
        line - height: 26px;
    }
    .footer a {
        padding: 0 4px;
```

```
        color: #fff;
    }
</style>
```

上述项目中,Tab 切换组件具体实现步骤如下。

首先,为组件中的 4 个列表元素和 4 个内容元素创建变量。

其次,初始状态下只显示第一篇文章内容,其后的三篇文章内容隐藏,通过设置元素的 display 属性值来实现隐藏和显示。为第一个列表元素添加类名"active"。

接着为四个列表项目分别添加 onclick 事件函数,在其中调用 hideAll() 函数,并通过设置内容元素的 display 属性为 block,以及链接的 className 属性为 active,以切换 Tab 的显示。

6.1.7　项目总结

在项目实施过程中,要重点把握音频的使用方法以及 Tab 切换组件的实现方法;要注意 JavaScript 中获取文档对象、定义函数和调用函数的方法;搜集、整理淮剧流派艺术素材资源,体会中国传统文化的艺术魅力,感受淮剧艺术家们对艺术的专注和坚守。

项目 6-2　"中国淮剧"网站"经典剧目"页面设计

6.2.1　项目描述

"中国淮剧"网站"经典剧目"页面主要是以视频形式展现经典剧目的精彩。页面其他内容和表现形式与项目 6-1 基本一致,在此只展示经典视频呈现的效果图,如图 6-4 所示。

图 6-4　"经典剧目"页面效果

6.2.2　项目分析

1. 视频呈现部分结构

"中国淮剧"网站"经典剧目"页面视频部分结构如图 6-5 所示。

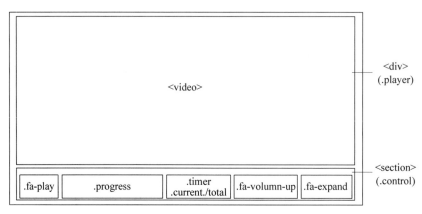

图 6-5　经典剧目视频呈现部分结构

2. 具体实现细节

经典剧目呈现部分其实是一个视频播放器,具体细节如下。

(1) 视频播放器包括视频和控制台两部分。

(2) 视频部分仅需插入< video >标签,指定视频的路径即可。

(3) 控制台包括"播放"按钮、进度条、"时间显示"按钮、"音量"按钮以及"全屏"按钮。单击"播放"按钮可以实现播放和暂停功能的切换;单击"音量"按钮,可以实现静音和非静音的切换;单击"全屏"按钮可以将视频切换至全屏播放;进度条按钮可以观察视频播放的进度,当鼠标单击进度条至某一值时,视频将跳转至对应时间播放;"时间显示"按钮可以显示视频正在播放的时间及总时长;"全屏"按钮可以让视频全屏显示。

6.2.3　项目知识点分解

由上述具体实现细节,该项目涉及的新知识点导图如图 6-6 所示。

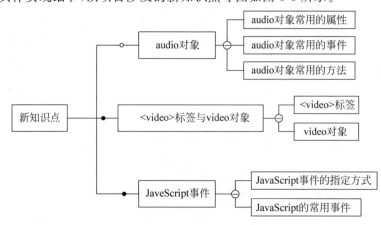

图 6-6　项目 6-2 知识点分解

6.2.4 知识点解析

1. audio 对象

1）audio 对象常用的属性

audio 对象是 HTML5 中的新对象，可以通过使用 getElementById() 来访问 audio 元素，例如：

```
var x = document.getElementById("myAudio");
```

audio 对象常用属性如表 6-9 所示。

表 6-9　audio 对象常用属性

属　　　性	描　　　述
audioTracks	返回表示可用音频轨道的 AudioTrackList 对象
autoplay	设置或返回是否在就绪(加载完成)后随即播放音频
buffered	返回表示音频已缓冲部分的 TimeRanges 对象
controller	返回表示音频当前媒体控制器的 MediaController 对象
controls	设置或返回音频是否应该显示控件(比如播放/暂停等)
crossOrigin	设置或返回音频的 CORS 设置
currentSrc	返回当前音频的 URL
currentTime	设置或返回音频中的当前播放位置(以秒计)
defaultMuted	设置或返回音频默认是否静音
duration	返回音频的长度(以秒计)
ended	返回音频的播放是否已结束
error	返回表示音频错误状态的 MediaError 对象
loop	设置或返回音频是否应在结束时再次播放
mediaGroup	设置或返回音频所属媒介组合的名称
muted	设置或返回是否关闭声音
networkState	返回音频的当前网络状态
paused	设置或返回音频是否暂停
playbackRate	设置或返回音频播放的速度
played	返回表示音频已播放部分的 TimeRanges 对象
preload	设置或返回音频的 preload 属性的值
seeking	返回用户当前是否正在音频中进行查找
src	设置或返回音频的 src 属性的值

2）audio 对象常用的事件

audio 对象常用事件如表 6-10 所示。

表 6-10　audio 对象常用事件

属　　　性	描　　　述
abort	当音频/视频的加载已终止时触发(不是发生错误时触发)
canplay	当浏览器可以开始播放音频/视频时触发
canplaythrough	当浏览器预计能够在不停下来进行缓冲的情况下持续播放时触发

属　　　性	描　　　述
durationchange	当音频/视频的时长已更改时触发,当音频/视频加载后,时长将由 NaN 变为音频/视频的实际时长
ended	当在音频/视频加载期间发生错误时触发
loadeddata	当前帧的数据已加载,但没有足够的数据来播放下一帧时触发
loadedmetadata	当浏览器已加载音频/视频的元数据时触发,元数据包括:时长、尺寸(仅视频)以及文本轨道
loadstart	当浏览器开始寻找指定的音频/视频时触发
pause	当音频/视频已暂停时触发
play	当音频/视频已开始或不再暂停时触发
playing	当音频/视频在因缓冲而暂停或停止后已就绪时触发。和 play 事件的区别就在于 play 发生在缓冲开始时,而 playing 发生在缓冲结束时
progress	当浏览器正在下载音频/视频时触发
ratechange	当音频/视频的播放速度已更改时触发
seeked	当用户完成移动/跳跃到音频/视频中的新位置时触发
seeking	当用户开始移动/跳跃到音频/视频中的新位置时触发
stalled	当浏览器尝试获取媒体数据但数据不可用时触发
suspend	当浏览器刻意不获取媒体数据时(浏览器阻止)触发
timeupdate	当目前的播放位置已更改时触发,随着播放的进行持续触发
volumechange	当音量已更改时触发
waiting	当视频由于需要缓冲下一帧而停止时触发

3) audio 对象常用的方法

audio 对象常用方法如表 6-11 所示。

表 6-11　audio 对象常用方法

方　　　法	描　　　述
canPlayType()	检查浏览器是否能够播放指定的音频类型
fastSeek()	在音频播放器中指定播放时间
load()	重新加载音频元素
play()	开始播放音频
pause()	暂停当前播放的音频

2. <video>标签与 video 对象

1) <video>标签

HTML5 的<video>标签可以定义视频播放器,其语法规则与<audio>标签一致。

```
<video src="音频文件路径" controls>您的浏览器不支持 video 标签。
</video>
```

src 与 controls 也是<video>标签的基本属性。src 用来设置视频文件的路径;controls 用来设置视频播放控件,包括播放、暂停、进度和音量控制、全屏等功能,当然,也可以自定义控制栏的功能和样式。

<video>标签支持三种音频格式文件,分别是 MP3、Wav 和 Ogg。Internet Explorer 9+,

Firefox、Opera、Chrome 以及 Safari 支持< video >标签。但 Internet Explorer 8 以及更早的版本不支持< video >标签。具体使用方法同< audio >标签一致。

< video >标签属性绝大部分与< audio >标签一致，< video >标签另外还有 width 和 height 属性，分别表示视频播放器的宽度和高度。

2）video 对象

HTML5 为 video 对象提供了用于 DOM 操作的属性、事件和方法，基本与 audio 对象一致，在此不一一阐述。

下面通过一个案例来演示如何通过 JavaScript 操作 video 对象。

demo6-6/play pause.html：

```
<!doctype html >
< html >
< head >
< meta charset = "utf - 8">
< title > Video Play - Pause </title >
</head >
< body >
< video id = "myVideo" src = "1.mp4" width = "800px" height = "600px">您的浏览器不支持 video 标签</video >
< br >
< input type = "button" value = "Play/Pause" onClick = "PlayandPause()"/>
< script defer type = "text/javascript">
var myVideo = document.getElementById("myVideo");
function PlayandPause()
{
if(myVideo.paused)
myVideo.play();
else
myVideo.pause();
}
</script >
</body >
</html >
```

此案例中定义了一个用于播放或者暂停的控制按钮，为该按钮的 onclick 事件定义了方法 PlayandPause()。使用 if 条件语句判断，当播放器状态为暂停时调用 play()方法，即切换为播放；再单击一次按钮切换为暂停。页面效果如图 6-7 所示。

3. JavaScript 事件

事件是一些可以通过脚本响应的页面动作。当用户按下鼠标键或者提交一个表单，甚至在页面上移动鼠标时，事件就会发生。事件处理是一段 JavaScript 代码，总是与页面中的特定部分以及一定的事件相关联。当与页面特定部分关联的事件发生时，事件处理器就会被调用。

绝大多数事件的命名都是描述性的，很容易理解。例如 click、submit、mouseover 等，通过名称就可以猜测其含义。但也有少数事件的名称不易理解，例如 blur（英文的字面意思为"模糊"），表示一个域或者一个表单失去焦点。通常，事件处理器的命名原则是，在事件名称前加上前缀 on。例如，对于 click 事件，其处理器名为 onClick。

图 6-7　video-play pause. html 页面效果

1) JavaScript 事件的指定方式

在使用事件处理程序对页面进行操作时,最主要的是如何通过对象的事件来指定事件处理程序。指定方式主要有以下两种。

(1) 在 JavaScript 中

在 JavaScript 中调用事件处理程序,首先需要获得要处理对象的引用,然后将要执行的处理函数赋值给对应的事件。例如下面的代码:

```
< input id = "save" name = "bt_save" type = "button" value = "保存">
  < script language = "javascript">
    var button_save = document.getElementById("save");
    button_save. onclick = function(){
        alert("单击了保存按钮");
    }
  </script >
```

(2) 在 HTML 中

在 HTML 中分配事件处理程序,只需要在 HTML 标记中添加相应的事件,并在其中指定要执行的代码或是函数名即可。例如:

```
< input name = "bt_save" type = "button" value = "保存" onclick = "alert('单击了保存按钮');">
```

在页面中添加如上代码,同样会在页面中显示"保存"按钮,当单击该按钮时,将弹出"单击了保存按钮"对话框,此实例也可以通过以下代码来实现。

```
< input name = "bt_save" type = "button" value = "保存" onclick = "clickFunction();">
function clickFunction(){
    alert("单击了保存按钮");
}
```

2）JavaScript 的常用事件

（1）处理窗口事件

当用户执行某些会影响整个浏览器窗口的操作时，就会发生窗口事件。主要窗口事件如表 6-12 所示。

表 6-12　主要窗口事件

窗口事件	描述
load	页面完全加载后会触发该事件
unload	该事件在文档被完全卸载后触发。刷新页面时，也会触发该事件
onmove	窗口移动时触发该事件
onabort	当用户取消网页上的图像加载时触发该事件
onerror	当页面上发生 JavaScript 错误时触发该事件
onscroll	当一个页面滚动时触发该事件

（2）处理鼠标事件

用户与页面的许多交互都是通过鼠标移动或鼠标单击进行的。主要鼠标事件如表 6-13 所示。

表 6-13　主要鼠标事件

鼠标事件	描述
onmousedown	页面完全加载后会触发该事件
onmouseup	该事件在文档被完全卸载后触发。刷新页面时，也会触发该事件
onmousemove	窗口移动时触发该事件
onmouseover	在鼠标指针移动到元素上时触发
onmouseout	在鼠标指针移动到元素外时触发
ondblclick	鼠标双击时触发该事件
onclick	鼠标单击时触发该事件

案例代码如下。

demo6-7.html：

```
<!doctype html>
<html>
<head>
<meta charset = "utf-8">
<title>onmouseover、onmouseout 事件</title>
<style type = "text/CSS">
body {
    margin: 0;
    padding: 0;
}
.description {
    padding: 10px 10px;
    width: 200px;
```

```
        heiqht: 60px;
        border: 1px ♯f00 solid;
        background: yellow;
        opacity: 0.6;
        position: absolute;
        top: 0;
        left: 120px;
        display: none;
    }
</style>
</head>
<body>
<label id = "inform">
  <input type = "checkbox"/>
  免登录七天</label>
<div class = "description">请勿在网吧或公共场所使用,可以免登录七天!</div>
<script type = "text/javascript">
    var info = document.getElementById("inform");
    var des = document.getElementsByClassName("description")[0];
    /*鼠标移动到复选框文字上时触发*/
    info.onmouseover = function (){
        des.style.display = "block";
        info.style.cursor = "pointer";
    }
     /*鼠标移出复选框文字之后触发*/
    info.onmouseout = function (){
        des.style.display = "none";
    }
</script>
</body>
</html>
```

（3）处理键盘事件

除了鼠标外,另一种主要输入设备是键盘。与鼠标一样,JavaScript 也为键盘提供了一些事件,如表 6-14 所示。

表 6-14 主要键盘事件

键 盘 事 件	描 述
onkeydown	键盘按键按下触发该事件(如果按着不放,会持续触发该事件),能捕获组合键
onkeypress	键盘非功能按键按下(在 keydown 之后触发,如果按着不放会持续触发该事件),只能捕获单个键
onkeyup	键盘按键弹起时触发该事件,可以捕获组合键

（4）表单处理事件

表单处理事件主要用来验证表单,通过如表 6-15 所示的事件,可以处理用户在表单上所做的任何操作。

表 6-15　主要表单事件

表 单 事 件	描　　　述
onsubmit	表单中的"确认"按钮被单击时触发的事件
onreset	当用户单击 reset 按钮时触发该事件
onchange	在对象的值发生改变时触发的事件
onselect	选择了一个 input 或 textarea 区域中的文本时触发该事件
onclick	用户单击时触发该事件
onblur	在对象失去焦点时触发的事件
onfocus	在对象获得焦点时触发的事件

案例代码如下。

demo6-8.html：

```
<!doctype html>
<html>
<head>
<meta charset = "utf - 8">
<title>onblur、onfocus 事件</title>
</head>
<body>
<p>请输入你的英文名:
    <input type = "text" id = "ename">
</p>
<p>请输入你的年龄:
    <input type = "text" id = "age">
</p>
<script type = "text/javascript">
    var ename = document.getElementById('ename');
    var age = document.getElementById('age');
    ename.onfocus = function (){
        ename.style.backgroundColor = "#cccccc";
    }
    ename.onblur = function (){
        if (ename.value == "") {
            ename.value = "如 yc";
        }
        ename.style.backgroundColor = "#ffffff";
    }
    age.onblur = function (){
        alert('age is ' + this.value);
    }
</script>
</body>
</html>
```

在上面的案例中,当第一个文本框获得焦点时,背景色变为灰色,失去焦点时背景色变为白色。同时判断是否输入内容,若未输入,在第一个文本框中填入"如 yc"字样;在第二个文本框中输入年龄,鼠标离开时页面出现提示框,内容为"age is"及年龄。

（5）文本编辑事件

文本编辑事件是对浏览器中的内容进行选择、复制、剪切和粘贴时所触发的事件。

① 复制事件

复制事件是在浏览器中复制被选中的部分或全部内容时触发事件处理程序。复制事件有 onbeforecopy 和 oncopy 两个事件。onbeforecopy 事件是将网页内容复制到剪贴板时触发事件处理程序，oncopy 事件是在网页中复制内容时触发事件处理程序。

例如，不允许复制网页中的内容。案例如下。

demo6-9. html：

```html
<!doctype html>
<html>
<head>
<meta charset = "utf - 8">
<title>不允许复制网页中的内容</title>
</head>
<body oncopy = "return cop()">
快来复制!
</body>
<script language = "javascript">
function cop()
{
    alert("该页面不允许复制");
    return false;
}
</script>
</html>
```

② 剪切事件

剪切事件是在浏览器中剪切被选中的内容时触发事件处理程序。剪切事件有 onbeforecut 和 oncut 两个事件。onbeforecut 事件是当页面中的一部分或全部内容被剪切到浏览者系统剪贴板时触发事件处理程序，oncut 事件是当页面中被选择的内容被剪切时触发事件处理程序。

例如，屏蔽在文本框中进行剪切和复制的操作，代码如下。

demo6-10. html：

```html
<!doctype html>
<html>
<head>
<meta charset = "utf - 8">
<title>不允许进行复制操作</title>
</head>
<body>
<p>用 JavaScript 实现页面不能进行复制操作</p>
<form name = "form1" method = "post" action = "">
  <textarea name = "textarea" cols = "50" rows = "10" oncut = "return false" oncopy = "return
cop()">
```

```
</textarea>
  < script language = "javascript">
function cop()
{
    alert("该页面不允许复制");
    return false;
}
</script>
</form>
</body>
</html>
```

③ 粘贴事件

粘贴事件(onbeforepaste)是将内容要从浏览者的系统剪贴板中粘贴到页面上时所触发的事件处理程序。可以利用该事件避免浏览者在填写信息时,对验证信息进行粘贴,如"密码"文本框和"确定密码"文本框中的信息。

④ 选择事件

选择事件是用户在 body、input 或 textarea 表单区域中选择文本时触发的事件处理程序。选择事件有 onselect 和 onselectstart 两个事件。

onselect 事件是当文本内容被选择时触发的事件处理程序。当使用本事件时,只能在相应的文本中选择一个字符或是一个汉字后触发本事件,并不是用鼠标选择文本后,松开鼠标时触发。

例如,当多行文本框中的内容被选中时,弹出提示框,代码如下。

demo6-11. html:

```
<!doctype html >
< html >
< head >
< meta charset = "utf - 8">
< title>内容选中事件</title>
< script type = "text/javascript">
  function message(){
    alert("您触发了选中事件!"); }
</script>
</head>
< body >
< form >
    学习经历简介: < br>
    < textarea name = "summary" cols = "50" rows = "10" onselect = "message()">请写入学习经历简介,不少于 150 字!</textarea>
</form>
</body>
</html>
```

课堂小实践

参考 demo6-6/play pause. html 页面,设计如图 6-8 所示的视频播放器效果。

图 6-8　视频播放器效果

6.2.5　知识点检测

6.2.6　项目实现

通过项目分析和视频、JavaScript 函数、JavaScript 对象等知识点学习，读者定能逐步理解并完成经典剧目呈现部分，即视频播放器的编写。参考代码如下。

HTML 部分：

```
< div id = "column5">
< h2 >经典剧目呈现 -- «金水桥»选段</h2 >
< div class = "player">
  < video id = "video">
    < source src = "images/1.mp4" type = "video/ogg">
  </video >
  <! -- 控制台 -->
  < section class = "control">
    <! --播放/暂停 -->
    < a href = "javascript:;" class = "btn fa fa - play"></a>
    <! -- 进度条 -->
    < div class = "progress" width = "420">
      < div class = "line"></div >
```

```
    </div>
    <!-- 时间 -->
    <div class = "timer"><span class = "current">00:00:00</span> / <span class = "total">
00:00:00</span></div>
    <!-- 音量 -->
    <a href = "javascript:;" class = "btn volume fa fa-volume-up"></a>
    <!-- 全屏 -->
    <a href = "javascript:;" class = "btn fa fa-expand"></a></section>
</div>
```

CSS 部分：

```
#column5 h2 {
    text-align: center;
    color: #b72526;
    font-family: "微软雅黑";
    font-size: 24px;
    font-weight: bold;
    margin: 30px 0;
}
.player {
    width: 720px;
    height: 430px;
    margin: 20px auto;
    padding: 20px;
    border-radius: 4px;
    background: #999999;
    position: relative;
}
.player video {
    display: none;
    width: 90%;
    height: 90%;
    margin: 0 auto;
}
.player .control {
    position: absolute;
    bottom: 10px;
    width: 680px;
}
/* 按钮 */
.player .btn {
    display: inline-block;
    width: 20px;
    height: 20px;
    font-size: 20px;
    color: #FFF;
    margin: 15px 5px;
}
.player .progress, .timer {
    display: inline-block;
```

```css
    }
/* 进度条 */
.player .progress {
    width: 420px;
    height: 10px;
    border - radius: 3px;
    overflow: hidden;
    background - color: #555;
    cursor: pointer;
    margin: 0 10px 0 0;
}
/* 播放进度 */
.player .progress .line {
    width: 0;
    height: 100%;
    background - color: #FFF;
}
/* 时间 */
.player .timer {
    width: 130px;
    height: 20px;
    line - height: 20px;
    color: #FFF;
    font - size: 14px;
}
```

JavaScript 部分：

```javascript
< script type = "text/javascript" >
//获取对象
var video = document.querySelector("video");
var play = document.querySelector(".fa - play");
var current = document.querySelector(".current");
var total = document.querySelector(".total");
var progress = document.querySelector(".progress");
var line = document.querySelector(".line");
var volume = document.querySelector(".volume");
var expand = document.querySelector(".fa - expand");
var current_time;
//通过 addEventListener 方法给对象 video 添加事件处理句柄,此视频加载完成后,绑定处理函数,
//用户单击 play 播放或者暂停
video.addEventListener("canplay", function(){
video.style.display = "block";
//单击播放
play.onclick = function(){
if(video.paused){
video.play();
}else{
video.pause();
}
this.classList.toggle("fa - pause"); }
```

```
//单击静音
volume.onclick = function(){
    this.classList.toggle("fa - volume - off");
    this.classList.toggle("fa - volume - up");
    //如果不是静音
    if (!video.muted) {
    video.muted = true;
    }else{
    video.muted = false;
    }
}
//计算视频总时长,以时分秒表示
var total_time = video.duration;
var h = parseInt(total_time/3600);
var m = parseInt(total_time % 3600/60);
var s = parseInt(total_time % 60);
h = h >= 10? h:"0" + h;
m = m >= 10? m:"0" + m;
s = s >= 10? s:"0" + s;
total.innerHTML = h + ":" + m + ":" + s;
//监听当前播放时间
video.addEventListener("timeupdate", function(){
    current_time = this.currentTime;
    var h = parseInt(current_time/3600);
    var m = parseInt(current_time % 3600/60);
    var s = parseInt(current_time % 60);
    h = h >= 10? h:"0" + h;
    m = m >= 10? m:"0" + m;
    s = s >= 10? s:"0" + s;
    current.innerHTML = h + ":" + m + ":" + s;
    var new_width = current_time/total_time * 100 + " % "; line.style.width = new_width;
});
//跳转至指定位置播放
 progress.onclick = function(e){
    var percent = e.offsetX/this.getAttribute("width");
    video.currentTime = percent * total_time;
}
//视频播放器窗口最大化
expand.onclick = function(){
    video.webkitRequestFullScreen();
}
});
</script>
```

6.2.7 项目总结

  本项目实施过程中,要重点把握控制台中进度条、播放进度的设计方法;要注意如何给对象添加事件处理句柄,在其中如何绑定处理函数;聆听淮剧的经典剧目,了解淮剧古装剧、现代剧、折子戏、小淮戏等戏曲风格，提升对淮剧传统文化认识、认同的程度。

6.2.8 能力拓展

模仿设计"中国淮剧"网站首页，如图 6-9 所示。

图 6-9 "中国淮剧"网站首页效果

模块七　响应式网页布局

问题提出：随着移动通信技术和网络技术的发展，用户浏览网页的设备从桌面计算机扩充到平板电脑、手机等设备。同样的网页内容，在大小迥异的屏幕上，如何能都呈现出令人满意的效果？很多网站的解决方法是为不同的用户设备提供不同的网页，如专门提供一个手机版本，或者 iPhone、iPad 版本。这样虽然保证了效果，但同时架构和维护几个版本，工作量较大。是否可以"一次设计，普遍适用"？即让同一个网页自动适应不同大小的屏幕。响应式网站设计就是为应对移动互联网多终端设备而提出的。本模块将主要探讨如何实现网页的响应式设计，同时为了简化响应式的实现步骤，还引入了 Bootstrap 框架进行响应式的设计。

核心概念：响应式网站设计理念，媒体查询，断点，百分比布局，视口，移动优先组织方式，桌面优先组织方式，Bootstrap，栅格系统。

响应式网站设计理念：页面的设计与开发应当根据用户行为以及设备环境（系统平台、屏幕尺寸、屏幕定向等）进行相应的响应和调整。

媒体查询：是对 Media Type 的一种增强，可以看作由 Media Type 和一个或多个检测媒体特性的条件表达式组成。

断点：在浏览器宽度变化时，布局跟着发生变化的临界点。

百分比布局：将固定宽度换算为百分比宽度的方法。

视口：一种是可见视口（device-width），指的是设备屏幕宽度；另一种是视窗视口（width），即浏览器窗口的宽度。

移动优先组织方式：页面优先采用移动样式，它的特征是使用 min-width 匹配页面宽度。

桌面优先组织方式：页面优先采用桌面样式，它的特征是使用 max-width 匹配页面宽度。

Bootstrap：是一个用于快速开发 Web 应用程序和网站的前端框架。

栅格系统（Grid Systems），也称网格系统，它运用固定的格子设计版面布局，以规则的网格阵列来指导和规范网页中的版面布局以及信息分布。

学习目标：
- 理解响应式布局的理念，掌握响应式布局设计的要点。
- 掌握 CSS 媒体查询的语法规则、引用方法，并能运用 CSS 媒体查询语言设定不同视口下网页的布局方式。
- 理解移动优先组织方式与桌面优先组织方式的布局特点。
- 掌握百分比布局的方法，能运用百分比设定页面元素的宽度。

- 分析响应式布局的设计流程、优点、不足及注意事项。
- 理解 Bootstrap 框架的功能。
- 掌握 Bootstrap 的组成及安装过程。
- 掌握 Bootstrap 栅格系统的使用方法。
- 了解 Bootstrap 的通用样式和组件。
- 对比页面设计的多种方法,总结各种技术的优势和不足。
- 在项目实施过程中,总结本学期学习的知识体系和实践操作,体会课程讲授和学习的方法,展示优秀作品,探讨、切磋作品的主题、意义、内容、设计艺术以及多种开发技术。
- 赏析"中国文明网""社会主义核心价值观网""中国共产党历史网""人民网强国社区"等网站,在分析网站响应式技术实现的同时,学习网站内容。

项目 7.1 "课程学习汇报交流"网站首页设计

7.1.1 项目描述

本项目是基于模块四中项目 4-2 的能力拓展题——"课程学习汇报交流"网站首页进行响应式设计,该项目的 HTML 部分以及 style.css 部分与原来一致。要实现响应式效果,需添加媒体查询及百分比布局等。不同视口下效果如图 7-1～图 7-3 所示。

图 7-1　980～1200px 视口下页面效果

图 7-2　560～980px 视口下页面效果

图 7-3　560px 以下宽度页面效果

7.1.2　项目分析

1. 页面结构

"课程学习汇报交流"网站首页在 980～1200px 视口下页面结构如图 7-4 所示。

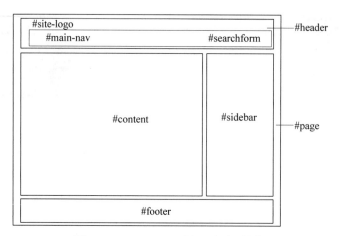

图 7-4　980～1200px 视口下页面结构

"课程学习汇报交流"网站首页在 560～980px 视口下页面结构如图 7-5 所示,560px 以下宽度页面结构如图 7-6 所示。

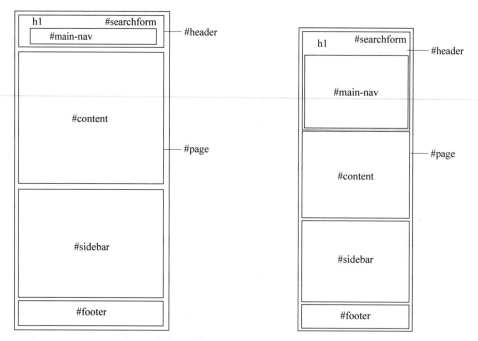

图 7-5　560～980px 视口下页面结构　　　　图 7-6　560px 以下宽度页面结构

2. 具体实现细节

此项目主要是为了实现响应式布局,即在不同屏幕宽度下加载不同的样式文件,实现对应的布局效果。

(1) 确定 1200px、980px、560px 作为媒体查询的三个断点。

(2) 当屏幕宽度大于 1200px 时,保留原页面的样式,无论视口宽度如何变化,网页的内容与布局方式都不改变。

(3) 当屏幕宽度在 980～1200px 时,页面各部分的宽度(包括间距和边距)用百分比表示,视口在这个阶段内的值变化时,各元素在水平方向上随之扩大或收缩。

(4) 当屏幕宽度在 560～980px 时,页面部分元素的布局方式和表现形式发生了变化,第一是搜索框脱离了导航条跑到页面顶端,第二是网站 Logo 图片变成了文字,第三是 content 与 sidebar 不再是两列布局,而是平铺在页面中。

(5) 当屏幕宽度小于 560px 时,横菜单变成了竖菜单。

7.1.3 项目知识点分解

通过项目分析得知,完成此响应式页面设计需要掌握如图 7-7 所示的知识点。

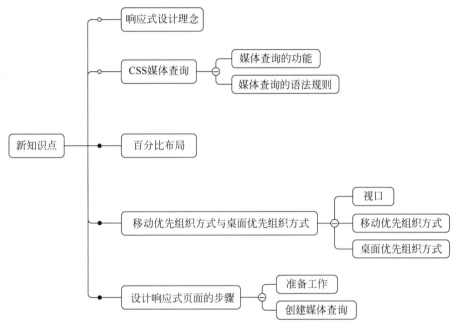

图 7-7 项目 7-1 知识点分解

7.1.4 知识点解析

1. 响应式设计理念

响应式设计的理念是:页面的设计与开发应当根据用户行为以及设备环境(系统平台、屏幕尺寸、屏幕定向等)进行相应的响应和调整。此概念于 2010 年 5 月由国外著名网页设计师 Ethan Marcotte 提出。具体的实践方式由多方面组成,包括弹性网格和布局、图片、CSS Media Query 的使用等。

无论用户正在使用笔记本、iPad 还是桌面计算机,响应式页面都能够自动切换分辨率、图片尺寸及相关脚本功能等,以适应不同设备;换句话说,页面应该有能力去自动响应用户的设备环境。响应式网页设计就是一个网站能够兼容多个终端——而不是为每个终端制作一个特定的版本。

2. CSS 媒体查询

1) 媒体查询的功能

从 CSS2 开始,就可以通过媒体类型(Media Type)在 CSS 中获得媒体支持。Media

Query(媒体查询)是对 Media Type 的一种增强,可以看作由 Media Type 和 一个或多个检测媒体特性的条件表达式组成。如果条件表达式结果为**真**,则继续使用样式表;如果为**假**,则不能使用样式表。这种简单逻辑通过表达式变得更加强大,能够更灵活地对特定的设计场景使用自定义的显示规则。

使用媒体查询,能自动探测媒体类型和媒体特性,之后加载相应的 CSS 文件。实现向不同设备提供不同样式,为每种类型的用户提供最佳体验的功能。

2) 媒体查询的语法规则

先看一个简单的案例 demo7-1,将下面这段由< body >标签的样式规则以及四个@media 语句组成的代码插入到某个页面头文件的< style ></ style >标签之间,保存后打开浏览器,不断调整浏览器的窗口宽度,页面的背景颜色就会根据当前的视口尺寸而发生变化。

demo7-1 案例代码:

```
< style type = "text/css">
body{
    background:grey;
}
@media screen and (max-width:1200px){
    body{
        background:red;
    }
}
@media screen and (max-width:960px){
    body{
        background:orange;
    }
}
@media screen and (max-width:768px){
    body{
        background:yellow;
    }
}
@media screen and (max-width:400px){
    body{
        background:green;
    }
}
</style>
```

这个案例是用媒体查询语句实现的效果,此查询语句设置了四个断点,分别实现当屏幕宽度在定值间的背景颜色的变化,简要实现响应式效果。

(1) 断点

断点是在浏览器宽度变化时,布局跟着发生变化的临界点。

在响应式设计中,经常看到的断点值是 320px、480px、768px、1024px、1200px 等。768px 和 1024px 是 iPad 的竖横尺寸。那么 320px、480px 是适应什么设备的呢?

从 2007 年起,第一代 iPhone 发布,直到 iPhone 3GS,屏幕的宽高都是 320×480px。响应式理念出现在 2010 年,所以很多响应式设计参考资料中,都根据当时手机尺寸设定

320px、480px 为其断点。

从 iPhone 4 开始，设备的屏幕大小不断变化，所以使用当年流行设备的尺寸作为断点，没有实在的意义；当然也没必要追随这些屏幕尺寸变化而不停修改断点，因为更新太快了，有时半年就会一次变化。所以，确定断点值时应根据实际需求来考虑，例如，设计一个网站，在它由三列变成两列、再由两列变成一列时，哪些视口值让画面看上去更自然，就选择具体值作为断点值，遵从实际需求来考虑。

（2）@media 媒体查询语句语法规则

一条媒体查询包含以下几个基本组成部分：媒体类型、媒体特性、逻辑关键词、条件表达式和规则。

```
@media [not|only] type [and] (expr){
        rules
}
```

① 媒体类型 type

媒体类型即指定特定的目标媒体类型，如表 7-1 所示。

表 7-1　媒体类型表

类　　型	解　　释	类　　型	解　　释
all	所有设备	projection	项目演示，比如幻灯片
braille	盲文	screen	彩色计算机屏幕
embossed	盲文打印	speech	演讲
handheld	手持设备	tty	固定字母间距的网格的媒体
print	文档打印或打印预览模式	tv	电视

CSS2 中定义了 10 种媒体类型，常用的有 all、print、screen 和 handheld 类型。如果没有明确指定媒体类型，默认为 all。

在@media 语句中，代码的开头必须要书写@media，之后指定设备类型，若是 print，代表只有在打印或打印预览时才能使用对应的样式。还可以用逗号分隔来实现同一个样式应用于不同的设备类型。下面这段代码是什么意思呢？

```
@media handheld , screen and(min-width:480px){

}
```

其指定了当视口宽度大于 480px 的显示器上或手提设备中使用什么样式。

就媒体类型而言，只允许指定媒体设备的类型，但是为了对页面进一步细分、缩小范围，需要进一步利用媒体特性。

② 媒体特性 expr

媒体特性的书写方式与样式的书写方式相似，分为两个部分，如 min-width：320px，当中由冒号分隔，冒号前是设备的某种特性，冒号后是该特性的具体值。

```
@media screen and (min-width : 320px){

}
```

上述代码指定了只有在视口宽度大于 320px 的显示屏设备才能使用对应的样式。

媒体有很多特性,比如颜色、网格、宽高度(注意 device-height 与 heigth 的区别)和方向等,其中,方向的值可以是 portrait 或 landscapt,适用于手机或平板电脑的用户,具体如表 7-2 所示。

表 7-2　媒体特性

属　　　　性	值	Min/Max	描　　　　述
color	整数	yes	每种色彩的字节数
color-index	整数	yes	色彩表中的色彩数
device-aspect-ratio	整数/整数	yes	宽高比例
device-height	length	yes	设备屏幕的输出高度
device-width	length	yes	设备屏幕的输出宽度
orientation	portrait/landscape	no	横屏或竖屏
grid	整数	no	是否是基于格栅的设备
height	length	yes	渲染界面的高度
monochrome	整数	yes	单色帧缓冲器中每像素字节
resolution	分辨率	yes	分辨率
scan	progressive interlaced	no	tv 媒体类型的扫描方式
width	length	yes	渲染界面的宽度

③ 逻辑关键词

可以使用关键词(and、or、not、only)创建更复杂的表达式。

- AND。可以用 AND 测试多个表达式。使用这个关键字可以将媒体类型和多个媒体特征联系起来,只有当这些条件为真时,该媒体查询的样式才会生效。例如:

```
@media (min-width:320px) and (orientation:landscape){
        .sidebar{
            display:none;
        }
}
```

表示仅当页面宽度大于 320px 并且是水平放置时,查询表达式成立。两者中任一条件不满足时,该样式都不会生效。

- NOT。使用 NOT 关键字就是对当前的媒体查询条件取反操作。例如:

```
<link rel="stylesheet" media="not screen and (orientation:portrait)" href="portrait-screen.css">
```

在媒体查询语句 screen and (orientation:portrait)中的开头加 not 则会颠倒该查询的逻辑,意思是会使非纵向放置的显示屏设备加载对应的 portrait-screen.css 文件。

注意:not screen and (orientation:portrait),此时 not 与 and 同时出现时,not 是对媒体查询生效,而不是只对最近的条件生效,即 not(screen and (orientation:portrait))。

同时也要注意 not 与逗号分隔的多个媒体查询同时存在的情况,此时 not 只对它所在的那个媒体查询生效,对之前或者之后的媒体查询并不生效。例如:

```
not all and (max-width:600px),(orientation:landscape)
```

意为

```
(not all and (max-width:600px)),(orientation:landscape)
```

而不是

```
not (all and (max-width:600px),(orientation:landscape))
```

- OR。或(OR),使用逗号(,)分隔符可以将多个媒体查询隔开,如果这多个查询条件中的任意一个查询返回 true,则该样式生效。例如:

```
@media (min-width:420px),all and (orientation:landscape){
        .sidebar{
            display:none;
                }
        }
```

表示只要页面宽度大于 420px(符合第一个条件,无论是否符合第二个条件),该样式即生效;即使页面宽度不大于 420px,但设备是水平放置(不符合第一个条件,只符合第二个条件),该样式仍然生效。

注意:其实没有 OR 这个关键词,但是逗号可以起到相同的作用。

- ONLY。ONLY 是让不支持 Media Queries,但是能读取 Media Type 的设备的浏览器将表达式中的样式隐藏起来。

④ 条件表达式

由媒体类型、媒体特性与逻辑关键词共同组成条件表达式。

```
@media only screen and (min-width:320px){

}
```

代码中这个语句指定了只有在视口宽度大于 320px 的显示屏设备才能使用对应的样式。

⑤ 规则

媒体查询中最后一块内容,就是要应用的实际样式规则,即调整显示效果的基本样式,如下面代码中改变超链接文字的颜色。

```
@media only screen and (min-width:320px){
        a{
                color:blue;
            }
        }
```

可以在这里写规则,唯一的特殊之处就是位于媒体查询里边。

(3)媒体查询的引用方法

① @media 媒体查询语句

前面所讲述的是语法规则,是直接在网页内部样式表中或单独样式文件中使用不同媒体样式。

② 按条件链接外部 CSS 样式表文件

但有时可能需要对不同的媒体特性使用完全不同的样式表。例如,可能有一个用于大屏幕尺寸的样式表,还有一个可能完全针对移动设备上的 Web 页面,其中的字体、字体大小、颜色和整体布局样式设置完全不一样。在这种情况下,将各自的风格放在不同的样式表文件中,更整洁也更容易维护。

在页面的<head></head>中按条件链接外部 CSS 样式表文件,以便在独立的样式表文件中为不同设备编写 CSS 代码。例如:

```
< link rel = "stylesheet" media = "screen and (min - width:980px)" herf = "style.css"/>
```

代码的意思是限制只有视口宽度大于 980px 的显示屏才加载该样式文件。

在<link>标签中设置 media 属性,添加 Media Queries 规则,此时 media 属性值的语法格式遵守@media 规则的用法。此代码部分转换成 CSS 中的写法为:

```
@media screen and (min - width:980px){

}
```

③ 按条件引入其他样式表。

引入媒体查询的方式是多样的,还可以在当前样式表中按条件引入其他样式表,例如:

```
@import url("phone.css") screen and width (max - width:360px);
```

但这种方式会增加 HTTP 请求,要谨慎使用。

课堂思考

题目 1:下面的代码代表什么意思?

```
@media screen and (max - width: 900px) and(min - width:600px){

}
< link rel = "stylesheet" media = "screen and (orientation:portrait) and (min - width:800px),
projection" href = "800wide - portrait - screen.css"/>
```

题目 2:响应式网页的特点有哪些?

题目 3:媒体查询与媒体类型的功能有哪些差异?

3. 百分比布局

仅有媒体查询是无法设计出灵活的响应式页面的,因为仅使用媒体查询来适应不同视口的固定宽度设计,只会从一组 CSS 媒体查询突变到另一组,两者之间没有任何平滑的渐变。一旦当某个视口处于媒体查询设置的固定宽度范围之外时,网页就需要拖动滚动条才能完整浏览。要在所有视口都完美显示,需要将固定像素布局转换成灵活的百分比布局,即使用百分比设定元素宽度。

将固定像素宽度转换为对应的百分比宽度公式如下。

目标元素宽度÷父盒子元素宽度=百分比宽度

模块四中的 demo4-7 中的案例,采用典型的网页布局方式,若要修改其为响应式设计,需添加媒体查询语句并设置元素的百分比布局。

```
responsive.html:
```

其余代码不变,在<head>标记对内插入样式表链接语句,即:

```
<link type = "text/css" rel = "stylesheet" href = "media - queries.css">
```

再在网页同一目录下添加 media-queries. CSS,代码如下。

```css
@charset "utf - 8";
/ * CSS Document * /
/ ***************************************
smaller than 1200
*************************************** /
@media screen and (max - width: 1200px) {
#container{
    width: 95 % ;                        / * 宽度是相对于视口尺寸而言 * /
    padding: 0.83 % 10px;
  }
  # header{
    padding: 10px 0.83 % ;              / * 10 ÷ 1200 * /
  }
  # navigation{
    padding: 10px 0.83 % ;              / * 10 ÷ 1200 * /
  }
  # footer{
    padding:10px 0.83 % ;               / * 10 ÷ 1200 * /
  }
  # main{
    width: 66.66 % ;                     / * 740 ÷ 1200 * /
    padding: 0.83 % ;                    / * 10 ÷ 1200 * /
  }
  # sidebar{
    width: 28.33 % ;                     / * 380 ÷ 1200 * /
    padding: 0.83 % ;                    / * 10 ÷ 1200 * /
  }
}
/ ***************************************
smaller than 780
*************************************** /
@media screen and (max - width: 780px) {
  # main{
    width: 98.34 % ;                     / * 1 - 2 * 0.83 % * /
    padding: 0.83 % ;                    / * 10 ÷ 1200 * /
  }
  # sidebar{
    width: 98.34 % ;                     / * 1 - 2 * 0.83 % * /
    padding: 0.83 % ;                    / * 10 ÷ 1200 * /
  }
}
```

　　本案例中,首先确定 1200px 与 780px 作为媒体查询的两个断点;当屏幕宽度大于 1200px 时,即使改变其宽度,所有元素布局方式不变;而当屏幕宽度在 780~1200px 时,页面各部分的宽度(包括内边距)用百分比表示,视口在这个阶段内的值变化时,各元素在水平方向上随之扩大或收缩;当屏幕宽度在 780px 以下时,main 与 sidebar 要纵向水平排列,其余元素布局方式不变。屏幕宽度在 780～1200px 时页面效果如图 7-8 所示,当屏幕宽度在 780px 以下时页面效果如图 7-9 所示。

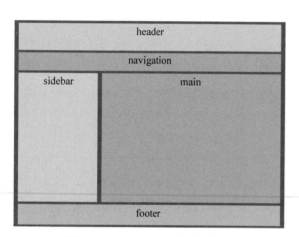

图 7-8　780～1200px 时页面效果

图 7-9　屏幕宽度在 780px 以下时页面效果

课堂小实践

将模块四中的三列布局案例设计为响应式页面。

4. 移动优先组织方式与桌面优先组织方式

1) 视口

视口(viewpoint)是响应式设计中非常重要的概念,浏览器中有两种视口:一种是可见视口(device-width),指的是设备屏幕宽度,通常可以使用于移动设备,因为这样的设备具有更小的显示区域;另一种是视窗视口(width),即浏览器窗口的宽度,特定媒体类型的渲染视区,也就是网页实际显示的区域。对于桌面操作系统来说,其实就是当前浏览器的宽度可以包含滚动条,但不包含工具栏、标签栏等。

2) 两个案例

demo7-1 中 Media Queries. html 实现了页面背景颜色随浏览器视口变化而变化,功能明显,代码简单。原来代码中 max-width 的值是由大变小的,若改成由小变大来放置代码会发生什么情况呢? 修改代码如下。

Media Queries1. html:

```
< style type = "text/css">
body{
```

```
        background:grey;
    }
    @media screen and (max-width:400px){
        body{
            background:green;
        }
    }
    @media screen and (max-width:768px){
        body{
            background:yellow;
        }
    }
    @media screen and (max-width:960px){
        body{
            background:orange;
        }
    }
    @media screen and (max-width:1200px){
        body{
            background:red;
        }
    }
</style>
```

保存后浏览会发现页面视口宽度小于等于1200px时,页面背景颜色都是红色,什么原因呢?

媒体查询的匹配规则与样式表是一致的,它会从后往前进行匹配,一旦匹配成功立即停止。当一个宽度小于1200px时(包括900px、500px、300px)都和最后一个规则匹配成功,一旦成功,匹配停止,页面背景色就是红色。所以,相同的代码片段以不同的顺序排列会导致不同的结果。

如果将 Media Queries1.html 代码中的 max-width 改成 min-width 呢? 代码如下。

Media Queries2.html:

```
<style type="text/css">
body{
    background:grey;
}
@media screen and (min-width:400px){
    body{
        background:green;
    }
}
@media screen and (min-width:768px){
    body{
        background:yellow;
    }
}
@media screen and (min-width:960px){
    body{
```

```
            background:orange;
        }
    }
    @media screen and (min-width:1200px){
        body{
            background:red;
        }
    }
</style>
```

保存后浏览会发现同 Media Queries.html 案例的效果大致相同,页面背景颜色随着视口宽度变化而变化,不同的是用 max-width 匹配的是页面宽度大于 1200px 时背景颜色是灰色,而用 min-width 匹配页面宽度的代码在页面宽度小于 400px 时背景颜色是灰色的。

3) 移动优先组织方式

Media Queries2.html 案例这种组织方式称为移动优先,在这种情况下希望页面优先采用移动样式,它的特征是使用 min-width 匹配页面宽度。当从上到下写样式时,首先考虑的是移动设备使用场景,默认的查询是最窄的情况(如上面默认的样式是对宽度不到 400px 的页面生效),再依次考虑屏幕设备逐渐变宽的情况。

4) 桌面优先组织方式

与移动优先对应的是桌面优先,Media Queries.html 与 responsive.html 都采用的是 max-width 判断页面的匹配情况。就是当从上向下书写样式时,首先考虑在一般桌面显示器上的效果,再依次递减,考虑更窄设备上的场景。

究竟是移动优先组织方式好还是桌面优先组织方式好,并没有一个清晰的界限。2014 年,阿里巴巴"双 11"全天交易额为 571 亿,移动端占比 42.6%;2015 年成交额 912 亿,移动端占比 68%;而 2016 年"双 11"阿里巴巴旗下各平台总交易额 1207 亿元,移动端交易占比 81.17%;2017 年天猫"双 11"全球狂欢节总交易额达到 1682 亿元,移动端交易占比 90%;2018 年天猫"双 11"全天交易 2135 亿,移动端占比 93%,用户购物习惯明显向移动端倾斜。所以很多设计师提倡移动优先,同时因为加法容易,减法(删减内容、删减栏目并调整布局)繁杂,以后在实际工程开发中都使用移动优先方式。但因为匹配课程开设的步骤,之前学习的内容都是基于桌面布局的方式,所以本专题的项目依然采用的是桌面优先布局的组织方式,为后续移动优先组织方式的课程学习打好基础。

5. 设计响应式页面的步骤

responsive.html 仅对无文字和图像等内容的页面实现了响应式,而实际的响应式设计要考虑到浏览器、媒体设备等众多因素,利用媒体查询语言设计响应式网页的步骤如下。

1) 准备工作

(1) 引入媒体查询 JavaScript 库。

由于 IE8 和更老的浏览器不支持 CSS3 的媒体查询,可以通过引入 CSS3-mediaqueries.js 让其在这些低版本的浏览器中生效。

```
<!-- [if lt IE 9]>
<script src="http://CSS3-mediaqueries-js.googlecode.com/svn/trunk/CSS3-mediaqueries.js">
</script>
```

```
<![endif]-->
```

（2）初始化 meta 标签。

为了显示更多的内容,浏览器会经过 viewpoint 的默认缩放将网页等比例缩小。但是,为了让用户能够看清楚设备中的内容,通常并不使用默认的 viewpoint 进行展示,而是自定义配置视口的属性,使这个缩小比例更加适当。在< meta >标签中插入"width＝device-width"告诉移动浏览器将使用设备的宽度来作为视口的宽度,"initial-scale＝1.0"表示不去初始的缩放,即阻止移动浏览器自动调整页面大小。

```
< meta name = "viewport" content = "width = device - width, initial - scale = 1.0">
```

2）创建媒体查询

（1）创建样式文件 media-queries.css。

在 index.html 源代码的< head >标记对中插入< link href＝"media-queries.css" rel＝"stylesheet" type＝"text/css">,引用此样式表。

（2）确定断点。

参考现在主流设备的分辨率来设定断点。

（3）插入媒体查询语言。

当页面容器的宽度为 1200px 以上时,默认为原 style.CSS 样式表中的布局方式,之后针对不同的视口宽度进行修正设计

```
@media screen and (max - width: 1200px) {

}
@media screen and (max - width: 768px) {

}
```

7.1.5 知识点检测

7.1.6 项目实现

通过项目分析和知识点学习,相信读者已能逐步完成课程学习汇报交流网站首页（index.html）代码的编写。参考代码如下。

HTML 部分:

```
<! doctype html >
< html lang = "en">
< head >
< meta charset = "utf - 8">
< title >精工明理 -- 星梦小组"网页设计与制作"课程学习汇报交流网!</title>
< meta name = "viewport" content = "width = device - width, minimum - scale = 1.0, maximum - scale
```

```
 = 1.0, initial - scale = 1.0">
<! -- html5. js for IE less than 9 -->
<! --[ if lt IE 9]>
    < script src = "http://html5shim. googlecode. com/svn/trunk/html5. js"></script>
<![ endif] -->

<! -- main css -->
< link href = "style. css" rel = "stylesheet" type = "text/css">
< link href = "media - queries. css" rel = "stylesheet" type = "text/css">
</head>

< body >
<! --  # pagewrap  -->
< div id = "pagewrap">
  <! --  # header  -->
  < header id = "header">
    < h1 id = "site - logo">< span>精工明理 -- "网页设计与制作"课程学习汇报交流网</span>
</h1 >
    <! -- #main - nav -->
    < nav >
      < ul id = "main - nav" class = "clearfix">
        < li >< a href = " # ">课程回顾</a></li>
        < li >< a href = " # ">项目展示</a></li>
        < li >< a href = " #m">案例分享</a></li>
        < li >< a href = " # ">难点解析</a></li>
        < li >< a href = " # ">小组成员</a></li>
        < li >< a href = " # ">心得体会</a></li>
        < li >< a href = " # ">你问我答</a></li>
      </ul >
    </nav >
    < form id = "searchform">
      < input type = "search" id = "s" placeholder = "Search">
    </form >
  </header >
  <! -- #content -->
  < section id = "content">
    < section id = "contenttop">
      < ul id = "depthPath">
        < li >< a href = " # ">«网页设计与制作»</a></li>
        < li > -- </li>
        < li >< a href = " # ">课程回顾</a></li>
        < li ></li>
      </ul >
    </section >
    < section id = "contentBody">
      < div class = "pic">< img src = "image/3. jpg"/></div >
      < div class = "des">课程简述:< span>本课程是数字媒体技术专业的一门专业选修课程,实
践性强、涉及的知识点非常多。</span></div >
      < div class = "des"></div >
      < div class = "des">主要知识点:< span> HTML5、CSS3、JavaScript </span></div >
      < div class = "des">教学方法:< span>案例教学法、项目驱动法、翻转课堂教学方法 </span>
```

```
</div>
        <div class = "des">学习时长：<span>6 课时/周</span></div>
        <div class = "des">先修知识：<span>学习者需熟练掌握 PS 或 AI,无其他先修要求。</span>
</div>
        <div class = "des">主讲教师：<span>陈劲新、徐华平、万小霞。</span></div>
    </section>
    <section>
        <h3>学习目标</h3>
        <div class = "des">以 Web 前端核心技术 HTML5、CSS3 与 JavaScript 为知识主线,以"立德树
人"为思政主线。在传递前端技术系统性与前沿性知识的同时,通过自主探究、协作学习等模式,培养
学生不懈探究、求真务实的品格与科学观;在网站开发与集成的项目实践中,培养学生理解并遵守
Web 前端开发职业道德和规范,具有一定的文献检索及信息甄别能力;培养学生具备良好的人文素
质、艺术修养,具有正确的理想信念、价值取向、政治素养、社会责任感和国际视野;培养学生具有团
队协作精神、批判性思维能力、开拓进取和追求创新的能力,能不断自主学习,适应社会和企业对人
才培养的需求。</div>
    </section>
    <section>
        <h3>考核方法</h3>
        <div class = "des">本课程侧重培养学生的自主学习能力、项目开发能力以及问题解决的能
力;塑造学生拥有学生勤奋刻苦、开拓进取、胸怀宽阔、求真务实的品格与科学观,树立积极主动的人
生观、职业观,为后面的专业学习、职业需求、社会服务奠定良好的基础,尤其是做好网站内容把关人。
考核方法拟采用:</div>
        <div class = "des">过程性评价:<span>微课资源学习及知识点检测、课堂问题研讨与随堂
考查、实验(项目)作业、思政网站素材搜集有效性、思政网站内容体现。</span></div>
        <div class = "des">总结性评价:<span>模拟网页设计、开发设计思政题材的综合网站。
</span></div>
        <div class = "des">采用五级制评定成绩,成绩评定建议:<span>平时表现及微课资源学习、
知识点检测、思政网站素材搜集的有效性(20％)＋课堂思政和技术问题研讨、随堂考查(20％)＋实验
(项目)作业(技术性、思政内容)(20％)＋期末总结性考查(技术性、思政内容)(40％)。</span>
</div>
    </section>
    <section>
        <h3>课程模块与项目</h3>
        <div class = "des">模块一:前端开发基本认识<span>("前端学堂"网站 default、index 页面
设计与开发)</span></div>
        <div class = "des">模块二:纯文本类网页<span>("前端学堂"网站 职业认识、核心概念 页
面设计)</span></div>
        <div class = "des">模块三:图文展示网页<span>("盐城文化风情网站"index、图说盐城 页
面设计)</span></div>
        <div class = "des">模块四:表单网页<span>("前端学堂"网站 联系我们 页面设计)</span>
</div>
        <div class = "des">模块五:网页布局<span>("人民铁军"index、铁军前身、战斗历程 页面设
计)</span></div>
        <div class = "des">模块六:音视频网页<span>("中国淮剧"网站 index、经典剧目 页面设
计)</span></div>
        <div class = "des">模块七:响应式网页布局<span>(精工明理－"网页设计与制作"课程学
习汇报交流网 index 页面设计)</span></div>
    </section>
</section>
<! -- ♯aside -->
<aside id = "sidebar">
```

```html
<! -- .widget -- >
< section class = "widget">
  < h4 class = "widgettitle">网站策划</h4 >
  < ul >
    < li >< a href = " # ">网站内容把关人</a></li>
    < li >< a href = " # ">网站分类</a></li>
    < li >< a href = " # ">策划过程</a></li>
    < li >< a href = " # ">网站思政元素搜集与优化</a></li>
    < li >< a href = " # ">策划原则</a></li>
  </ul >
</section >
<! -- .widget -- >
< section class = "widget">
  < h4 class = "widgettitle">HTML5 </h4 >
  < ul >
    < li >< a href = " # ">HTML5 语义化结构</a></li>
    < li >< a href = " # ">HTML5 中的文本</a></li>
    < li >< a href = " # ">HTML5 中的列表</a></li>
    < li >< a href = " # ">HTML5 中的超链接</a></li>
    < li >< a href = " # ">HTML5 中的图像</a></li>
    < li >< a href = " # ">HTML5 中的音视频</a></li>
    < li >< a href = " # ">HTML5 中的表单</a></li>
    < li >< a href = " # ">使用 Canvas 绘制图形</a></li>
  </ul >
</section >
<! -- .widget -- >
< section class = "widget">
  < h4 class = "widgettitle">CSS3 </h4 >
  < ul >
    < li >< a href = " # ">CSS3 基本选择器</a></li>
    < li >< a href = " # ">CSS3 复合选择器</a></li>
    < li >< a href = " # ">CSS3 文本、颜色、背景和边框</a></li>
    < li >< a href = " # ">CSS3 中的 Web 字体图标</a></li>
    < li >< a href = " # ">CSS3 过渡、变形、动画</a></li>
  </ul >
</section >
<! -- .widget -- >
< section class = "widget">
  < h4 class = "widgettitle">CSS3 布局</h4 >
  < ul >
    < li >< a href = " # ">DIV 与 Span</a></li>
    < li >< a href = " # ">盒子模型、元素的定位</a></li>
    < li >< a href = " # ">两列、三列布局</a></li>
    < li >< a href = " # ">多列布局</a></li>
    < li >< a href = " # ">多行多列布局</a></li>
  </ul >
</section >
<! -- .widget -- >
< section class = "widget">
  < h4 class = "widgettitle">响应式网页设计</h4 >
  < ul >
```

```html
        <li><a href = " # ">媒体查询</a></li>
        <li><a href = " # ">流式布局</a></li>
        <li><a href = " # ">弹性图片</a></li>
        <li><a href = " # ">文字缩放</a></li>
      </ul>
    </section>
  </aside>
  <! -- # footer -->
  <footer id = "footer">
    <div id = "copyRight">Copyright © 2019 盐城师范学院 信息工程学院 星梦小组<a href = "">
All rights reserved.</a></div>
  </footer>
</div>
</body>
</html>
```

style.css 部分：

```css
/ ****************************************************
RESET
**************************************************** /
html, body, address, blockquote, div, dl, form, h1, h2, h3, h4, h5, h6, ol, p, pre, table, ul,
dd, dt, li, tbody, td, tfoot, th, thead, tr, button, del, ins, map, object, a, abbr, acronym, b,
bdo, big, br, cite, code, dfn, em, i, img, kbd, q, samp, small, span, strong, sub, sup, tt, var,
legend, fieldset {
    margin: 0;
    padding: 0;
}
img, fieldset {
    border: 0;
}
/* set image max width to 100 % */
img {
    max-width: 100 % ;
    height: auto;
    width: auto\9; /* ie8 */
}
/* set html5 elements to block */
article, aside, details, figcaption, figure, footer, header, hgroup, menu, nav, section {
    display: block;
}
/ ****************************************************
GENERAL STYLING
**************************************************** /
body {
    background: url(image/noise.png);
    -webkit-font-smoothing: antialiased;          /* Fix for webkit rendering */
    font: .81em/150 % A"微软雅黑", "黑体";
    color: # 222;
}
a {
```

```
        color: #09C;
        text-decoration: none;
        outline: none;
    }
a:hover {
        text-decoration: underline;
    }
p {
        margin: 0 0 1.2em;
        padding: 0;
    }
/* list */
ul, ol {
        margin: 1em 0 1.4em 24px;
        padding: 0;
        line-height: 140%;
    }
li {
        margin: 0 0 .5em 0;
        padding: 0;
    }
/* headings */
h1, h2, h3, h4, h5, h6 {
        line-height: 1.4em;
        margin: 10px 0.4em;
        color: #000;
    }
h1 {
        font-size: 2em;
    }
h2 {
        font-size: 1.6em;
    }
h3 {
        font-size: 1.4em;
    }
h4 {
        font-size: 1.2em;
    }
h5 {
        font-size: 1.1em;
    }
h6 {
        font-size: 1em;
    }
/* reset webkit search input styles */
input[type=search] {
        -webkit-appearance: none;
        outline: none;
    }
input[type="search"]::-webkit-search-decoration, input[type="search"]::-webkit-
```

```css
search - cancel - button {
 display: none;
}
/ ******************************************************
STRUCTURE
****************************************************** /
# pagewrap {
    width: 1200px;
    background: #06C;
    padding: 0 10px 10px;
    margin: 0px auto;
    webkit - box - shadow: 0px 0px 6px 0px rgba(0, 0, 0, 0.2);
    box - shadow: 0px 0px 6px 0px rgba(0, 0, 0, 0.2);
}
/ ******************************************************
HEADER
****************************************************** /
# header {
    position: relative;
    height: 155px;
    margin: 0px;
    padding: 5px 0;
}
/ * site logo * /
# site - logo {
    height: 100px;
    background - image: url(image/12.png);
    background - repeat: no - repeat;
}
# site - logo span {
    display: none;
}
/ * searchform * /
# searchform {
    position: absolute;
    right: 25px;
    top: 124px;
    z - index: 100;
    width: 130px;
}
# searchform # s {
    width: 140px;
    float: right;
    background: #fff;
    border: none;
    padding: 6px 10px;
    / * border radius * /
    - webkit - border - radius: 5px;
    - moz - border - radius: 5px;
    border - radius: 5px;
    / * box shadow * /
```

```
        - webkit - box - shadow: inset 0 1px 2px rgba(0,0,0,.2);
        - moz - box - shadow: inset 0 1px 2px rgba(0,0,0,.2);
        box - shadow: inset 0 1px 2px rgba(0,0,0,.2);
        /* transition */
        - webkit - transition: width .7s;
        - moz - transition: width .7s;
        transition: width .7s;
    }
    /* ********************************************************
    MAIN NAVIGATION
    ******************************************************** */
    #main - nav {
        width: 1180px;
        background: #666;
        margin: 0 8px;
        padding: 0;
        position: absolute;
        left: 0;
        top: 115px;
        z - index: 100;
        /* border radius */
        - webkit - border - radius: 5px;
        - moz - border - radius: 5px;
        border - radius: 5px;
        /* box shadow */
        - webkit - box - shadow: inset 0 1px 2px rgba(0,0,0,.2);
        - moz - box - shadow: inset 0 1px 2px rgba(0,0,0,.2);
        box - shadow: inset 0 1px 2px rgba(0,0,0,.2);
    }
    #main - nav li {
        margin: 0;
        padding: 0;
        list - style: none;
        float: left;
        position: relative;
    }
    #main - nav a {
        line - height: 100%;
        color: #fff;
        display: block;
        padding: 14px 10px;
        background: url(image/navigation - divider.png) no - repeat right 50%;
        text - decoration: none;
        text - shadow: 0 - 1px 0 rgba(0,0,0,.5);
    }
    #main - nav a:hover {
        color: #fff;
        background: #06C;
        text - decoration: none;
    }
    /* ********************************************************
```

```
                CONTENT
***************************************************** /
#content {
    width: 815px;
    float: left;
    padding: 0px 10px 50px;
    margin: 10px 5px 5px 10px;
    background-color: #FFF;
    /* rounded corner */
    -webkit-border-radius: 28px;
    -moz-border-radius: 8px;
    border-radius: 8px;
    /* box shadow */
    -webkit-box-shadow: 0 1px 3px rgba(0,0,0,.4);
    -moz-box-shadow: 0 1px 3px rgba(0,0,0,.4);
    box-shadow: 0 1px 3px rgba(0,0,0,.4);
}
#contenttop {
    padding-top: 13px;
    height: 40px;
}
#content #depthPath {
    margin: 5px 0 0 0;
    padding: 0;
}
#content #depthPath li {
    display: inline;
}
#content #depthPath li a {
    color: #000;
}
#contentBody {
    margin: 5px 10px 10px 10px;
}
#contentBody .pic {
    float: left;
    margin-right: 15px;
}
#contentBody .pic img {
    margin: 0;
    padding: 0;
    /* rounded corner */
    -webkit-border-radius: 28px;
    -moz-border-radius: 8px;
    border-radius: 8px;
    /* box shadow */
    -webkit-box-shadow: 0 1px 3px rgba(0,0,0,.4);
    -moz-box-shadow: 0 1px 3px rgba(0,0,0,.4);
    box-shadow: 0 1px 3px rgba(0,0,0,.4);
}
#contenttop p span {
```

```
        color: #333;
        font-size: 0.8em;
    }
    #content h3 {
        margin-left: 5px;
        margin-top: 15px;
        padding: 4px 10px 0;
        font-size: 1em;
        font-weight: normal;
        font-family: 黑体;
        border-left: 2px #0033CC solid;
        border-right: 2px #0033CC solid;
        background-color: #ECECEC;
        clear: left;
        /* rounded corner */
        -webkit-border-radius: 28px;
        -moz-border-radius: 8px;
        border-radius: 8px;
    }
    .des {
        margin-bottom: 3px;
        margin-top: 0px;
        font-size: 1em;
        text-indent: 20px;
        line-height: 27px;
    }
    .des span {
        color: #333;
        font-size: 0.8em;
    }
    #content ul {
        margin: 0px;
        padding: 0;
        list-style-type: none;
        text-indent: 10px;
    }
    /****************************************************
    SIDEBAR
    ****************************************************/
    #sidebar {
        width: 325px;
        float: right;
        margin: 10px 15px 10px 0px;
    }
    .widget {
        background: #fff;
        margin: 0 0 5px;
        padding: 10px 20px;
        /* rounded corner */
        -webkit-border-radius: 8px;
        -moz-border-radius: 8px;
```

```css
    border-radius: 8px;
    /* box shadow */
    -webkit-box-shadow: 0 1px 3px rgba(0,0,0,.4);
    -moz-box-shadow: 0 1px 3px rgba(0,0,0,.4);
    box-shadow: 0 1px 3px rgba(0,0,0,.4);
}
.widgettitle {
    margin: 0 0 5px;
    padding: 0;
}
.widget h4 {
    font-size: 1.1em;
    color: #222;
}
.widget ul {
    margin: 0;
    padding: 0;
    font-size: 0.8em;
}
.widget li {
    margin: 0;
    padding: 6px 0;
    list-style: none;
    clear: both;
    text-indent: 20px;
    border-top: solid 1px #eee;
}
.widget li a {
    color: #333;
    text-decoration: none;
}
/* ************************************************
FOOTER
************************************************ */
#footer {
    clear: both;
    width: 1180px;
    background: #666;
    height: 45px;
    margin: 5px auto;
    text-align: center;
    padding: 5px 0;
    /* rounded corner */
    -webkit-border-radius: 28px;
    -moz-border-radius: 8px;
    border-radius: 8px;
    /* box shadow */
    -webkit-box-shadow: 0 1px 3px rgba(0,0,0,.4);
    -moz-box-shadow: 0 1px 3px rgba(0,0,0,.4);
    box-shadow: 0 1px 3px rgba(0,0,0,.4);
}
```

```css
#footer #copyRight {
    color: #fff;
    padding: 10px 20px 20px 20px;
}
#footer a {
    color: #ccc;
}
/ ******************************************************
CLEARFIX
****************************************************** /
.clearfix:after {
    visibility: hidden;
    display: block;
    font - size: 0;
    content: " ";
    clear: both;
    height: 0;
}
.clearfix {
    display: inline - block;
}
.clearfix {
    display: block;
    zoom: 1;
}
```

media-queries. css 部分：

```css
/ ********************************************************
smaller than 1200
******************************************************** /
@media screen and (max - width: 1200px) {
/ * pagewrap * /
#pagewrap {
    width: 95 % ;                    / * #pagewrap 元素的宽度应该是相对于视口尺寸而言 * /
    padding: 0 1.02 % ;             / * 10 ÷ 980 * /
}
#main - nav {
    width: 98.33 % ;               / * 1180 ÷ 1200 * /
    margin: 0 0.67 % ;             / * 8 ÷ 1200 * /
}
/ * content * /
#content {
    width: 67.91 % ;               / * 815 ÷ 120 * /
    padding: 0 0.83 % ;            / * 10 ÷ 120 * /
    margin: 10px 0.41 %  5px 0.83 % ; / * 5 ÷ 1200 10 ÷ 1200 * /
}
/ * sidebar * /
#sidebar {
    width: 27.08 % ;               / * 325 ÷ 1200 * /
    margin - left: 0.83 % ;        / * 10 ÷ 1200 * /
```

```
        margin-right: 0.83%;              /* 10÷1200 */
    }
    #footer {
        width: 98.33%;                    /* 1180÷1200 */
    }
}


/ ***********************************************************
smaller than 980
*********************************************************** /
@media screen and (max-width: 980px) {
/* header */
#header {
    height: auto;
    position: static;
}
/* search form */
#searchform {
    position: absolute;
    top: 10px;
    right: 5%;
    z-index: 100;
    height: 40px;
}
#searchform #s {
    width: 70px;
}
#searchform #s:focus {
    width: 150px;
}
/* main nav */
#main-nav {
    position: static;
}
/* site logo */
#site-logo {
    margin-top: 10px;
    height: 53px;
    background-image: none;
}
#site-logo span {
    display: inherit;
    color: #FFF;
    font-size: 1.4rem;
    padding-top: 20px;
}
/* content */
#content {
    width: 95%;
    float: none;
    margin: 10px auto;
}
/* sidebar */
#sidebar {
```

```
        width: 96 % ;
        margin: 10px auto;
        float: none;
    }
# sidebar .widget {
        padding: 3 %  4 % ;
        margin: 0 0 10px;
    }
}


/ * ********************************************************
smaller than 560
    ******************************************************** /
@media screen and (max - width: 560px) {
/ * disable webkit text size adjust (for iPhone) * /
html {
        - webkit - text - size - adjust: none;
    }
# site - logo {
        margin - top: 18px;
    }
# site - logo span {
        font - size: 1.1rem;
    }
/ * main nav * /
# main - nav {
        width: 96 % ;
        margin: 0 auto;
        position: static;
        / * border radius * /
        - webkit - border - radius: 5px;
        - moz - border - radius: 5px;
        border - radius: 5px;
        / * box shadow * /
        - webkit - box - shadow: inset 0 1px 2px rgba(0,0,0,.2);
        - moz - box - shadow: inset 0 1px 2px rgba(0,0,0,.2);
        box - shadow: inset 0 1px 2px rgba(0,0,0,.2);
        / * transition * /
        - webkit - transition: width .7s;
        - moz - transition: width .7s;
        transition: width .7s;
    }
# main - nav ul {
        width: 100 % ;
    }
# main - nav li {
        float: none;
        padding: 6px 5px 0px 5px;
        background - color: # 666;
        border - bottom: 1px solid # 999;
        text - align: center;
        border - left: 0;
    }
# main - nav a {
```

```
      font - size: 108 % ;
      padding: 10px 8px;
      background: none;
    }
    # content {
      margin - top: 5px;
    }
  }
```

7.1.7　项目总结

通过本项目的练习,能将优先设计好的桌面布局方式,运用媒体查询和百分比布局等实现响应式页面的设计。练习过程中需注意考虑浏览器兼容问题,插入< meta >标签以使移动浏览器将使用设备的宽度作为视口的宽度;还需确定合适的断点,采用 max-width 判断页面的匹配语句,从上至下书写样式规则,精确地编写媒体查询的匹配规则(流式布局、元素的位置变化、形式变化等)。总结本学期学习的知识体系和实践操作,展示自己的优秀作品,探讨、切磋作品的主题、意义、内容、开发的技术及设计的艺术。

7.1.8　能力拓展

模仿设计网页,桌面端效果如图 7-10 所示,并运用所学的媒体查询与百分比布局设计响应式效果。

图 7-10　桌面端效果

283

项目 7.2 "中国淮剧"网站首页 Bootstrap 重构

7.2.1 项目描述

　　"中国淮剧"网是以介绍中国地方戏剧淮剧为主题的专题网站,网站围绕淮剧历史沿革、淮剧流派、经典曲目、剧团介绍、戏剧名角等方面展开,通过大量的图文资料向网站用户立体、生动地展现了淮剧这一地方戏剧经久不衰的风貌。在本书模块六"能力拓展"中要求基于 HTML、CSS 和 JavaScript 构建"中国淮剧"网站首页。本项目提供了另一种实现方法,即基于 Bootstrap 重构页面,并实现了桌面端和移动端两种布局方式,两种布局效果分别如图 7-11 和图 7-12 所示。

图 7-11 "中国淮剧"网站首页桌面端效果

图 7-12　"中国淮剧"网站首页移动端效果

7.2.2　项目分析

项目的整体结构与基于 HTML 和 CSS 实现时基本一致,在具体实现时遵循 Bootstrap 栅格系统基本要求即可,顶部菜单采用 Bootstrap 导航组件并在原生样式的基础上做了适当修改,顶部搜索条采用 Bootstrap 表单搜索框组件,中间的图片滚动播放区域采用 Bootstrap 轮播组件,学术争鸣栏目使用 Bootstrap 多媒体对象组件设计实现,各栏目名称前装饰图标用 Bootstrap 图标字体实现。

7.2.3 项目知识点分解

要在 Bootstrap 框架下实现本案例，需掌握的知识点主要包括：Bootstrap 基础、Bootstrap 删格系统、通用样式、CSS 组件，如图 7-13 所示。

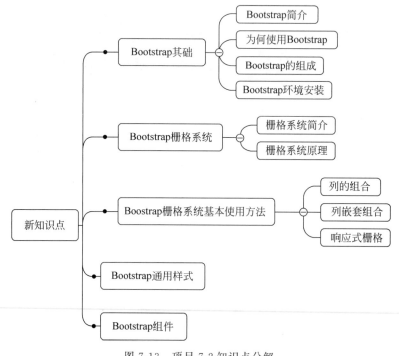

图 7-13　项目 7-2 知识点分解

7.2.4 知识点解析

1. Bootstrap 基础

1）Bootstrap 简介

Web 前端技术的发展速度让人感觉几乎不是继承式的迭代，而是一次次的变革和创造。近几年涌现了多种前端框架，让开发者们应接不暇。在不同项目开发中用到的前端框架不一样，但也有可以适用于多种项目开发的前端框架，如 Bootstrap、jQuery UI、BootMetro、AUI 等，常用的还有很多，这里重点介绍 Bootstrap。

Bootstrap 是一个用于快速开发 Web 应用程序和网站的前端框架。Bootstrap 是基于 HTML、CSS、JavaScript 的。Bootstrap 是由 Twitter 的 Mark Otto 和 Jacob Thornton 开发，于 2011 年 8 月在 Github 上发布的开源产品。

2）为何使用 Bootstrap

总的来说，Bootstrap 具有如下优点。

（1）移动设备优先。自 Bootstrap 3 起，框架包含贯穿于整个库的移动设备优先的样式。

（2）浏览器支持。所有的主流浏览器都支持 Bootstrap，包括 Internet Explorer、Firefox、Opera、Google Chrome、Safari。

（3）容易上手。只要具备 HTML 和 CSS 的基础知识，就可以开始学习 Bootstrap。

（4）响应式设计。Bootstrap 的响应式能够自适应于台式计算机、平板电脑和手机。

（5）为开发人员创建接口提供了一个简洁统一的解决方案。

（6）包含功能强大的内置组件，易于定制。

（7）提供了基于 Web 的定制。

（8）开源。

3）Bootstrap 的组成

（1）基本结构。Bootstrap 提供了一个带有网格系统、链接样式、背景的基本结构。

（2）CSS。Bootstrap 自带以下特性：全局的 CSS 设置、定义基本的 HTML 元素样式、可扩展的 class，以及先进的网格系统。

（3）组件。Bootstrap 包含十几个可重用的组件，用于创建图像、下拉菜单、导航、警告框、弹出框等。

（4）JavaScript 插件。Bootstrap 包含十几个自定义的 jQuery 插件。可以直接包含所有的插件，也可以逐个包含这些插件。

（5）定制。也可以定制 Bootstrap 的组件、LESS 变量和 jQuery 插件来得到个性化的版本。

4）Bootstrap 环境安装

正如前文所述，Bootstrap 是一个基于 HTML、CSS 以及 JavaScript 的框架，其在项目中的使用方式与在模块二中使用图标字体库 Font Awesome 类似，具体步骤如下。

从 https://getbootstrap.com/docs/4.3/getting-started/download/ 上下载 Bootstrap 的最新版本。根据项目需求，可以下载预编译版或源文件版。下载预编译版 Bootstrap 文件结构如图 7-14 所示。

```
┌css
│      bootstrap-theme.css
│      bootstrap-theme.css.map
│      bootstrap-theme.min.css
│      bootstrap-theme.min.css.map
│      bootstrap.css
│      bootstrap.css.map
│      bootstrap.min.css
│      bootstrap.min.css.map
│
├fonts
│      glyphicons-halflings-regular.eot
│      glyphicons-halflings-regular.svg
│      glyphicons-halflings-regular.ttf
│      glyphicons-halflings-regular.woff
│      glyphicons-halflings-regular.woff2
│
├js
       bootstrap.js
       bootstrap.min.js
       npm.js
```

图 7-14　Bootstrap 3.3 文件结构

可以看到已编译的 CSS 和 JS(bootstrap. *),以及已编译压缩的 CSS 和 JS(bootstrap. min. *)。同时也包含 Glyphicons 的字体,这是一个可选的 Bootstrap 主题。

为节约项目实际运行时的带宽开销,提高客户端的加载速度,也可以使用 CDN 的方式引入 Bootstrap 环境,在页面的< head >标签中加入:

```
< link href = "https://cdn.bootCSS.com/twitter - bootstrap/4.3.1/CSS/bootstrap - grid.min.CSS" rel = "stylesheet">
< script src = "https://cdn.bootCSS.com/twitter - bootstrap/4.3.1/js/bootstrap.min.js"></script>
```

注意:由于 Bootstrap 是基于媒体查询的响应式布局,因此在引入 Bootstrap 环境前,应先在< head >标签中添加< viewport meta >标签。

2. Bootstrap 删格系统

1) 栅格系统简介

栅格系统(Grid Systems),也称网格系统,它运用固定的格子设计版面布局,以规则的网格阵列来指导和规范网页中的版面布局以及信息分布。栅格系统的优点是使设计的网页版面工整简洁,因此很受网页设计师的欢迎,已成为网页设计的主流风格之一。Bootstrap 提供了一套响应式、移动设备优先的流式网格系统,随着屏幕或视口尺寸的增加,系统会自动分为最多 12 列。

Bootstrap 官方文档中有关网格系统的描述如下。

Bootstrap 包含一个响应式的、移动设备优先的、不固定的网格系统,可以随着设备或视口大小的增加而适当地扩展到 12 列。它包含用于简单的布局选项的预定义类,也包含用于生成更多语义布局的功能强大的混合类。

Bootstrap 3 是移动设备优先的,在这个意义上,Bootstrap 代码从小屏幕设备(比如移动设备、平板电脑)开始,然后扩展到大屏幕设备(比如笔记本、台式计算机)上的组件和网格。

2) 栅格系统原理

栅格系统通过一系列包含内容的行和列来创建页面布局。下面列出了 Bootstrap 网格系统是如何工作的。

(1) 行必须放置在. container class 内,以便获得适当的对齐(alignment)和内边距(padding)。

(2) 使用行来创建列的水平组。

(3) 内容应该放置在列内,且唯有列可以是行的直接子元素。

(4) 预定义的网格类,比如. row 和. col-xs-4,可用于快速创建网格布局。LESS 混合类可用于更多语义布局。

(5) 列通过内边距(padding)来创建列内容之间的间隙。该内边距是通过. rows 上的外边距(margin)取负实现的,表示第一列和最后一列的行偏移。

(6) 网格系统是通过指定想要横跨的 12 个可用的列来创建的。例如,要创建 3 个相等的列,则使用 3 个. col-xs-4。

栅格系统参数如表 7-3 所示。

表 7-3　Bootstrap 栅格系统参数

浏览器宽度	超小设备 手机（<768px）	小型设备平板 电脑（≥768px）	中型设备台式 计算机（≥992px）	大型设备台式 计算机（≥1200px）
网格行为	一直是水平的	以折叠开始，断点 以上是水平的	以折叠开始，断点 以上是水平的	以折叠开始，断点 以上是水平的
最大 容器宽度	None（Auto）	750px	970px	1170px
Class 前缀	. col-xs-	. col-sm-	. col-md-	. col-lg-
列数量和	12	12	12	12
最大列宽	Auto	60px	78px	95px
间隙宽度	30px （一个列的每边分 别为 15px）	30px （一个列的每边分 别为 15px）	30px （一个列的每边分 别为 15px）	30px （一个列的每边分 别为 15px）
可嵌套	Yes	Yes	Yes	Yes
偏移量	Yes	Yes	Yes	Yes
列排序	Yes	Yes	Yes	Yes

3. Bootstrap 栅格系统基本使用方法

使用 Bootstrap 栅格系统进行网页布局，其实就是行和列的组合，尤其是不同屏宽列的组合，实现响应式布局。

1）列的组合

列的组合通过更改数字来合并列，以中型屏幕（md）为例，示例代码如下。

demo7-3：

```
<!DOCTYPE html>
<html>
<head>
<style type = "text/css">
    .row div{
        /* background: #ccc; */
        min-height: 50px;
        line-height: 50px;
        margin: 10px 0px;
        border: 1px solid #000;
        text-align: center;
/* 由于栅格系统中的行和列默认没有边框，为了显示运行效果加入样式 */
    }
</style>
<meta name = "viewport" content = "width = device-width, initial-scale = 1.0">
<link rel = "stylesheet" type = "text/css" href = "CSS/bootstrap.min. CSS">
<script type = "text/javascript" src = "js/bootstrap.min. js"></script>
    <title>栅格系统-列基本组合</title>
</head>
<body>
    <div class = "container">
        <div class = "row">
            <div class = "col-md-12">
```

模块七

响应式网页布局

```
            对于分辨率为 992~1200px 的屏幕,.col-md-12 表示占本行的总宽度
        </div>
    </div>
    <div class = "row">
        <div class = "col-md-8">.col-md-8 表示占此行宽度的 8/12</div>
        <div class = "col-md-4">.col-md-4 表示占此行宽度的 4/12</div>
    </div>
    <div class = "row">
        <div class = "col-md-4">.col-md-4</div>
        <div class = "col-md-4">.col-md-4</div>
        <div class = "col-md-4">.col-md-4</div>
    </div>
    <div class = "row">
        <div class = "col-md-6">.col-md-6</div>
        <div class = "col-md-6">.col-md-6</div>
    </div>
    </div>
</body>
</html>
```

运行效果如图 7-15 所示。

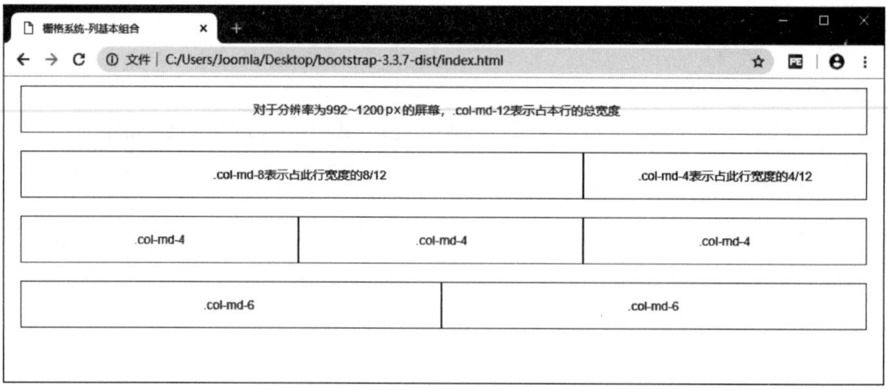

图 7-15　列基本组合

2) 列嵌套组合

实际项目开发过程中,页面布局往往不是简单 12 列的分割,需要通过列嵌套来实现复杂网页布局。以中型屏幕(md)为例,demo7-4 示例关键代码如下。

```
<div class = "container">
    <div class = "row">
        <div class = "col-md-12">
            对于分辨率为 992~1200px 的屏幕,.col-md-12 表示占本行的总宽度
        </div>
    </div>
    <div class = "row">
        <div class = "col-md-8">
            <!-- 在第一层嵌套一行两列 -->
            <div class = "row">
                <div class = "col-md-4">.col-md-4</div>
```

```
                    <div class = "col-md-8">.col-md-8</div>
                </div>
            </div>
            <div class = "col-md-4">.col-md-4表示占此行宽度的4/12</div>
        </div>
    </div>
```

运行效果如图7-16所示。

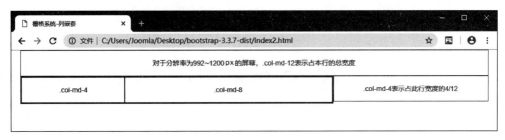

图 7-16　列嵌套组合

3）响应式栅格

在 Bootstrap 基础知识中介绍,Bootstrap 为不同尺寸的屏幕提供了不同的栅格样式,它们分别为超小(col-xs-数字)、小型(col-sm-数字)、中型(col-md-数字)、大型(col-lg-数字),详细参数见表 8-1,以中型屏幕、小型屏幕和超小型屏幕为例,demo7-5 示例主要代码如下。

```
<div class = "container">
    <div class = "row">
        <div class = "col-xs-12 col-sm-8 col-md-6">
            超小型屏幕列宽.col-xs-12,小型屏幕列宽.col-sm-8,中型屏幕列宽.col-md-6
        </div>
        <div class = "col-xs-12 col-sm-4 col-md-6">
            超小型屏幕列宽.col-xs-12,小型屏幕列宽.col-sm-4,中型屏幕列宽.col-md-6
        </div>
    </div>
</div>
```

效果如图7-17～图7-19所示。

图 7-17　中型屏幕效果

注意：Bootstrap 响应式栅格具有向上兼容性,如果只设置小型屏幕<div class="col-sm-9">,在中型屏幕上也为 9 列。

4. Bootstrap 通用样式

Bootstrap 核心是一个 CSS 框架,它提供了优雅、一致的页面和元素表现,包括排版、代

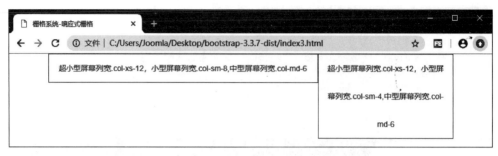

图 7-18　小型屏幕效果

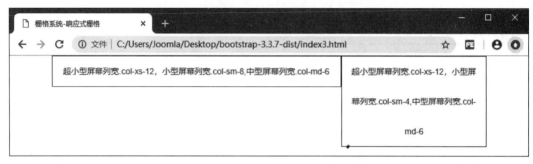

图 7-19　超小型屏幕效果

码、表格、表单、按钮、图片等，能够满足网页设计最基本的需求，通过基础又简洁的用法，不需要太多的时间，便可快速上手，制作出精美的页面。因本书篇幅所限，这里不再展开，读者可以查阅相关文档。

5. Bootstrap 组件

Bootstrap 内建了大量优雅的、可重用的组件，包括字体图标、按钮（button）、导航（navigation）、标签（labels）、徽章（badges）、排版（typography）、缩略图（thumbnails）、提醒（alert）、进度条（progress bar）、杂项（miscellaneous）等。这里不再逐一介绍这些组件，将在项目实现中对使用的组件进行注释。

7.2.5　知识点检测

7.2.6　项目实现

通过对项目知识点分析，并对 Bootstrap 的引入方法、栅格原理、通用样式和组件有了一点儿了解，"中国淮剧网"首页文件 index. html 基于 Bootstrap 重构，参考代码如下。

HTML 部分：

```
<!DOCTYPE html>
<html>
<head>
```

```html
<meta charset = "utf-8">
<meta http-equiv = "X-UA-Compatible" content = "IE=edge,chrome=1">
<title>中国淮剧网</title>
<meta name = "description" content = "中国淮剧网">
<meta name = "keywords" content = "中国淮剧网">
<meta name = "viewport" content = "width=device-width, initial-scale=1.0">
<link href = "CSS/bootstrap.CSS" rel = "stylesheet">
<link href = "CSS/style.CSS" rel = "stylesheet">
<script src = "https://cdn.staticfile.org/jquery/2.1.1/jquery.min.js"></script>
<script type = "text/javascript" src = "js/bootstrap.js"></script>
</head>


<body>
<div class = "container">
  <div class = "row">
    <div class = "col-xs-12 col-md-8">
      <div class = "logo"><img src = "images/logo1.png"></div>
    </div>
    <div class = "col-xs-12 col-md-4">
      <div class = "input-group">
        <input type = "text" class = "form-control">
        <span class = "input-group-btn">
        <button class = "btn btn-default" type = "button">搜索</button>
        </span></div>
    </div>
    <div class = "clearfix"></div>
  </div>
</div>
<div class = "navbg">
  <div class = "container">
    <nav class = "navbar navbar-default" role = "navigation">
      <div class = "container">
        <button class = "navbar-toggle" type = "botton" data-toggle = "collapse" data-target = "#navbar-main"><span class = "icon-bar"></span><span class = "icon-bar"></span><span class = "icon-bar"></span></button>
        <div class = "navbar-header"><a class = "navbar-brand" href = "#">中国淮剧</a></div>
        <div>
          <div class = "collapse navbar-collapse" id = "navbar-main">
            <ul class = "nav navbar-nav">
              <li class = ""><a href = "#">网站首页</a></li>
              <li class = "dropdown"><a href = "#" class = "dropdown-toggle" data-toggle = "dropdown">历史沿革 <b class = "caret"></b></a>
                <ul class = "dropdown-menu">
                  <li><a href = "#">歌舞图腾</a></li>
                  <li><a href = "#">香火戏时期</a></li>
                  <li><a href = "#">田歌时期</a></li>
                  <li><a href = "#">盐淮小戏时期</a></li>
                  <li><a href = "#">徽夹可时期</a></li>
                  <li><a href = "#">江北戏时期</a></li>
                  <li><a href = "#">淮剧时期</a></li>
```

```
                          </ul>
                        </li>
                      <li><a href = "#">流派艺术</a></li>
                      <li><a href = "#">经典曲目</a></li>
                      <li><a href = "#">品味淮剧</a></li>
                      <li><a href = "#">剧团一览</a></li>
                      <li><a href = "#">群英荟萃</a></li>
                      <li><a href = "#">戏曲台词</a></li>
                      <li><a href = "#">戏迷论坛</a></li>
                    </ul>
                  </div>
                </div>
              </div>
            </nav>
          </div>
        </div>
      <div class = "container">
        <div class = "row">
          <div class = "col - xs - 12 col - md - 3">
            <div class = "header">
              <h3 class = "bbottom"><i class = "glyphicon glyphicon - bell"></i>淮剧动态<span>
<a href = "#">更多>></a></span></h3>
            </div>
            <div class = "newslist">
              <ul class = "list - unstyled">
                <li>大型现代史诗淮剧《黄炎培》首演</li>
                <li>淮剧《送你过江》获第 23 届曹禺剧本奖</li>
                <li>时隔 14 年再复排《三女抢板》在沪上演</li>
                <li>名家裔小萍、梁锦忠到滨淮农场献艺</li>
                <li>淮剧小戏登陆大新、南丰文化中心剧场</li>
                <li>紫金文化艺术节——淮剧展现基层民众生活</li>
                <li>《大湖魂》赴宁参加紫金文化艺术节</li>
                <li>梨园雏凤圆梦和平</li>
              </ul>
            </div>
          </div>
          <div class = "col - xs - 12 col - md - 9">
            <div class = "row">
              <div class = "col - xs - 12 col - md - 6">
                <div id = "myCarousel" class = "carousel slide">
                  <!-- 轮播(Carousel)指标 -->
                  <ol class = "carousel - indicators">
                    <li data - target = "#myCarousel" data - slide - to = "0" class = "active"></li>
                    <li data - target = "#myCarousel" data - slide - to = "1"></li>
                    <li data - target = "#myCarousel" data - slide - to = "2"></li>
                    <li data - target = "#myCarousel" data - slide - to = "3"></li>
                  </ol>
                  <!-- 轮播(Carousel)项目 -->
                  <div class = "carousel - inner">
                    <div class = "item active"><img src = "images/1.png" alt = "First slide">
                      <div class = "carousel - caption" contenteditable = "true">
```

```html
                <h4>《白蛇传》演出剧照</h4>
              </div>
            </div>
            <div class="item"><img src="images/2.png" alt="Second slide">
              <div class="carousel-caption" contenteditable="true">
                <h4>淮剧《白虎堂》选段《河塘搬兵》</h4>
              </div>
            </div>
            <div class="item"><img src="images/3.png" alt="Third slide">
              <div class="carousel-caption" contenteditable="true">
                <h4>淮剧«黄炎培»演出剧照</h4>
              </div>
            </div>
            <div class="item"><img src="images/4.png" alt="Forth slide">
              <div class="carousel-caption" contenteditable="true">
                <h4>《金龙与蜉蝣》剧照</h4>
              </div>
            </div>
          </div>
          <!-- 轮播(Carousel)导航 -->
          <a class="left carousel-control" href="#myCarousel" role="button" data-slide="prev"><span class="glyphicon glyphicon-chevron-left" aria-hidden="true"></span><span class="sr-only">Previous</span></a><a class="right carousel-control" href="#myCarousel" role="button" data-slide="next"><span class="glyphicon glyphicon-chevron-right" aria-hidden="true"></span><span class="sr-only">Next</span></a>
        </div>
      </div>
    </div>
    <div class="col-xs-12 col-md-6">
      <ul id="myTab" class="nav nav-tabs">
        <li class="active"><a href="#history" data-toggle="tab">淮剧由来</a></li>
        <li><a href="#style" data-toggle="tab">艺术特色</a></li>
        <li><a href="#branch" data-toggle="tab">主要流派</b></a></li>
      </ul>
      <div id="myTabContent" class="tab-content">
        <div class="tab-pane fade in active" id="history">
          <p>什么是淮剧?淮剧,又名江淮戏、淮戏,是一种古老的地方戏曲剧种,源于清代江苏省盐城市和阜宁县,发祥于近现代的上海市,现流行于江苏省、上海市。清代中叶,在淮安府(今盐城市和淮安市)和扬州府两地区,当地民间流行着一种由农民号子和田歌"儴儴腔""栽秧调"发展而成的说唱形式"门叹词",形式为一人单唱或二人对唱,称之为二可子,仅以竹板击节。淮剧后与苏北民间酬神的"香火戏"结合演出,之后,又受徽戏和京剧的影响(称为徽夹可),在唱腔、表演和剧目等方面逐渐丰富,形成了淮剧。2008 年 6 月,上海淮剧团、江苏省盐城市申报的淮剧经国务院批准列入第二批国家级非物质文化遗产名录。2011 年 5 月,江苏省淮安市、泰州市联合申报的淮剧经国务院批准被扩展入第三批国家级非物质文化遗产名录。</p>
        </div>
        <div class="tab-pane fade" id="style">
          <p>淮剧音乐属于多声腔综合系统,具有苍劲质朴、婉美抒情的特点。《淮调》《拉调》《自由调》为三大基本声腔,又辅以几十种民间小调,唱腔丰富多彩。
          淮剧的表演比较质朴,富有生活气息,适应性强,能文能武,既能演古装戏,又能演现代戏。
          因此,淮剧是一个可塑性极强的剧种,由于淮剧的这种特性,因此它为广大观众所喜闻乐见。</p>
```

```
              </div >
              < div class = "tab - pane fade" id = "branch">
                   < p >淮剧流派有"筱派旦腔""何派生腔""李派旦腔""马派自由调""徐派老旦""周派
生腔""杨派生腔""李派生腔"八大流派。</p>
                   < p >分别对应的是淮剧名家筱文艳、何叫天、李玉花、马麟童、徐桂芳、周筱芳、杨占
魁、李少林在长期的艺术实践中形成和发展的淮剧艺术流派。当下流行的派别是以陈德林、黄素萍
为代表的陈派,代表的是现代唱腔。</p>
                   < p >迄今,淮剧界已有梁伟平、梁国英、王书龙、陈澄、陈明矿等五位演员获得过中国
戏剧梅花奖。</p>
              </div >
          </div >
          < script >
                         $ (function() {
                              $ ('#myTab li:eq(1) a').tab('show');
                         });
                     </script >
      </div >
    </div >
  </div >
  < div class = "clearfix"></div >
 </div >
</div >
< div class = "container">
  < div class = "row">
    < div class = "xs - col - 12 col - md - 6">
      < div class = "header">
        < h3 class = "btop">< i class = "glyphicon glyphicon - star"></i>名角风采< span >更多>>
</span ></h3 >
        < div class = "row">
          < div class = "col - xs - 4">< a href = "#" class = "thumbnail">< img src = "images/
ywy.png" alt = "筱文艳"></a>
              < p >筱文艳</p>
          </div >
          < div class = "col - xs - 4">< a href = "#" class = "thumbnail">< img src = "images/
zyf.png" alt = "周筱芳"></a>
              < p >周筱芳</p>
          </div >
          < div class = "col - xs - 4">< a href = "#" class = "thumbnail">< img src = "images/
yxp.png" alt = "裔小萍"></a>
              < p >裔小萍</p>
          </div >
          < div class = "col - xs - 4">< a href = "#" class = "thumbnail">< img src = "images/
hsl.png" alt = "何双林"></a>
              < p >何双林</p>
          </div >
          < div class = "col - xs - 4">< a href = "#" class = "thumbnail">< img src = "images/
cdl.png" alt = "陈德林"></a>
              < p >陈德林</p>
          </div >
          < div class = "col - xs - 4">< a href = "#" class = "thumbnail">< img src = "images/
xgf.png" alt = "徐桂芳"></a>
```

```
              <p>徐桂芳</p>
            </div>
          </div>
        </div>
      </div>
      <div class = "xs-col-12 col-md-6">
        <div class = "header">
          <h3 class = "btop"><i class = "glyphicon glyphicon-film"></i> 精彩片段展播
<span>更多>></span></h3>
        </div>
        <div class = "vblock">
          <div class = "svideo">
            <p class = "p1">《金水桥》选段-陈芳 蔡娟</p>
            <a href = "#">
              <video src = "images/1.mp4" autoplay controls>您的浏览器不支持 video 标签
</video>
            </a>
            <p>秦英在金水桥前打死当朝国丈,唐王大怒,欲斩秦英,正宫长孙后力诉斩秦英之利害
关系。唐王世民深明大义,命女银屏跪求西宫宽恕秦英,巧妙地处理了封建王朝的宫廷内部矛盾。
(2019.02.16 盐城文化艺术中心提供)</p>
          </div>
        </div>
      </div>
      <div class = "clearfix"></div>
    </div>
  </div>
  <div class = "container">
    <div class = "row">
      <div class = "col-xs-12 header">
        <h3 class = "btop"><i class = "glyphicon glyphicon-comment"></i>学术争鸣<span>更多
>></span></h3>
      </div>
      <div class = "col-xs-12">
        <!-- 置顶 -->
        <div class = "media">
          <div class = "media-left media-top"><img src = "images/xszm1.png" class = "media-
object" style = "width:160px"></div>
          <div class = "media-body">
            <h4 class = "media-heading">淮剧音乐和语言的艺术特色</h4>
            <p>淮剧从唱法表演来分还可以分为"西路淮剧"和"东路淮剧"。西路淮剧主要是淮安和
宝应地区,该地区是早期淮剧的发源地,表演唱法以"老淮调"为主调,表演略显生硬;东路淮剧以盐
阜地区为主要发源地,表演唱法以"自由调"为主调,表演灵活。从地区来分可分为"南片"和"北片",
南片主要指上海和周边地区;北片主要指盐阜两淮扬泰等地区。南片充满着都市气息,而北片保留
了淮剧的乡土气息!</p>
          </div>
        </div>
        <!-- 居中对齐 -->
        <div class = "media">
          <div class = "media-left media-middle"><img src = "images/xszm2.png" class = "media
-object" style = "width:160px"></div>
          <div class = "media-body">
```

```
    < h4 class = "media - heading">地方戏曲的"原乡意识"该醒了 -- 罗怀臻</h4>
        <p>"原乡"和"家乡"是否是同一概念,抑或相同但是存在着深度不同的理解?我以为"原
乡"可能是比"家乡"更为深切的一种情感。以往,我们总是强调地方戏曲的"家乡意识""乡土风情",
因而格外重视表面所体现出来的家乡风土、家乡人情、家乡俚俗趣味,藉以满足对于曾经感知的家乡
的记忆和联想。可是如果经历了几代人甚至十几代人以后呢?经历了缺少或完全没有家乡亲历经验
的后来的延续者呢?那么有关家乡表面风情的表达,是否就会减弱,甚至完全消失?</p>
    </div >
    </div >
    < div class = "media">
        < div class = "media - left media - middle">< img src = "images/xszm3.png" class = "media
- object" style = "width:160px"></div>
        < div class = "media - body">
        < h4 class = "media - heading">黄素萍: "我们遇到了淮剧的最好时代" -- 扬 扬 邓 敏</h4>
        <p>艺术名家是传统戏曲的中流砥柱,青年人才培养是戏曲传承发展的根本保障。为更
好地促进拔尖人才的涌现,文化和旅游部实施了"名家传戏——当代戏曲名家收徒传艺工程"。江苏
四位地方戏曲名家黄素萍、燕凌、王芳、黄静慧入选 2018 年度名单。她们将采用"一带二"的方式,向
两名学生传授两出经典折子戏,以口传心授的方式重点培养好苗子,让名家好戏薪火相传。</p>
    </div >
    </div >
    <! -- 置底 -->
    < div class = "media">
        < div class = "media - left media - bottom">< img src = "images/xszm4.png" class = "media
- object" style = "width:160px"></div>
        < div class = "media - body">
        < h4 class = "media - heading">论淮剧艺术的文化品格及其深层成因 -- 张苏榕</h4>
            <p>淮剧起源于里下河地区的乡村田头,由民间小调孕育而来,民间草根性是其最本质的
属性;兼收并蓄的包容性几乎是戏剧的共性,但在这方面淮剧相当显著;淮剧艺术的民间草根气质
中被注入了优雅、时尚的元素,使之拥有俗中见雅的文化格调;贫困多难的生活境遇造就了盐淮人悲
天悯人的性格,这里的人们对待生命和世界有一种深沉无奈的悲凉情怀,淮剧因此具有动人心魄的
悲剧精神。</p>
        </div >
        </div >
    </div >
    < div class = "clearfix"></div >
    </div >
</div >
</div >
< div class = "container">
    < div class = "row">
    < div class = "col - xs - 12 header">
        < h3 class = "btop">< i class = "glyphicon glyphicon - link"></i>友情链接</h3>
    </div >
    < div class = "vblock">
        < li >< a href = "http://www.hahjw.com/" target = "_blank">淮安淮剧网</a></li>
        < li class = "spe">|</li>
        < li >< a href = "http://huaiju.0517114.net/" target = "_blank">淮剧艺术网</a></li>
        < li class = "spe">|</li>
        < li >< a href = "#" target = "_blank">泰州市淮剧团</a></li>
        < li class = "spe">|</li>
        < li >< a href = "http://www.ychjt.cn/" target = "_blank">盐城市淮剧团</a></li>
    </div >
```

```
          < div class = "clearfix"></div >
      </div >
  </div >
< div class = "footer">
  < div class = "container">
      < div class = "row">
        < div class = "col - xs - 12">
            < div ><a href = "♯">联系我们</a >│< a href = "♯">法律声明</a >│< a href = "♯">网
站地图</a >│< a href = "javascript:SetHome('/')">设为首页</a ></div >
            < div >版权所有：小新工作室 地址：盐城市开放大道 50 号信息工程学院</div >
        </div >
        < div class = "clearfix"></div >
      </div >
  </div >
</div >
</body >
</html >
```

CSS 部分：

对应的部分样式规则如下。

```
@font - face {
    font - family: 'Glyphicons';
    src: url('../fonts/glyphicons - halflings - regular.eot');
    src: url('../fonts/glyphicons - halflings - regular. eot? ♯ iefix') format('embedded -
opentype'), url('../fonts/glyphicons - halflings - regular.woff') format('woff'), url('../
fonts/glyphicons - halflings - regular. ttf') format('truetype'), url('../fonts/glyphicons -
halflings - regular. svg ♯ glyphicons_halflingsregular') format('svg');
}
body {
    background: ♯e8e8e8;
}
.container {
    margin - bottom: 10px;
}
.header h3 {
    color: ♯d41a1a;
    font: bold 18px/32px "微软雅黑";
    height: 60px;
    line - height: 60px;
}
.input - group {
    position: relative;
    top: 60px;
}
.navbar - header {
    display: none;
}
.navbar - default {
    background - color: rgba(0, 0, 0, 0);
    ;
```

```
        border: none;
        margin - bottom: 0px;
        padding: 0;
        height: 60px;
    }
    .navbar - nav {
        float: none;
    }
    .navbar - nav > li > a {
        color: #fff;
        display: block;
        height: 60px;
        padding: 0 10px;
        width: 120px;
        line - height: 60px;
        font - size: 16px;
        text - align: center;
    }
    .navbar - nav > .active > a,
    .navbar - nav li:hover,
    .navbar - nav > .active > a:hover,
    .navbar - nav > .active > a:focus .navbar - default .navbar - nav > .open > a,
    .navbar - default .navbar - nav > .open > a:hover,
    .navbar - default .navbar - nav > .open > a:focus {
        color: #fff;
        background - color: #ba391b;
    }
    .navbar - default .navbar - nav > li > a:visited {
        color: #fff;
    }
    .header h3 span {
        font - size: 14px;
        color: #333;
    }
    .logo img {
        display: block;
        width: 80 % ;
    }
    .list - unstyled li {
        line - height: 200 % ;
    }
    .list - unstyled li:before {
        font - family: 'Glyphicons';
        content: "\e007";
    }
    .nav - tabs {
        top: 20px;
    }
    ul # mytab {
        margin - top: 20px;
    }
```

```css
.tab-pane p {
    line-height: 200%;
    text-indent: 28px;
}
.btop {
    border-top: 2px solid #d41a1a;
    border-bottom: 1px solid #ccc;
}
.bbottom {
    border-bottom: 2px solid #d41a1a;
}
.header h3 span {
    display: block;
    float: right;
}
.container > .row > div {
    background-color: #fff;
}
.navbg {
    background-color: #b72526;
}
.vblock li {
    list-style: none;
    float: left;
    width: 120px;
    padding: 4px;
    text-align: center;
}
.vblock li.spe {
    width: 2px;
}
.svideo video {
    width: 520px;
    height: 390px;
}
.footer {
    background-color: #333;
    min-height: 60px;
    text-align: center;
    color: #fff;
}
.footer a {
    color: #fff;
}
.footer .container .row div {
    margin-bottom: 0;
    background-color: #333;
    margin-top: 4px;
}
@media screen and (max-width: 768px) {
    .input-group {
```

```
            display: none;
        }
    .svideo video {
            width: 100%;
            height: auto;
        }
    .media p {
            display: none;
        }
    .navbar - header,
    .navbar - header a {
            display: block;
            color: #fff;
        }
    .navbar - default {
            background - color: rgba(0, 0, 0, 0);
            ;
            border: none;
            margin - bottom: 0px;
            padding: 0;
            height: auto;
        }
    .navbar - default .navbar - nav > li > a {
            color: #fff;
            display: block;
            height: 60px;
            padding: 0 10px;
            width: 100%;
        }
    }
```

7.2.7 项目总结

通过本项目的实践,能够掌握基于 Bootstrap 前端框架实现 Web 前端项目的快速开发;项目实践过程中注意对 Bootstrap 栅格原理的理解和使用,注意 Bootstrap 基础样式和 HTML 标签原生样式之间的区别和联系,能够在此基础上结合 Bootstrap 常用组件进行各类项目的设计;实践过程中注意 Bootstrap 各版本之间的细微差异,并注意使用较为精炼的标签结构。实践过程中,通过赏析优秀网站,分析、比较其响应式效果的实现途径,拓宽技术实现思路,切实有效地提升职业素养。

7.2.8 能力拓展

在教材基础上对课程学习汇报交流网站页面进行重构,并对 Bootstrap 原生样式进行修改。

参 考 文 献

［1］ 李光毅. 高性能响应式 Web 开发实战［M］. 北京：人民邮电出版社，2016.

［2］ 黑马程序员. 响应式 Web 开发项目教程（HTML5＋CSS3＋Bootstrap）［M］. 北京：人民邮电出版社，2017.

［3］ 储久良. Web 前端开发技术——HTML5、CSS3、JavaScript［M］. 3 版. 北京：清华大学出版社，2018.

［4］ 温谦，王鲱程. 别具光芒：CSS 网页布局案例剖析［M］. 北京：人民邮电出版社，2010.

［5］ Chen Jinxin. Design and Analysis of Project-driven Flipping Classroom Teaching Cases—Take the "Web Design and Production" course as an example. International Journal for Innovation Education and Research，2018(11)：99-107.

图书资源支持

感谢您一直以来对清华版图书的支持和爱护。为了配合本书的使用,本书提供配套的资源,有需求的读者请扫描下方的"书圈"微信公众号二维码,在图书专区下载,也可以拨打电话或发送电子邮件咨询。

如果您在使用本书的过程中遇到了什么问题,或者有相关图书出版计划,也请您发邮件告诉我们,以便我们更好地为您服务。

我们的联系方式:

地　　址:北京市海淀区双清路学研大厦 A 座 701

邮　　编:100084

电　　话:010-83470236　010-83470237

资源下载:http://www.tup.com.cn

客服邮箱:2301891038@qq.com

QQ:2301891038(请写明您的单位和姓名)

资源下载、样书申请

书圈

扫一扫,获取最新目录

课程直播

用微信扫一扫右边的二维码,即可关注清华大学出版社公众号"书圈"。